자동차진단평가사

문제편

자동차진단평가론
자동차성능공학

검정교재 개편에 즈음하여

최근 자동차진단평가 산업이 빠르게 성장하는 가운데, 친환경 자동차에 대한 진단평가 수요가 폭발적으로 증가하고 있습니다.

이에 따라 한국자동차진단보증협회 자격검정위원회는 자동차진단평가사 자격시험을 준비하는 수험생들에게 출제 경향과 문제 유형을 제공하여 보다 효과적으로 자격증을 취득할 수 있도록 도움을 드리고자 합니다.

이 문제집은 자동차 진단평가 원론을 바탕으로 단원별 예상문제를 수록하여 주요 문제 유형을 파악하고 숙달할 수 있도록 구성되었습니다.

또한 최근 4개년 기출문제를 함께 수록하여 최신 출제 경향과 난이도를 체계적으로 분석할 수 있게 하였습니다.

본 문제집을 통해 수험생 여러분이 자격시험에 합격하여 '자동차진단평가사'로서 첫발을 내딛고, 나아가 '가격조사산정사'로 성장하며 자동차 산업 각 분야에서 중요한 역할을 하기를 기원합니다.

자동차 산업의 미래를 이끌어 갈 여러분의 도전을 응원합니다.

2025. 1.

(사)한국자동차진단보증협회 회장 정 욱

KAIWA

Guide

자동차진단평가사 검정안내

1 정의

자동차진단평가사는 중고자동차의 유통발전과 소비자의 권익을 보호하기 위하여 중고자동차의 **표준상태를 기준으로 하여** 사용하는 사람(용도)과 관리 상태에 따라 객관적이고 공정한 중고자동차진단평가 기준을 적용하여 중고자동차의 정확한 평가가격을 제시하는 업무를 담당하기 위하여 자동차진단평가사 자격을 취득한 자이다.

2 직무분야

- 중고 자동차 매매 시 가치 산정
- 중고 자동차를 인수하는 조건으로 신차를 구입하는 경우 중고자동차의 가치 산정
- 사고 자동차의 사고감가(격락손해)를 포함한 자동차 가치 산정
- 리스·렌탈 해약 자동차의 가치 산정
- 소송 자동차의 가치 산정
- 기업의 기말 재고 자동차의 평가변환 시 가치 산정
- 기업 보유 자동차의 자산평가 시 가치 산정
- 사고 전이나 사고 후의 가격추정 필요 시 가치 산정
- 수출 중고 자동차 상태 인증
- 경매 출품 자동차의 가격 산정 및 사전 등급 평가
- 중고자동차 성능진단업무

3 진로

- 중고자동차성능상태점검장
- 자동차경매장
- 중고자동차매매업체
- 중고자동차평가업체
- 보험업체
- 신차영업소
- 정비업체 등

4 시행주관처

1. 인증 및 평가기관 : (사)한국자동차진단보증협회
2. 시 험 주 관 : (사)한국자동차진단보증협회 www.kaiwa.org (02-579-8500)

5 응시자격

1. 자동차진단평가사 2급 : 연령, 학력, 경력 제한 없음
2. 자동차진단평가사 1급 : 자격, 학력, 경력이 있는 자

※ 세부 응시자격은 한국자동차진단보증협회 홈페이지에서 확인 또는 문의

6 원서교부

1. 교부 및 접수처 : 홈페이지 접수(www.kaiwa.org)
2. 제출서류

수검원서 1부(본 협회 소정약식) : 성명란에 영문표기는 필히 기재요망

※ 1급 응시자 : 자격, 학력, 경력 중에서 해당하는 증빙자료

7 검정과목

등급	필기검정과목	실기검정과목
2급	자동차진단평가론	자동차진단평가 실무 (중고자동차성능점검기록부 작성법 포함)
1급	자동차진단평가론 자동차성능공학	자동차진단평가 실무 (중고자동차성능점검기록부 작성법 포함)

8 필기시험

등급	시험과목	문제수	검정방법	합격기준
2급	자동차진단평가론	60문제	4지선다형 60분	100점 만점 평균 60점 이상
1급	자동차진단평가론	60문제	총 80문제 4지선다형 80분	100점 만점 평균 60점 이상 (과락 : 성능공학 40점 이하)
	자동차성능공학	20문제		

Guide

출제기준-필기

필기과목명	주요항목	세부항목
자동차 진단 평가론	가. 자동차가격조사·산정제도	1. 자동차가격 조사·산정제도
		2. 자동차가격 조사·산정기준서
		3. 가격조사산정기준서의 주요 내용
	나. 중고자동차의 점검실무	1. 중고자동차의 점검기초
		2. 사고자동차 점검방법
		3. 중고자동차 점검시 유의사항
		4. 규정기호 등
	다. 자동차의 견적 및 수리	1. 자동차 견적의 기초
		2. 자동차 손상 파악
		3. 자동차 수리
		4. 견적 실무
		5. 자동차 외관 도장
	라. 자동차의 기본구조	1. 자동차 기초
		2. 자동차 일상점검 범위 및 내용
		3. 자동차 주요용어 및 기본구조
	마. 자동차 성능·상태 점검	1. 성능·상태점검 제도
		2. 성능·상태점검 관련 법 규정
		3. 성능·상태점검 업무지침
자동차 성능공학	가. 자동차 관리법	1. 자동차 관리법과 검사
	나. 자동차의 제원 및 시험	2. 자동차 제원 · 성능 측정 및 시험
	다. 자동차 안전기준	1. 자동차 안전기준
		2. 운행자동차의 안전기준
	라. 친환경자동차	1. 친환경자동차 개요
		2. 하이브리드 자동차
		3. 전기자동차
		4. 연료전지 자동차(수소차)

Contents

차 례

제 1 편 자동차 진단평가원론

※ 자동차진단평가사 1급·2급 공통 과목입니다.

제 2 편 자동차 성능공학

※ 자동차진단평가사 1급에 해당되는 과목입니다.

Contents

제 3 편 과년도기출문제

※ 2020년 말에 자동차진단평가사 검정교재(이론편)가 일부 변경되었습니다.
기출문제는 참고용으로만 사용해 주십시오.
(특히, 진단평가원론 및 도장결함 부분의 세칙, 용어 등이 변경됨)

01

진단평가원론

※ 자동차진단평가사 1·2급 공통과목입니다.

CHAPTER 01

자동차가격조사 · 산정제도

01 **자동차 가격조사·산정제도의 도입목적은 다음 중 누구의 이익을 도모하기 위한 것인가?**

① 자동차 매수자　　② 중고차 매매업자
③ 자동차 정비업자　　④ 자동차 재활용업자

02 **자동차 가격조사·산정자의 자격요건으로 옳은 것은?**

① 자동차 정비 또는 자동차 검사에 관한 산업기사 이상의 자격이 있는 사람
② 자동차 정비기능사 이상의 자격을 취득한 자로서 자동차 진단평가사 자격증을 소지한 사람
③ 기계분야 차량 기술사
④ 자동차 정비 또는 자동차 검사에 관한 기능사 이상의 자격이 있는 사람

03 **자동차 가격조사·산정자가 산정한 내용에 허위 또는 오류가 있는 경우 매수인에 대하여 책임을 져야하는데 이 경우 보증범위로 옳은 것은?**

① 자동차 인도일로부터 30일 이상
② 자동차 인도일로부터 3천킬로미터 이상
③ 자동차 계약일로부터 30일 이상
④ 자동차 계약일로부터 2천킬로미터 이상

정답 ▶ 01.①　02.②　03.①

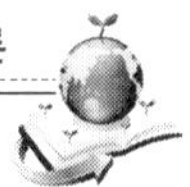

04 **다음 중 자동차 가격조사·산정서 발행기관으로 옳은 것은?**

① 자동차 매매사업 연합회
② 자동차 정비사업 연합회
③ 한국자동차진단보증협회
④ 자동차 가격조사·산정협회

05 **다음의 표준상태에 관한 설명 중 틀린 것은?**

① 주행거리가 표준주행거리 이내의 것으로 한다.
② 외관과 내부 상태는 손상이 없고 광택을 낼 필요가 없는 것으로 한다.
③ 타이어 트랜드부 홈 깊이가 30%이상 남아 있어야 한다.
④ 외판과 주요골격은 사고수리 이력 및 개조 등이 없는 것으로 한다.

06 **다음 가·감점 점수의 운용에 관한 설명 중 옳은 것은?**

① 실비 견적액의 90%를 기본으로 설정한다.
② 가·감점 1점은 2만원으로 계산한다.
③ 소수점 이하는 내림한다.
④ 차종에 관계없이 평가항목에 따라 가·감점한다.

07 **다음 등급분류 및 등급계수에 관한 설명 중 틀린 것은?**

① 등급분류 기준으로는 승용형 자동차, SUV형 자동차, RV형 자동차, 전기자동차, 승합차, 화물차로 구분한다.
② 승용형, SUV형, RV형은 배기량에 따라 분류한다.
③ 전기자동차는 차종에 따라, 승합차는 승차정원에 따라, 화물차는 최대 중량에 따라 분류한다.
④ 등급분류시 국산차와 수입차는 각각 달리 분류한다.

정답 **04.**③ **05.**③ **06.**① **07.**③

08 **다음 기준가격 산출식에 관한 설명 중 틀린 것은?**

① 기준가격 산출식은 「최초 기준가격 × 감가율 계수의 감가율(%) 」이다.
② 최초 기준가액은 신차 출고시 신차가격 (부가가치세 불포함)이다.
③ 감가율 계수 산출식은 「11 + (사용년 × 12) + 평가월 수」이다.
④ 감가율은 감가율표에서 감가율 계수에 상응하는 감가율을 적용한다.

09 **다음 보정가격에 대한 설명 중 틀린 것은?**

① 보정가격 산출식은 「기준가격 - ⓐ 월별보정 - ⓑ 특성값 보정」이다.
② 월별 보정 산출식은 「기준가격 × 월별 감가율 」이다.
③ 월별 보정시 매 분기 첫 번째 월은 감가율을 적용하지 않는다.
④ 기준가격에 반영되지 않은 제작사의 신차할인 프로모션 등 특성값이 있는 경우에는 특성값 보정은 프로모션 감액으로 한다.

10 **전년도의 기준가격 또는 보정가격은 평가년도의 기준가격 또는 보정가격의 몇 %를 더한 가격으로 하는가?**

① 5%　　② 10%
③ 15%　　④ 20%

11 **다음 주행거리 평가방법에 관한 설명 중 틀린 것은?**

① 실 주행거리와 표준 주행거리를 비교해서 표준보다 적을 경우 가점하고, 많을 경우 감점한다.
② 주행거리 표시기가 고장일 경우 또는 조작 흔적이 있는 경우에는 기준가격의 20%를 감점한다.
③ 주행거리 표시기가 교환된 경우에는 「자동차등록증의 마지막 검사일에 기록된 주행거리 + 현재 주행거리 표시기의 수치」를 실 주행거리로 한다.
④ 실 주행거리는 주행거리 표시기에 표시된 수치로 한다.

정답 ▶ 08.② 09.④ 10.② 11.②

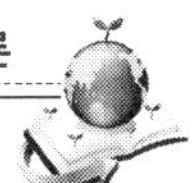

12 **표준 주행거리 평가방법에 관한 설명 중 틀린 것은?**

① 승용차의 경우 1년에 20,000Km를 표준 주행거리로 적용한다.
② 화물차의 경우 1년에 30,000Km를 표준 주행거리로 적용한다.
③ 승용, SUV, RV의 표준주행거리 산출식은 「사용경과 월수 × 1.66 ×1,000」이다.
④ 화물차의 표준주행거리 산출식은 「사용경과 월수 × 3.0 ×1,000」이다.

13 **운행차 배출허용 기준 중 휘발유 또는 가스 사용 자동차의 기준으로 틀린 것은?**

① 경자동차(2004년 1월 1일이후) : 1.0%이하, 150ppm 이하
② 승용자동차(2006년 1월 1일이후) : 1.0%이하, 120ppm 이하
③ 승합·화물·특수자동차로서 소형(2004년 1월 1일 이후) : 1.2%이하, 220ppm 이하
④ 승합·화물·특수자동차로서 소형·중형(2004년 1월 1일이후) : 3.0%이하, 500ppm 이하

14 **다음 중 차대번호 표기평가에 있어 불량에 해당되지 않는 것은?**

① 자동차등록증의 차대번호와 실 차량의 차대번호와의 동일성
② 부식, 훼손
③ 상이, 변조, 도말
④ 재타각 불가

15 **운행차 배출 허용 기준 중 경유 사용 자동차의 기준으로 틀린 것은?**

① 경자동차 및 승용자동차(2008년 1월 1일 이후) : 20% 이하
② 경자동차 및 승용자동차(2016년 9월 1일 이후) : 10% 이하
③ 승합·화물·특수중형·대형자동차(2008년 1월 1일 이후) : 20% 이하
④ 승합·화물·특수중형·대형자동차(2016년 9월 1일 이후) : 15% 이하

정답 ▶ **12.④** **13.④** **14.④** **15.④**

16 **다음 옵션 평가에 관한 설명 중 틀린 것은?**

① 주요 옵션이 장착되어 있는 경우에는 사용연수에 따라 가점 적용한다.
② 기본 옵션과 선택 옵션이 각각 있을 경우에는 선택옵션만 가점 적용한다.
③ 기본 옵션 중 내비게이션과 선루프가 장착된 경우 선루프 옵션만 가점 적용한다.
④ 선택 옵션 중 안전장치와 편의장치가 장착된 경우 안전장치만 가점 적용한다.

17 **사고차량의 경우 수리가 완료되더라도 상품가치의 하락이 예상되므로 외판부위와 주요 골격의 수리에 대하여 감가를 적용하게 된다. 이러한 평가는 어느 평가에 해당하는가?**

① 사고·수리이력 평가　② 사고·수리필요 평가
③ 외장 상태평가　④ 내장 상태평가

18 **사고수리이력 감가액 산출공식 적용에 관한 설명 중 틀린 것은?**

① 교환수리는 부위별로 사고수리 이력 감가계수의 50%를 적용한다.
② 판금용접 수리는 부위별로 사고수리 이력 감가계수의 50%를 적용한다.
③ 사고수리 이력이 있는 부위가 2개 이상의 랭크에 해당할 경우 이중 높은 랭크의 계수를 적용한다.
④ 교환수리의 경우로서 1랭크 부위 중 단순교환(1개 부위)의 경우 사고수리 이력 감가계수의 50%를 적용한다.

19 **다음 중 1랭크에 해당하지 않는 부위는?**

① 후드　② 도어
③ 트렁크리드　④ 휠 하우스

정답 ▶ 16.④　17.①　18.①　19.④

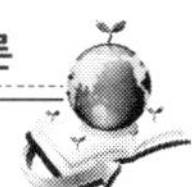

20 **다음 중 A랭크에 해당하지 않는 부위는?**

① 프런트 패널 ② 크로스 멤버(용접부품)
③ 사이드 멤버 ④ 리어 패널

21 **다음 중 2랭크에 해당하지 않는 부위는?**

① 쿼터패널(리어펜더) ② 루프패널
③ 트렁크플로어패널 ④ 사이트실 패널

22 **다음 수리필요 상태표시 부호로서 틀리게 설명된 것은?**

① A - 긁힘 ② U - 찌그러짐
③ R - 부식 ④ T - 깨짐

23 **다음 수리필요 결과표시 부호로서 틀리게 설명된 것은?**

① R - 가치감가 ② P - 도장
③ C - 부식 ④ X - 교환

24 **수리필요 복합부호 표시로서 「긁힘이 있어 가치감가」에 해당하는 부호는?**

① AR ② UR
③ AT ④ AX

정답 20.③ 21.③ 22.③ 23.③ 24.①

25 **수리필요 상태표시를 함에 있어서 수리필요 부위의 외부에 복합부호와 감점계수를 표시하는데 이에 해당하지 않는 부위는?**

① 외장　　② 내장
③ 타이어　　④ 유리

26 **수리필요 상태표시를 함에 있어서 감점계수만 해당란에 표기하는데 이에 해당하지 않는 부위는?**

① 내장　　② 광택
③ 유리　　④ 룸 크리닝

27 **외장상태 부위의 손상을 평가할 때 수리필요 감가액 산출공식은?**

① 감점계수 × 등급계수 × 사용년 계수
② 감점계수
③ 감점계수 × 등급계수
④ 감점계수 × 사용년 계수

28 **내장 상태를 평가할 때 적용부품별로 깨짐, 균열, 손상, 소실 등으로 교환이 필요한 경우 감점 산출공식은?**

① 감점계수
② 감점계수 × 등급계수
③ 감점계수 × 사용년 계수
④ 감점계수 × 등급계수 × 사용년 계수

정답 25.② 26.③ 27.① 28.④

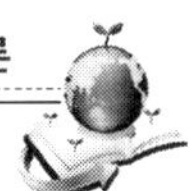

29 **휠 상태, 타이어 상태, 유리 상태를 평가할 때 감점산출 공식은?**

① 감점계수
② 감점계수 × 등급계수
③ 감점계수 × 사용년 계수
④ 감점계수 × 등급계수 × 사용년 계수

30 **주요장치 성능평가에 관한 설명 중 틀린 것은?**

① 상태점검 결과 양호한 경우는 감점하지 않는다.
② 상태점검 결과 사용년과 주행거리에 상관없이 부품 노후로 인한 현상은 가치감가를 적용한다.
③ 상태점검 결과 부품교환 등 수리가 필요한 경우는 불량을 적용한다.
④ 감가액 산출공식은 「평가항목별 감점계수 × 사용년 계수」이다.

정답 **29.③ 30.②**

CHAPTER 02

중고자동차의 점검 실무

01 중고자동차의 성능을 점검하기 전에 항상 점검자가 휴대하고 있어야 하는 것이 아닌 것은?

① 펜전등　　② 반사경
③ 스패너　　④ 목장갑

해설 중고자동차를 점검하기 전에 점검원은 기본적으로 목장갑, 펜전등, 드라이버, 반사경을 항시 휴대하고 있어야 한다.

02 중고자동차의 성능 점검 자세의 설명으로 틀린 것은?

① 자신의 차량을 구입한다는 입장에서 점검한다.
② 출품자가 개인일 경우 차량의 운행 및 관리 상태를 물어보면서 점검한다.
③ 적정한 가격과 평가기준 및 평가기술로 신뢰받는 평가점을 산출한다.
④ 고객이 지루하더라도 정확한 평가를 한다.

해설 **성능 점검시의 자세**

① 자신의 차량을 구입한다는 입장에서 점검한다.
② 출품자가 개인일 경우 사용조건, 운행 및 관리상태 등을 직접 말로 듣고 확인한다.
③ 오감 이상의 육감으로 평가한다.
④ 점검원의 실수나 평가 항목의 누락방지, 고객의 신뢰를 위해 정확한 표준적 수준에 의한 기본을 지키는 평가를 실시해야 함을 인식하고 점검 및 확인한다.
⑤ 적정한 가격과 평가기준 및 평가기술로 신뢰받는 평가점을 산출한다.
⑥ 신속 정확한 평가로 고객에게 지루함을 주어서는 안된다.

정답 01.③　02.④

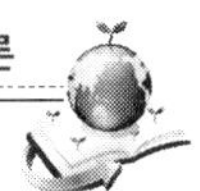

03 차량의 점검에서 오감에 의한 점검 중 후각에 의해 점검할 수 있는 것은?

① 가속 및 감속 주행 시 요철 도로 주행 시 차체 떨림
② 수동변속기 오일을 자동 변속기에 주입
③ 오일이나 냉각수의 누수
④ 클러치 디스크나 브레이크 라이닝의 마찰로 인해 발생되는 것

04 중고자동차의 점검에서 점검원의 실수로 평가 오류가 발생하는 원인이 아닌 것은?

① 점검기준이나 적용방법의 실수에 의한 경우
② 주의력 부족이나 상품지식의 부족
③ 기후 조건으로 정확한 점검이 어려운 경우
④ 고객의 사정으로 점검시간의 부족, 전체를 점검하지 못했을 경우

해설 **점검원 자신의 실수에 의한 평가 오류의 발생원인**
① 주의력 부족이나 상품지식의 부족
② 감각(경험)이나 선입관에 따라 미리 간주하고 평가하는 경우
③ 고객의 사정으로 점검시간의 부족, 전체를 점검하지 못했을 경우
④ 차량점검의 기본 순서나 업무의 흐름(flow)을 제대로 이해하지 못했을 경우
⑤ 점검기준이나 적용방법의 실수에 의한 경우

05 자동차 평가 시 주의할 사항이 아닌 것은?

① 경험에 의한 선입관적인 판단
② 기후 조건에 의한 오류 인식
③ 매도인의 요청에 의한 평가
④ 점검기준 및 적용방법의 이해

06 자동차 성능 점검자의 자세로 부적합한 것은?

① 적정 가격 산출을 위한 평가
② 모든 점검항목은 계기를 이용하여 실시한다.
③ 평가 항목의 누락방지를 위하여 표준적 순서에 의한 점검을 실시한다.
④ 매도인에게 자동차의 사용조건, 관리상태 등을 확인한다.

정답 03.④ 04.③ 05.③ 06.②

07 중고차량의 점검에서 준수하여야 할 사항이 아닌 것은?

① 도장 상태는 주위 명암이나 빛이 닿는 방향에 따라 틀려짐에 판별하기 힘들어 주의하여 세밀한 관찰 및 감촉에 의한 점검이 필요함을 유의해야 한다.
② 이상한 느낌이 들었을 때는 그 생각을 유념하고 있으면 각 부분에 관한 주의가 중요부분에 집중되어 문제되는 곳의 원인 발견에 도움이 된다.
③ 동일한 유형의 차량에 대해 경험이 있으면 일반적인 평가를 해도 된다.
④ 점검 시 장갑을 끼는 것이 외부 패널 검사 및 볼트 검사 시 유리함에 유념한다.

해설 **점검의 10대 준수사항**

① 점검 포인트가 누락되지 않게 부분별 차량의 점검순서를 기준으로 하여 자연스럽게 점검한다.
② 동일한 유형의 차량에 대해서 경험이 있다 하여 일반적인 평가나 개인의 취향에 좌우되어 점검에 따른 오류를 범하지 말아야 한다.
③ 차량을 전체를 하나의 물건으로 생각하고 관찰을 위해서 차량으로부터 약간 떨어져서 주시하면서 확인한다.
④ 차량의 기울임, 뒤틀림, 도장상태, 연결부분의 틈새 등을 시각적인 감각을 통하여 기준점을 잡아서 확인한다.
⑤ 전체 차량의 인상은 주차하고 있는 장소나 날씨 등에 따라 달라짐에 유념해야 한다.
⑥ 이상한 느낌이 들었을 때는 그 생각을 유념하고 있으면 각 부분에 관한 주의가 중요부분에 집중되어 문제되는 곳의 원인 발견에 도움이 된다.
⑦ 일부에 얽매이지 않고 전체를 골고루 세밀히 관찰하는 습성이 필요하다.
⑧ 각 부분을 점검할 때 항상 차량의 전체를 염두에 두고 그 부분에 대해 점검해야 한다.
⑨ 도장 상태는 주위의 명암이나 빛이 닿는 방향에 따라 틀려지기 때문에 판별하기 힘들어 주의하여 세밀한 관찰 및 감촉에 의한 점검이 필요함을 유의해야 한다.
⑩ 점검할 때 장갑을 끼는 것이 외부 패널의 검사 및 볼트를 검사할 때 유리함에 유념해야 한다.

08 전체적인 차량의 자세를 확인하는 항목 중 로드 클리어런스에 대하여 올바르게 나타낸 것은?

① 자동차의 너비
② 차체 하부와 노면 사이의 간극
③ 자동차의 높이
④ 자동차의 길이

정답 **07.③ 08.②**

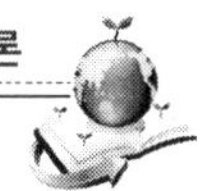

09 **중고차량을 점검할 때 차량의 자세 중 전체적인 차량의 자세는 차량의 각 면으로부터 몇 m 정도의 거리를 두고 점검하여야 하는가?**

① 2~3m　　② 3~5m
③ 6~7m　　④ 7~10m

해설 전체적인 차량의 자세 점검은 차량의 각 면으로부터 3~5m 정도 떨어져서 차량을 주시하여 한 바퀴를 돌아보면서 차량의 부자연스러운 부분이 있는가를 확인한다. 이때 차량의 인상은 주차하고 있는 장소나 그 날의 날씨 등에 의해서 다르게 되는 것에 유의해야 한다.

10 **차량의 점검 요령에서 전방자세를 확인하는 사항이 아닌 것은?**

① 임의의 점을 잡아 대칭을 비교하여 기울임이나 뒤틀림이 있는지를 확인한다.
② 루프면, 범퍼와 지면과의 각각 평행여부를 확인한다.
③ 범퍼의 좌·우 기울임, 보닛과 라디에이터 그릴, 헤드라이트와 양쪽 펜더와의 틈새 간격이 일정한가를 확인한다.
④ 각 패널 간의 틈새 간격이 일정한지 확인한다.

해설 **전방자세 점검요령**
① 루프 면, 범퍼와 지면과의 각각 평행 여부를 확인한다.
② 임의의 포인트를 잡아 상호 대칭으로 비교하여 기울임이나 뒤틀림 및 좌우 대칭에 부자연스러운 부분이 있는가를 확인한다.
③ 좌·우 양면의 각 선 및 범퍼의 좌·우 기울임, 보닛과 라디에이터 그릴, 헤드라이트와 양쪽 펜더와의 틈새 간격이 일정한가를 확인한다.

11 **자동차 운전석 / 실내 점검 사항이 아닌 것은?**

① 장비품 확인　　② 공구류 확인
③ 실내 청결 상태 확인　　④ 자동차 등록증 확인

해설 공구류 확인은 트렁크 룸 점검 시 실시한다.

정답 **09.**② **10.**④ **11.**②

12 차량의 점검 요령에서 측방자세를 확인하는 사항으로 틀린 것은?

① 임의의 점을 잡아 상호 대칭을 비교하여 기울임이나 뒤틀림이 있는가를 확인한다.
② 루프면, 사이드 실 패널이 지면과의 평행 여부를 확인한다.
③ 차량의 전·후 로드 클리어런스의 정상 여부 등을 확인한다.
④ 각 패널 간의 틈새 간격이 일정한지 확인한다.

해설 **측방(우측·좌측)자세 점검요령**
① 루프면, 사이드실 패널이 지면과의 평행 여부를 확인한다.
② 차량의 전·후 로드 클리어런스의 정상 여부 등을 확인한다.
③ 각 패널 간의 틈새 간격이 일정한지 확인한다.
④ 전·후 각 선의 일치 여부 등을 확인한다.

13 차량의 점검 요령에서 후방자세를 확인하는 사항으로 틀린 것은?

① 임의의 점을 잡아 상호 대칭을 비교하여 기울임이나 뒤틀림이 있는가를 확인한다.
② 좌·우 양면의 각선 및 범퍼의 좌·우 기울임을 확인한다.
③ 전조등 및 안개등의 평행여부를 확인한다.
④ 임의의 점을 잡아 좌·우 대칭에 부자연스러운 부분이 있는가를 확인한다.

해설 **후방자세 점검요령**
① 루프면, 범퍼, 지면과의 각각 평행여부를 확인한다.
② 좌·우 양면의 각선 및 범퍼의 좌·우 기울임을 확인한다.
③ 임의의 점을 잡아 상호 대칭을 비교하여 기울임이나 뒤틀림이 있는가를 확인한다.
④ 임의의 점을 잡아 좌·우 대칭에 부자연스러운 부분이 있는가를 확인한다.

14 차량의 점검요령 중 운전석에서 각 부의 기능을 확인할 수 있는 사항이 아닌 것은?

① 주변기기의 위치를 확인하고 시동키를 ON시킨 상태에서 경고등의 작동상태를 확인한다.
② 클러치의 연결 상태 및 미끄러짐을 확인한다.
③ 안개등 및 브레이크등의 작동상태
④ 핸들의 유격 상태 및 경고등의 작동상태

정답 **12.① 13.③ 14.③**

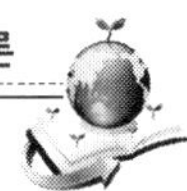

해설 운전석에서 각 부의 기능을 확인할 수 있는 사항

① 주변기기의 위치를 확인하고 시동키를 ON시킨 상태에서 경고등의 작동상태를 확인한다.
② 변속기의 조작상태 및 이상음 발생여부, 클러치의 연결 상태 및 미끄러짐을 확인한다.
③ 엔진의 시동상태와 가속페달의 가속상태를 확인한다.
④ 브레이크 페달을 밟아 페달의 유격 및 작동상태를 확인한다.
⑤ 핸들의 조작상태 및 떨림 등의 상태를 확인하여 엔진 등 여러 부분의 성능상태를 감지한다.
⑥ 핸들의 지름이 규정품인지 확인한다.
⑦ 파워 윈도우 및 도어 잠금장치, 전동식 백미러의 작동상태를 확인한다.
⑧ 콤비네이션 스위치 및 계기판의 게이지 작동상태를 확인한다.
⑨ 경음기 작동여부 및 소리가 적합한가를 확인한다.

15 자동차 장비품 점검 사항이 아닌 것은?

① 에어컨 및 통풍장치를 확인한다.
② 오디오 카세트 및 안테나 작동여부를 확인한다.
③ 시트의 젖힘 기능을 점검한다.
④ 에어백, ABS, CD를 점검한다.

해설 장비품 점검사항

① 에어컨 작동상태 및 통풍장치를 확인한다.
② 오디오 카세트 및 안테나(전동식)의 작동여부를 확인한다.
③ 기타 옵션 및 전기 용품의 기능을 작동시켜 성능을 확인한다.
(에어 백, 내비게이션, 카폰, CD 등).

16 자동차등록증 확인 사항이 아닌 것은?

① 자동차 옵션 기능　　② 자동차등록번호
③ 계속검사 유효기간　　④ 원동기 형식 및 형식승인번호

해설 자동차등록증 확인 사항

① 자동차등록번호　② 차종 및 용도　③ 차명 및 차대번호
④ 형식 및 연식　⑤ 원동기 형식　⑥ 사용본거지
⑦ 형식승인번호　⑧ 검사유효기간　⑨ 등록번호판교부 및 봉인
⑩ 정기점검기록　⑪ 변경등록사항　⑫ 구조·장치 변경사항

정답 15.③　16.①

17 자동차 외관 점검 사항 중 틀린 것은?

① 점검사항은 성능 점검 기록지에 기호로 표기한다.
② 자동차 좌측방부터 반시계 방향으로 점검한다.
③ 자동차 각 면으로부터 3~5m 떨어져 확인한다.
④ 패널의 요철, 부식, 재도장 등 상태를 점검한다.

해설 자동차의 외관 점검 시 운전석 측면으로부터 시계방향으로 회전하며 점검한다.

18 차량의 점검 요령 중 전방에서 점검할 수 없는 것은?

① 트렁크 룸　　② 라디에이터 서포트
③ 전면유리　　④ 보닛

해설 **전방에서 점검 부위**

① 앞 범퍼　　② 보닛 패널　　③ 전면유리
④ 좌우 인사이드 패널　　⑤ 대시 패널　　⑥ 라디에이터 서포트
⑦ 크로스 멤버　　⑧ 사이드 멤버　　⑨ 프런트 펜더 패널

19 보닛 패널의 교환 및 수리여부 확인 방법으로 틀린 것은?

① 사이드 부분에 실링 작업의 주름진 상태 및 실링 작업의 유무를 보고 판단한다.
② 보닛의 힌지 고정 볼트 머리 부분의 마모나 페인트 벗겨짐을 보고 판단한다.
③ 전조등, 방향지시등의 패널 간의 조립된 상태를 보아 틈새가 균일한가로 판단한다.
④ 보닛 패널을 손으로 들어올렸을 때 유연성을 보고 판단한다.

해설 **보닛 패널의 교환 및 수리여부 확인방법**

① 전조등, 방향지시등의 패널 간의 조립된 상태를 보아 틈새가 균일한가로 판단한다.
② 사이드 부분에 실링 작업의 주름진 상태 및 실링 작업의 유무를 보고 판단한다.
③ 보닛의 힌지 고정볼트 머리부분의 마모나 페인트 벗겨짐을 보고 판단한다.
④ 차량 제원의 스티커 부착 유무를 보고 판단한다.

정답 **17.②　18.①　19.④**

20 엔진룸 주변패널 교환 및 수리여부 식별 방법 중 잘못된 사항은?

① 제작사의 패널간의 접합은 SPOT 용접을 하므로 용접방법을 확인한다.
② 휠 하우스 부분은 인사이드패널의 굴곡이나 수리흔적 용접상태 주변의 녹 발생 등으로 확인한다.
③ 대시 패널 부분은 인사이드 패널과의 접합부분 차대번호 글자의 재타각 유무로 점검한다.
④ 라디에이터 서포트 패널, 인사이드 패널은 제작 시 가스용접으로 제작되므로 주위에 녹이 발생하는 현상으로 확인한다.

해설 엔진룸 주변의 패널(라디에이터 서포트 패널, 인사이드 패널, 대시 패널)은 제작 시 SPOT 용접을 하며, 가스용접 흔적 주위에 녹이 발생한 상태는 정비공장에서 수리를 한 흔적이다.

21 자동차 측면부 수리흔적 식별 범위가 아닌 것은?

① 도어 패널
② 대시 패널
③ 필러 패널
④ 사이드 실 패널

해설 **측면부 점검의 범위**
① 전·후 펜더 패널
② 전·후 도어 패널
③ 전·중·후 필러 패널
④ 사이드 실 패널

22 차량의 점검 요령에서 범퍼의 상태를 확인할 때 등록번호판의 찌그러짐이 심하면 어떤 추정을 할 수 있는가?

① 차체의 교환
② 엔진의 교환
③ 범퍼의 교환
④ 타이어의 교환

해설 **범퍼의 상태확인 방법**
① 범퍼가 교환되었다면 전방부 사고 여파로 인한 다른 패널 간의 수리 흔적여부를 확인한다.
② 범퍼의 긁힘, 깨짐, 재 도장, 교환 여부 등을 확인한다.
③ 번호판의 심한 찌그러짐 등도 있는지 확인할 필요가 있다.
④ 범퍼를 손으로 몇 군데 위에서 밑으로, 앞에서 뒤로 밀어 보면서 깨지거나 금이 간 곳이 있는지 수리 흔적 여부를 확인한다.

정답 **20.④ 21.② 22.③**

23 범퍼 교환 및 수리여부 식별 방법 중 잘못된 사항은?

① 범퍼 지지대 교환여부를 확인한다.
② 범퍼와 번호판의 파손은 별도로 점검한다.
③ 범퍼 표면을 눌러보아 긁힘이나 금이 간 곳을 확인한다.
④ 범퍼의 교환은 주위 패널의 수리여부로도 식별 가능하다.

해설 **범퍼 교환 및 수리여부 식별 방법**

① 범퍼의 긁힘, 깨짐, 재도장, 교환 여부 등을 확인한다.
② 범퍼를 손으로 몇 군데 위에서 밑으로, 앞에서 뒤로 밀어 보면서 깨지거나 금이 간 곳이나 수리 흔적의 여부를 확인한다.
③ 등록번호판의 심한 찌그러짐 등도 있는지 확인할 필요성이 있다. 충돌사고로 범퍼 교환 여부의 추정이 가능하다.
④ 범퍼가 교환되었다면 전방부 사고 여파로 인한 다른 패널간의 수리 흔적 여부를 확인 할 필요성이 있다.

24 트렁크 리드 패널의 교환 및 수리여부 식별 방법 중 잘못된 사항은?

① 안쪽 테두리 부분의 실링 작업의 상태 및 작업 유무로 식별한다.
② 실링 작업이 되어 있으면 원래의 상태로 유지한 것으로 판단한다.
③ 콤비네이션 램프와 패널간의 조립상태 및 틈새의 균일 여부를 확인한다.
④ 트렁크 리드 힌지 고정 볼트 머리 부분의 도색 및 마모 상태를 점검한다.

해설 **트렁크 리드 패널의 확인 방법**

① 안쪽 테두리 부분에 실링 작업의 주름진 상태, 실링 작업의 유무로 확인한다. 실링이 되어 있지 않으면 100% 교환된 것으로 본다. 도어 패널 교환시 폐차장에서 통째로 교환하여 도장을 한 경우도 있으므로 재도장의 작업 상태를 세밀하게 점검해야 한다.
② 트렁크 리드 힌지 고정 볼트 머리 부분의 마모나 페인트 벗겨짐 등으로 교환 또는 수리 여부의 확인이 가능하다.
③ 콤비네이션 램프와 패널간의 조립된 상태를 보아 틈새가 균일한가를 좌·우측을 비교하여 부자연스러움은 없는지를 확인한다.

정답 23.② 24.②

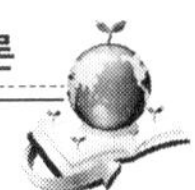

25 자동차 측면패널 수리 및 교환여부 식별 방법으로 틀린 것은?

① 사이드 패널 교환 여부는 측면하부의 용접부분이나 녹 발생으로 확인한다.
② 두들겨보아 맑은 소리가 나는 경우 원래 패널의 상태를 유지한 것으로 판단한다.
③ 도어의 잠금장치의 이상유무로 확인한다.
④ 시동키와 도어 키가 상이한 경우 사이드 패널의 교환으로 볼 수 있다.

해설 패널의 교환 및 수리 여부 확인방법

① 펜더 패널 교환의 경우는 패널간의 접합(볼트, 용접)부에는 실러를 도포한 상태에서 접합 처리되기 때문에 실러의 도포 여부로 확인이 가능하다.
② 도어 사이드 부분에 실링 작업의 주름진 상태, 실링 작업 유무로 확인한다. 실링이 되어 있지 않으면 100% 교환된 것으로 본다.
③ 고정 볼트 머리부분의 마모나 페인트 벗겨짐 등으로 교환 또는 수리 여부의 확인이 가능하다.
④ 도어 손잡이 부분의 뚜껑이 드라이버로 열린 흔적이 있는가를 확인한다.
⑤ 점화 스위치와 도어 키(key)가 상이한 경우는 원래의 키를 잃어버리지 않은 한 대부분이 도어 패널의 교환으로 보아도 무방하다.
⑥ 필러 패널 교환 여부의 확인은 인너 패널과 아웃 패널간 접합부위의 고무 몰딩(도어 웨더 스트립)을 뽑아 보면 작업의 흔적을 확인할 수 있다.
⑦ 사이드 실 패널 교환 여부의 확인은 측면 하부를 보면 용접 접합 흔적이나 그 부위가 심하게 녹슨 흔적으로 확인이 가능하다. 신차 출고 시 언더 코팅 처리가 되어 있다.
⑧ 수리 흔적 여부에 따라 연결 접합된 주변의 패널도 반드시 점검해야 한다(필러 패널, 사이드 실 패널 등).
⑨ 주위 패널간 도장의 이색(異色)이나 발광 정도의 차이가 느껴지는 부분이 있거나 손으로 각 패널의 면을 문질러보거나 두들겨보아 감촉이 다른 부분이 있는지를 확인한다. 정상적인 패널은 둔탁한 소리가 나지만 교환된 패널의 경우는 두들겨보면 맑은 소리가 난다.
⑩ 도어의 원활한 개폐 여부를 확인하고 도어 잠금장치의 이상 유무를 확인한다.

26 자동차 후방 점검의 범위가 아닌 것은?

① 트렁크 플로어 패널　　② 리어 휠 하우스 패널
③ 트렁크 리드 패널　　④ 라디에이터 서포트

해설 후방 점검의 범위

① 트렁크 리드 패널　② 뒤 범퍼　③ 리어 엔드 패널
④ 트렁크 플로어 패널　⑤ 리어 휠 하우스 패널　⑥ 리어 펜더 패널

정답 ▶ 25.②　26.④

27 자동차 후면부 수리흔적 식별 범위가 아닌 것은?

① 리어 필러 패널
② 트렁크 플로어 패널
③ 리어 엔드 패널
④ 트렁크 리드 패널

28 자동차 루프면 점검 사항이 아닌 것은?

① 광택제의 사용유무를 점검한다.
② 루프면 굴곡, 찌그러짐 등을 확인한다.
③ 필러의 굴곡 여부 확인
④ 접합부분의 이상 유무를 점검한다.

해설 **루프 패널의 점검 사항**

① 루프 패널의 긁힘, 요철, 부식, 녹슴, 재도장, 물결침, 수리 및 교환 등의 여부를 점검한다. 의심이 가는 부위에 기름이나 먼지가 묻어 있으면 점검 대상의 부위를 깨끗이 닦고 나서 점검한다.
② 루프 패널과 필러 패널간의 접합 부위를 확인한다. 패널 간 접합 부위의 고무 몰딩을 뽑아 보면 수리한 흔적이 남아있다.
③ 루프 패널의 트립 레일 부분을 접합하는 경우가 많으므로 트립 레일의 몰딩을 제쳐 보면 수리 흔적이 남아 있음을 확인할 수 있다.

29 자동차 유리 점검 사항 중 잘못된 것은?

① 전면유리의 좌우 여러 각도에서 유리면의 상태를 점검한다.
② 불량 와이퍼에 의한 긁힘이 발생하였는지 살펴본다.
③ 자동차 연식과 유리 제조일과의 기간차이만 점검한다.
④ 전후 유리 테두리의 실러 도포상태를 보고 교환여부를 확인한다.

해설 **유리의 점검 사항**

① 전면 유리의 좌우 여러 각도를 바꾸어 가면서 유리면의 상태를 확인하고 빛의 반사로 외부에서 확인이 불가능하면 내부에서 좌우를 살펴보면 손상부위를 쉽게 확인이 가능하다. 와이퍼에 의한 긁힘, 잔돌에 의한 찍힘, 충격에 의한 파손 등을 확인한다.
② 전·후면 유리 테두리의 접합부분을 보면 실러의 도포 상태와 내측 접착부위 주변을 보고 먼지 쌓임 등으로 교환 여부를 추정할 수 있다. 후면 유리는 열선의 정상 접합 여부를 확인한다.
③ 차량의 연식과 유리 제조일과의 기간 차이를 확인한다.

정답 27.① 28.① 29.③

30 엔진룸의 점검 사항으로 잘못된 사항은?

① 차대번호. 형식승인번호, 연식 등 자동차등록증과의 일치 여부를 확인한다.
② 엔진의 소리를 들어보고 부조현상이 있는지를 확인한다.
③ 배터리의 충전 상태를 확인할 필요없다.
④ 에어컨, 파워스티어링, ABS 등의 장착 여부를 확인한다.

해설 엔진룸의 점검 사항

① 차대번호, 형식승인번호, 연식 등 자동차등록증과의 일치 여부를 확인한다.
② 엔진의 변경사항(형식과 다른 엔진 장착, 규정 외 과급기 부착 등)을 확인한다.
③ 엔진의 소리를 들어 보고 부조현상이 있는지를 확인한다.
④ 어느 부분의 이상한 탁음은 없는지를 확인한다.
⑤ 에어컨, 파워스티어링, ABS 등의 장착 여부를 확인한다.
⑥ 팬벨트의 장력 및 보존 상태를 확인한다.
⑦ 배터리의 충전상태를 확인한다.
⑧ 엔진 오일, 파워스티어링, 브레이크 및 클러치 등의 오일 양의 규정치, 오일의 점도 및 이물질 혼합여부 등을 확인한다.
⑨ 자동변속기 차량은 오일 양의 규정치의 적절 여부와 점도를 확인한다.
⑩ 냉각수량 및 오버 히트 흔적이 있는지를 확인한다(라디에이터, 보조 물탱크).
⑪ 엔진 헤드 개스킷 부근의 오일 누유 및 냉각계통의 냉각수 누수 유무를 확인한다.
⑫ 엔진룸의 청결 여부로 차량의 관리 상태를 판단할 수 있다.
⑬ 각종 배선의 상태를 확인한다.

31 엔진의 실린더 압축압력을 측정하기 전에 점검하는 사항이 아닌 것은?

① 엔진오일, 스타트 모터, 배터리 상태의 정상여부를 확인한다.
② 엔진을 워밍업시켜 냉각수의 수온이 80~90℃ 여부를 확인한다.
③ 엔진을 워밍업시킨 후 시동을 끄고 바로 측정한다.
④ 에어 클리너 필터 및 점화 플러그를 모두 탈거한다.

해설 엔진을 워밍업시킨 후 삼원 촉매장치의 소손을 방지하기 위해 시동을 끈 후 약 10분간 삼원 촉매장치가 냉각될 수 있도록 한다.

정답 ▶ 30.③ 31.③

32 패널의 교환 및 수리여부의 확인방법에서 적용범위로 볼 수 없는 것은?

① 트렁크 리드 패널　　② 보닛 패널
③ 라디에이터 서포트　　④ 도어 패널

33 엔진의 성능을 점검하기 위하여 압축압력을 측정결과 규정압력의 115%가 되었다. 이때 엔진의 상태는 어떻게 판정하는가?

① 엔진의 성능은 정상이다　　② 엔진의 성능은 정상보다 좋다.
③ 엔진의 성능은 양호하다.　　④ 엔진의 성능은 불량하다.

해설 **압축압력을 측정한 결과의 판정**

① **정상** : 규정압력의 90~100%일 때
② **양호** : 규정압력의 70~90% 또는 100~110% 일 때
③ **불량** : 70% 미만이나 110% 이상일 때

34 자동차 시험주행 중 엔진부위 점검사항으로 부적합한 것은?

① 자동차를 일정시간 주차시켜 하부 지면에 오일 또는 냉각수의 유출을 확인한다.
② 엔진시동 후 노크발생이나 이상음 발생을 점검한다.
③ 노크 현상이 발생한 경우 연료를 교환하면 된다.
④ 냉각수 양 및 오염여부를 점검한다.

해설 **엔진 부위 점검 사항**

① 엔진 오일의 수준 및 오일 점도는 적당한지를 확인한다.
② 엔진 주변의 오일 누유 여부를 확인한다.
③ 차량을 일정기간 주차시킨 경우는 주기적으로 차량의 하부 지면에 물, 오일, 연료 또는 다른 유체가 떨어져 있는지를 점검한다.
④ 엔진 시동 후 엔진 노크나 밸브 등의 이상음 발생 여부를 확인한다.
⑤ 파워스티어링 오일 펌프, 에어컨 컴프레서, 알터네이터 구동 벨트의 벨트 풀림, 균열 및 장력을 확인한다.
⑥ 냉각수 탱크에서 냉각수의 수준 및 냉각수 오염 등의 상태를 확인한다.

정답 32.③　33.④　34.③

35 엔진의 압축압력을 측정한 결과 압축압력이 규정압력보다 높은 원인은?

① 실린더 헤드 개스킷이 소손되었다.
② 피스톤 링의 마모가 심하다.
③ 실린더의 마모가 심하다.
④ 연소실 내의 탄소 카본이 부착되었다.

해설 압축압력을 측정한 결과 규정압력보다 110% 이상이면 연소실 내에 카본이 부착된 경우이다.

36 중고자동차의 성능점검을 위한 압축압력 측정기의 용도로 맞는 것은?

① 파워 핸들의 작동여부 측정
② 브레이크 유압의 적정여부 측정
③ 실린더 압축압력의 측정
④ 점화시기의 적정여부를 측정

해설 실린더의 압축압력 시험은 엔진에 이상이 있을 때, 또는 엔진의 성능이 현저하게 저하되었을 때 분해 수리 여부를 결정하기 위한 수단으로 이용되는 시험으로서 피스톤 링, 실린더 벽, 밸브 등의 엔진 내부의 기계적 결함을 발견할 수 있다. 이때 사용되는 측정기가 압축압력 측정기이다.

37 점화장치에 사용되는 부품이 아닌 것은?

① 스타트 모터　　② 스파크 플러그
③ 이그니션 코일　　④ 고압 케이블

해설 점화장치에 사용되는 부품으로는 이그니션 코일(점화코일), 디스트리뷰터(배전기), 파워트랜지스터, 고압케이블, 스파크 플러그(점화플러그) 등이며, 스타트 모터(기동전동기)는 시동장치이다.

정답 35.④　36.③　37.①

38 자동차 시험주행 중 동력전달장치 점검사항으로 부적합한 것은?

① 수동 변속기의 구동상황 별로 이상음 발생을 확인한다.
② 평탄한 도로에서 핸들의 쏠림현상 및 선회 시 복원성을 점검한다.
③ 클러치 페달 유격 및 연결 상태, 슬립 등을 확인한다.
④ 변속기 오일량 및 누유 등을 점검한다.

해설 **동력전달장치의 점검사항**

① 변속기 오일 양 및 오일 누유 등을 점검한다.
② 변속 레인지 "P-R-N-D-3-2-1" 각 기어의 변속상태를 점검한다(자동변속기의 경우). 출발 시 진동, 슬립 발생, 울컥거림, 전·후진 변속, 모든 기어 위치에서 소음 발생 등을 점검한다.
③ 자동변속기의 경우는 "스톨 테스트(Stall Test)"를 실시한다.
④ 수동 변속기의 구동상황에 따라 이상음 발생을 확인한다.
⑤ 클러치 페달의 유격, 클러치의 연결상태 및 슬립 등을 확인한다. 슬립 현상이 클 경우는 클러치 디스크의 마모가 심한 것으로 보고 교환이 요구되는 것으로 본다.
⑥ 클러치의 오일 양이나, 마스터 실린더 및 릴리스 실린더의 오일 누유 등을 확인한다. 클러치 작동방식에는 유압식과 케이블식이 장착되는데 대부분 유압식 클러치가 장착되어 있다.
⑦ 차량을 리프트(Lift)에 올려놓은 상태에서 추진축과 액슬축, 자재이음의 이상 유무를 확인한다.

39 엔진의 동력을 전달하거나 차단하는 클러치에 관계되는 점검 사항 중 틀린 것은?

① 클러치 디스크를 육안으로 점검한다.
② 클러치 페달의 유격 및 밟았을 때 페달과 상판과의 간격을 점검한다.
③ 유압식 클러치의 액량 및 오일 라인의 누유를 육안으로 점검한다.
④ 엔진의 시동을 걸고 클러치의 연결 상태 및 슬립 등을 점검한다.

해설 엔진 플라이휠에 부착되어 있은 클러치의 디스크 점검은 변속기를 탈착한 후 클러치를 탈착하여야 점검할 수 있기 때문에 육안으로는 점검할 수 없다.

정답 38.② 39.①

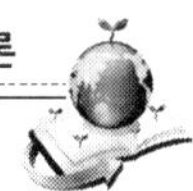

40 **클러치를 연결하였을 때 어떤 부품이 마모되면 슬립이 발생되는가?**

① 클러치 댐퍼 스프링 ② 클러치 디스크
③ 플라이 휠 ④ 릴리스 베어링

해설 클러치 디스크는 플라이휠과 변속기 사이에서 설치되어 엔진의 동력을 변속기에 연결하거나 차단하는 역할을 한다. 클러치 디스크에 설치되어 있는 라이닝이 마모되면 슬립이 발생된다.

41 **엔진의 동력을 전달시킨 상태에서 수동 변속기 이상음 발생의 점검 포인트가 아닌 것은?**

① 엔진의 동력을 전달시켜 가속페달을 약간 밟거나 완전히 밟아 주행하여 본다.
② 가속페달을 약간 밟은 상태에서 평탄한 도로를 일정한 속도로 주행하여 본다.
③ 가속페달을 약간 밟거나 또는 밟지 않은 상태로 타력 주행을 한다.
④ 급출발 및 급정지를 수차례 반복하여 주행하여 본다.

42 **자동변속기 자동차의 스톨 테스트에 관한 내용 중 틀린 것은?**

① RPM이 2200~2400이면 정상으로 판정한다.
② 왼발로 브레이크 페달을 밟고 오른발로 가속페달을 최대한 밟으며 실험한다.
③ 가속 페달을 밟은 상태에서 5초 이상 유지한다.
④ 주차브레이크를 최대한 당긴 상태에서 변속기 레버를 D 위치에 놓고 실험한다.

43 **자동 변속기 장착 차량을 스톨 테스트할 때 가속 페달을 밟는 시험시간은 얼마 이내이어야 하는가?**

① 5초 ② 10초
③ 15초 ④ 20초

정답 **40.**② **41.**④ **42.**③ **43.**①

44 **차량이 주행 중 커브 길을 선회 중 어느 부위가 결함이면 심한 금속의 마찰음이 발생하는가?**

① 조향장치의 결함　② 타이어의 결함
③ 등속 조인트의 결함　④ 쇽업소버의 결함

45 **자동차가 주행할 때 노면에서 받는 진동이나 충격을 흡수하는 장치는?**

① 점화장치　② 제동장치
③ 현가장치　④ 동력전달장치

해설 현가장치는 주행 중 노면에서 받는 진동이나 충격을 흡수 완화하여 승차감 및 안전성을 향상시키는 역할을 한다.

46 **주행 중 노면에서 받는 진동이나 충격을 흡수하는 현가장치의 점검사항 중 틀린 것은?**

① 평탄한 장소에서 차체가 한 쪽으로 쏠림이 없는가? 점검한다.
② 차량이 평탄한 도로를 주행할 때 핸들의 쏠림이 없는가? 점검한다.
③ 쇽업소버를 손으로 눌렀다 놓았을 때 상하운동을 계속해야 한다.
④ 현가 스프링의 피로가 없는가? 점검한다.

해설 차량에 설치된 상태에서 쇽업소버는 오일의 누유를 점검하고, 좌측과 우측의 보닛을 각각 손으로 눌렀다 놓았을 때 진동이 곧바로 멈추는가를 점검한다. 만약 진동이 계속된다면 쇽업소버는 교환하여야 한다.

47 **핸들의 조작력이 선회할 때 무겁거나 이상음이 발생될 때 점검해야 하는 부분은?**

① 타이어　② 현가장치
③ 제동장치　④ 조향장치

해설 조향장치는 자동차의 주행방향을 임의로 변환시키는 장치로 조향핸들, 조향축, 타이로드, 조향너클 등으로 구성되어 있다.

정답 44.③　45.③　46.③　47.④

48 자동차 시험주행 중 제동장치 점검으로 부적합한 것은?

① 브레이크 오일량 점검으로 브레이크 패드의 마모 정도를 점검한다.
② 시동 후 ON 위치에서 브레이크 경고등은 점등상태를 유지하여야 한다.
③ 주차브레이크의 장치 및 정상작동 여부를 점검한다.
④ ABS 장착 자동차는 브레이크 경고등의 점등으로 이상 유무를 확인한다.

해설 브레이크 경고등은 브레이크 오일이 부족하거나 주차 브레이크 작동시에 점등된다. 또한 ABS 장착 자동차의 경우는 브레이크 경고등의 점등으로 시스템의 이상 유무를 확인할 수 있다.

49 브레이크 계통에 포함되지 않는 부분은?

① 쇽업소버
② 마스터 실린더
③ 휠 실린더
④ 브레이크 파이프 라인

해설 쇽업소버는 현가장치로서 노면의 충격을 흡수하는 장치이다.

50 자동차의 브레이크 장치에서 간단하게 브레이크 패드(라이닝)의 마모 정도를 판단할 수 있는 것은?

① 엔진의 냉각수의 양
② 엔진의 오일의 양
③ 브레이크 오일의 양
④ 파워핸들 오일의 양

51 자동차의 브레이크 패드(라이닝)의 마모를 엔진룸에서 육안으로 알 수 있는 방법은?

① 브레이크 마스터 실린더의 리저브 탱크 오일의 점도를 보고 알 수 있다.
② 브레이크 마스터 실린더의 리저브 탱크 오일의 양을 통해서 알 수 있다.
③ 엔진을 시동한 후 브레이크를 밟았을 때 페달의 내려가는 정도로 알 수 있다.
④ 바퀴를 떼어내고 직접 브레이크 패드의 마모를 확인한다.

해설 브레이크 라이닝 또는 브레이크 패드가 마모되면 마스터 실린더의 리저브 탱크에 저장되어 있는 브레이크 오일의 양이 줄어든다.

정답 **48.② 49.① 50.③ 51.②**

52 차량을 점검하기 위해 카레이지 잭을 이용할 때 사용 전 점검사항이 아닌 것은?

① 자동차의 미끄러짐을 방지하는 조치를 취한다.
② 자동차는 수평으로 하고 포장된 곳을 선택한다.
③ 변속기어는 중립에 놓고 엔진의 시동을 걸어 놓는다.
④ 사용하는 유압(약 5kgf/cm²)의 적정 여부를 확인한다.

해설 반드시 엔진을 정지하고 시행한다.

53 브레이크 페달을 밟은 상태를 유지하고 있을 때 페달이 푹 들어갈 때의 원인은?

① 브레이크 패드의 이상 마모
② 브레이크 드럼의 이상 마모
③ 브레이크 오일의 누유
④ 브레이크 라이닝의 이상 마모

해설 브레이크 계통에 공기가 유입되었거나 브레이크 오일 라인에서 오일이 누유가 되면 브레이크 페달을 밟은 상태를 유지하고 있을 때 페달이 푹 들어간다.

54 브레이크 장치에서 부스터의 작동을 점검하는 방법 중 틀린 것은?

① 엔진을 정지시키고 브레이크 페달을 수차례 밟아 진공을 제거한다.
② 페달을 밟은 상태에서 엔진 시동을 걸었을 때 페달이 밑으로 내려가면 정상이다.
③ 엔진을 정지시키고 진공을 제거한 상태에서 페달이 점차적으로 올라오면 정상이다.
④ 브레이크 페달이 내려가지 않으면 정상이다.

해설 **부스터의 작동을 점검하는 요령**
① 엔진을 1~2분 정도 운전하다 정지시킨 후 진공을 제거한다.
② 페달을 수차례 밟을 때 처음에는 완전히 내려가다 점차로 올라오면 정상이다.
③ 페달을 수차례 밟을 때 페달의 높이가 변화되지 않으면 부스터의 고장이다.
④ 브레이크 페달을 밟은 상태에서 엔진의 시동을 걸었을 때 페달이 약간 내려가면 정상이다.
⑤ 브레이크 페달을 밟은 상태에서 시동을 끄고 30초 동안 페달의 높이가 변화되지 않으면 정상이다.

정답 **52.③ 53.③ 54.④**

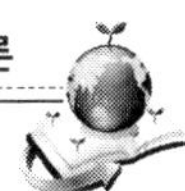

55 타이어의 규격을 나타내는 수치가 타이어의 호칭이다. 다음 중 설명이 틀린 것은?

185 / 70 SR 13 82

① 185 : 타이어 폭
② 70 : 타이어 편평비
③ S : 타이어 지름
④ 13 : 타이어 내경

해설 **타이어의 규격 표시**

- 185 : 타이어의 폭(mm)
- 70 : 편평비(타이어 높이/타이어 폭 = 70%)
- S : 최대허용속도(km/h)
- R : 레이디얼(radial) 타이어,
- 13 : 타이어 내경(림의 직경 inch)
- 82 : 최대 하중지수

56 자동차 차대번호의 표시는 아라비아 숫자 및 알파벳 문자로서 표시한다. 다음 중 알파벳 문자 중 제외되는 것을 옳게 나열한 것은?

① I, O, Q
② I, Q, R
③ O, P, R
④ O, Q, R

해설 차대의표기: 제작자가 시행하는 차대의 표기는 제작 회사군(3자리), 자동차 특성군(6자리) 및 제작 일련번호군(8자리)등 총 17자리로 구성하며 각 군별 자릿수와 각 자리에는 숫자와 I, O, Q를 제외한 알파벳(이하 '문자'라 한다)으로 표시한다.

57 패널 교환 시 조립 부위가 아닌 것은?

① 보닛패널
② 도어패널
③ 프런트 펜더
④ 사이드 실 패널

해설 사이드 실 패널은 용접 부위이다.

정답 55.③ 56.① 57.④

58 **사고차량의 정보수집에서 손상의 기초가 되는 사항이 아닌 것은?**

① 사고 상황
② 사고발생일자
③ 사고의 경찰보고
④ 사고원인

해설 사고차량의 정보수집에서 손상의 기초가 되는 사항은 사고발생일자, 사고 상황, 사고원인이다.

59 **중고자동차의 성능을 점검하는 자세를 설명한 것 중 틀린 것은?**

① 오감 이상의 육감으로 평가한다.
② 감각(경험)이나 선입관에 따라 미리 간주해 버리고 평가한다.
③ 적정한 가격과 평가기준 및 평가기술로 신뢰받는 평가점을 산출한다.
④ 신속 정확한 평가로 고객(출품자)에게 지루함을 주어서는 안 된다.

60 **자동차 측면부 수리흔적 식별 범위가 아닌 것은?**

① 도어패널
② 대시패널
③ 필러패널
④ 사이드실패널

61 **자동차 일상점검 범위가 아닌 것은?**

① 엔진의 오일량을 점검한다.
② 타이어 공기압을 점검한다.
③ 냉각수의 양을 점검한다.
④ 브레이크 패드의 교환여부를 점검한다.

62 **자동차 자세에 의한 점검과 관계가 없는 것은?**

① 좌우 대칭상태를 점검한다.
② 전후 균형상태를 점검한다.
③ 루프면의 긁힘을 확인한다.
④ 로드클리어런스 정상여부를 확인한다.

정답 58.③ 59.② 60.② 61.④ 62.③

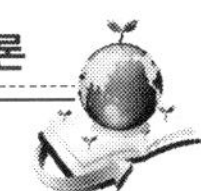

63 차체 패널의 변형에서 수지 부품 손상의 종류는 어느 것인가?

① 늘어남 ② 줄어듦
③ 깨짐 ④ 흔들림

64 자동차 도장할 때 발생되는 오렌지필 형상에 대한 현상으로 바르게 설명한 것은?

① 광택이 없고 표면이 꺼칠꺼칠해진 상태
② 도막의 일부분이 부풀어서 돌기현상이 발생된 상태
③ 도장면이 귤껍질 모양으로 요철이 있고 광택이 감소한 상태
④ 도색이 본래의 색보다 희게 변하는 현상

65 자동차의 점검 내용 중 맞는 것은?

① 엔진오일 레벨게이지를 뽑아 보았을 때 오일이 우유 빛이면 엔진오일을 과도하게 사용한 것이다.
② 자동변속기 오일 점검 시는 정상작동 온도까지 웜업시킨 다음 선택레버를 각 위치로 여러 번 전환시킨 후 N 위치에 놓고 측정하여 "HOT" 위치에 있는지 점검한다.
③ 브레이크 오일량을 점검하여 줄어있다면 소모된 것이므로 보충하여 계속 사용하면 된다.
④ 딥(타이어 홈 깊이)게이지로 타이어 홈 깊이를 측정할 때는 아무 곳에서나 측정하면 된다.

해설 ㉮ 우유 빛으로 변한 것은 냉각수가 유입된 것이다.
㉯ 오일이 줄었다면 브레이크 디스크 패드의 마모 및 누유 등을 의심한다.
㉰ 측정위치는 △마크가 있는 부위에서 측정하여야 한다.

정답 63.③ 64.③ 65.②

66 중고차 거래 시 주의사항 중 틀린 것은?

① 계절 및 날씨별 점검 주안점에 주의한다.
② 주행거리는 기록계를 전적으로 신뢰한다.
③ 엔진, 전지, 섀시, 실내, 트렁크 등으로 나누어 점검한다.
④ 각종 접합부의 상태를 점검하여 흔적을 찾아낸다.

67 중고자동차의 작동점검에 관한 내용으로 틀린 것은?

① 스톨 테스트 시 파킹브레이크를 최대한 당겨놓고 변속레버를 "D" 레인지에, 왼발로 브레이크를 밟은 상태에서 오른발로 가속페달을 최대한 밟아 5초 이내 2200~2400RPM이면 정상이다.
② 드라이브 샤프트 점검방법으로 넓은 곳에서 핸들을 한쪽으로 완전히 꺾은 상태에서 급출발을 한 결과 뚝뚝 소리가 났다면 등속조인트내의 그리스가 부족한 것이다.
③ 기계식 현가장치 점검방법으로 전후좌우 각 위치에서 위에서 아래로 눌러보아 계속해서 바운스(bounce)가 지속되지 않으면 정상이다.
④ 에어컨 점검 시 스위치를 각 위치로 했을 때 바람은 정상적으로 나오나 시원하지 않으면 냉매의 부족, 에버퍼레이터(evaporator)의 터짐 등을 의심한다.

해설 등속조인트 내에 그리스가 부족한 것이 아니라, 등속조인트의 마모로 인한 유격과다에서 오는 소리이다.

68 중고차 거래 시 유의 사항으로 틀린 것은?

① 정기 교환하는 오일류까지 점검할 필요가 없다.
② 연식이나 차량사용 목적에 비해 주행거리가 짧을 때는 일단 의심하고 세밀히 점검한다.
③ 차체를 유심히 살펴 사고수리부분은 없는지 점검한다.
④ 실내, 트렁크룸 및 전기 계통을 잘 살펴 침수부위는 없는지 점검한다.

정답 66.② 67.② 68.①

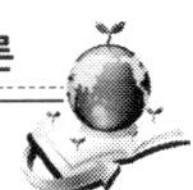

69 자동차 점검 방법이 틀린 것은?

① 자동변속기 오일레벨 점검은 엔진공회전상태, 변속레버 'P' 위치에서 한다.
② 주행 중 브레이크 경고등에 불이 들어온다면 브레이크 라이닝과 패드의 마모나 브레이크 오일누유를 의심해 볼만하다.
③ FF방식에서 선회시 하부에서 "똑똑" 소리가 난다면 쇽업소버가 파손되었는지 확인해본다.
④ 브레이크 페달을 밟은 상태로 시동을 걸때 페달이 내려가지 않으면 부스터를 점검해 본다.

해설 등속조인트의 부트 고무를 점검한다.

70 봄철 거래 시 특히 중점을 두어 살펴야 하는 점검사항으로 적당한 것은?

① 브레이크오일 상태점검
② 타이어 점검
③ 히터성능 점검
④ 외부도장 상태점검

71 중고 자동차의 가격을 결정하는 요인 중 주변요인에 속하지 않는 것은?

① 모델의 변경
② 소비자의 선호도
③ 신차의 출고시점(연식)
④ 신모델의 출시

72 사고차량을 판별할 때 볼트에 의한 조립부위를 나타낸 것으로 틀린 것은?

① 트렁크 리드
② 좌·우 프런트 펜더
③ 보닛
④ 대시 패널

해설 **볼트에 의한 조립부위**
① 보닛
② 좌·우 프런트 펜더
③ 전·후 도어
④ 트렁크 리드.

정답 69.③ 70.④ 71.③ 72.④

73 **사고차량을 판별할 때 스포트 용접에 의한 조립부위를 나타낸 것으로 틀린 것은?**

① 보닛 ② 라디에이터 서포트
③ 리어 펜더 패널 ④ 트렁크 플로어

해설 **스포트 용접에 의한 조립부위**

① 라디에이터 서포트 ② 프런트 인사이드 패널 ③ 전·후 크로스 멤버
④ 좌·우 사이드 실 패널 ⑤ 좌·우 리어 펜더 패널 ⑥ 리어 엔드 패널
⑦ 루프 패널 ⑧ 트렁크 플로어 ⑨ 전·중·후 필러 패널
⑩ 전·후 사이드 멤버 ⑪ 플로어 사이드 멤버 ⑫ 플로어 패널
⑬ 대시 패널

74 **부위별 수리차 판별에서 라디에이터 코어 서포트 및 보닛의 사고 여부를 점검하는 사항이 아닌 것은?**

① 각종 램프류의 파손 및 부착상태를 확인한다.
② 차량의 정면에서 차량 전면을 보고 전체의 밸런스를 확인한다.
③ 엔진룸의 부품 수리시 도장의 벗겨짐 유무 및 주름의 덮인 상태를 확인한다.
④ 카울탑의 좌우부분에 실링작업이 청결하고 자연스러운지를 점검한다.

해설 **라디에이터 코어 서포트 및 보닛의 점검사항**

① 차량의 정면에서 차량 전면을 보고 전체의 밸런스를 확인한다.
② 지면과 범퍼 면과 루프가 각기 평행되어 있는가를 확인한다.
③ 차량에 접근하여 보닛과 팬더의 좌·우의 틈새가 같은가를 확인한다.
④ 보닛, 펜더를 수리하거나 교환은 프레임, 크로스 멤버, 인사이드 패널이 많다.
⑤ 수리하거나 교환하는 경우는 좌우의 틈새가 다를 경우가 많다.
⑥ 엔진룸의 부품 수리시 도장의 벗겨짐 유무 및 주름의 덮인 상태를 확인한다.
⑦ 각종 램프류의 파손 및 부착상태를 확인한다.
⑧ 보닛의 실링 작업이 청결하고 자연스럽게 되었는지를 검사한다.

정답 **73.**① **74.**④

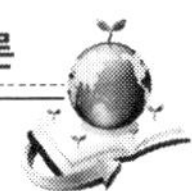

75 부위별 수리차 판별에서 대시 패널의 사고 여부를 점검하는 사항이 아닌 것은?

① 보닛의 실링 작업이 청결하고 자연스럽게 되었는지를 확인한다.
② 카울 패널의 인슐레이션(전면 방음판)의 부착상태가 양호한지를 확인한다.
③ 카울 탑의 좌우 부분에 실링 작업이 청결하고 자연스럽게 되었는지를 검사한다.
④ 외부 도장과의 차이가 없는지를 검사한다.

해설 **대시 패널의 점검사항**
① 대시 패널 및 카울 패널의 인슐레이션(전면 방음판)의 부착상태가 양호한가를 확인한다.
② 외부 도장과의 차이가 없는지를 검사한다.
③ 카울 탑 좌·우부분의 실링 작업이 청결하고 자연스럽게 되었는지를 검사한다.
④ 카울 탑의 좌우 부분에 물이 고인 흔적이 있는지를 검사한다.

76 부위별 수리차 판별에서 프런트 휠 하우스 패널의 사고 여부를 점검하는 사항은?

① 프런트 사이드 멤버의 부식여부 및 용접작업의 흔적을 확인한다.
② 대시 패널과 외부 패널의 도장상태를 비교한다.
③ 실링 작업이 청결하고 자연스럽게 되었는지 검사한다.
④ 각종 램프류의 파손 및 부착상태를 점검한다.

해설 **프런트 휠 하우스 패널의 점검 사항**
① 휠 하우스 도장 상태의 양호 여부와 외부 도장과의 차이를 검사한다.
② 앞 패널과 휠 하우스 접합부분의 전기 스포트 용접이 신조차 출고시 상태로 유지되어 있는지 여부를 확인한다.
③ 실링 작업이 청결하고 자연스럽게 되었는지를 검사한다.

77 부위별 수리차 판별에서 사이드 실 패널의 사고 여부를 점검하는 사항은?

① 가스 용접부분이나 찌그러짐, 휨, 녹 등의 유무를 확인한다.
② 대시 패널과 외부 패널의 도장상태를 비교한다.
③ 긁힘, 찍힘, 물결침, 도장의 상태(발광, 이색, 표면)등을 확인한다.
④ 각종 램프류의 파손 및 부착상태를 점검한다.

해설 사이드 실 패널의 점검사항으로는 가스 용접부분이나 찌그러짐, 휨, 녹 등의 유무를 확인한다.

정답 75.① 76.③ 77.①

78 부위별 수리차 판별에서 도어 패널의 사고 여부를 점검하는 사항이 아닌 것은?

① 손잡이 부분의 뚜껑이 드라이버로 열린 흔적이 있는가를 확인한다.
② 펜더 상부 부착 볼트에 탈부착 흔적이 있는가를 확인한다.
③ 긁힘, 찍힘, 물결침, 도장상태(발광, 이색, 표면) 등을 확인한다.
④ 각 도어와 펜더 사이의 틈새가 부자연스러움이 없는가를 확인한다.

해설 **도어 패널의 점검사항**

① 각 도어와 펜더 사이의 틈새가 부자연스러움이 없는가를 확인한다.
② 긁힘, 찍힘, 도장의 상태(발광, 이색, 표면)등을 확인한다.
③ 안쪽 패널의 수리 여부를 확인한다.
④ 손잡이 부분의 뚜껑이 드라이버로 열린 흔적이 있는가를 확인한다.
⑤ 플라스틱 고정판 부분도 확인하여 수리 여부를 확인한다.
⑥ 도어의 개폐가 원활한지 확인한다.
⑦ 도어 인사이드 부분의 실링 작업 상태를 확인한다.

79 부위별 수리차 판별에서 전·후 펜더 패널의 사고 여부 점검 사항이 아닌 것은?

① 펜더 상부 부착 볼트에 탈부착 흔적이 있는지를 확인한다.
② 안쪽 패널의 수리 여부를 확인한다.
③ 손으로 각 면을 문질러보고 감촉이 다른 부분이 있는지 확인한다.
④ 엔진룸 내부의 와이어링 하니스가 정렬되어 있는지를 확인한다.

해설 **전·후 펜더 패널의 점검사항**

① 엔진룸 내부의 와이어링 하니스(실내 부분의 배선)가 차체 색상의 페인팅 흔적이 있는가를 확인한다.
② 펜더 상부 부착 볼트에 탈부착 흔적이 있는지를 확인한다.
③ 패널 간의 발광 정도의 차이가 느껴지는 부분이나 색깔의 이색을 확인한다.
④ 손으로 각 면을 문질러보고 감촉이 다른 부분이 있는지 확인한다.
⑤ 엔진룸 내부의 와이어링 하니스가 정렬되어 있는지를 확인한다.

정답 **78.**② **79.**②

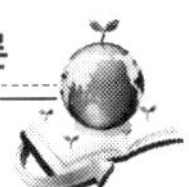

80 자동차 유리 교환 식별 방법으로 잘못된 것은?

① 부착 유리의 제조년월을 점검한다.
② 좌, 우측의 유리의 동일 규격품인지 확인한다.
③ 보조 유리창에 제작사 로고가 없으면 교환을 한 상태로 판정한다.
④ 각 유리의 제조일이 1~2개월 차이는 있을 수 있다.

81 부위별 수리차 판별에서 루프 패널의 사고 여부를 점검하는 사항은?

① 대시 패널과 외부 패널의 도장상태를 비교한다.
② 전·후면 유리의 틀림 현상이 없이 정상적으로 부착되었는지 확인한다.
③ 필러 및 스텝 웨더 스트립의 부착상태가 청결한지의 여부를 확인한다.
④ 웨더 스트립이 있는 차의 경우는 몰딩이 정상적으로 부착되었는지 확인한다.

해설 **루프 패널의 점검 사항**

① 굵힘, 찍힘, 물결침, 도장의 상태(발광, 이색, 표면)등을 확인한다.
② 전·후면 유리의 틀림 현상이 없이 정상적으로 부착되었는지와 몰딩류의 정상적인 부착 및 청결상태를 확인한다.
③ 스텝 몰딩이 있는 차의 경우는 몰딩이 정상적으로 부착되었는지, 도어 힌지 부분의 작업 흔적이 있는지, 스텝 하단부분의 스포트 용접이 정상적인지를 검사한다.

82 부위별 수리차 판별에서 리어 엔드 패널의 사고 여부를 점검하는 사항은?

① 스페어 타이어, 잭, 공구 등의 유무를 확인한다.
② 각종 램프류의 파손 및 부착상태를 확인한다.
③ 트렁크 플로어 사일런트의 부착여부와 정규 부품인지를 확인한다.
④ 휠 하우스와의 접합부분의 작업 흔적의 유무를 확인한다.

해설 **리어 엔드 패널의 점검 사항**

① 리어 범퍼와 등록번호판의 봉인이 정상적으로 부착되어 있는지를 확인한다.
② 리어 엔드 패널 내부의 도장상태를 확인한다.
③ 각종 램프류의 파손 및 부착상태를 확인한다.

정답 **80.**③ **81.**② **82.**②

83 **부위별 수리차 판별에서 트렁크 플로어 패널의 사고 여부를 점검하는 사항이 아닌 것은?**

① 스페어타이어, 잭, 공구 등의 유무를 확인한다.
② 트렁크 플로어의 도장은 다른 부분과의 색상차이가 있음을 주의한다.
③ 트렁크 플로어 사일런트의 부착여부와 정규 부품인지를 확인한다.
④ 휠 하우스와의 접합부분의 작업 흔적의 유무를 확인한다.

해설 **트렁크 플로어 패널의 점검사항**
① 트렁크 바닥과 리어 패널의 접합부분을 용접 후 실링 작업이 청결한지를 확인한다.
② 좌우 사이드 필러와 접합부분의 작업흔적이 있는지 여부를 확인한다.
③ 휠 하우스와 접합부분의 작업흔적이 있는지를 확인한다.
④ 트렁크 플로어의 도장상태가 청결한지와 다른 부분과 색상의 차이가 있는지를 확인한다.
⑤ 트렁크 플로어 사일런트(방음, 방진, 부식방지)의 부착여부와 정규품 인지를 확인한다.
⑥ 스페어타이어, 잭, 공구 등의 유무를 확인한다.

84 **사고자동차 하부 식별방법에 대한 사항 중 틀린 것은?**

① 예비타이어 하우스의 범퍼 도장흔적을 확인한다.
② 머플러의 부식 및 충격에 의한 변형, 소음 기능의 불량을 확인한다.
③ 엔진 오일팬, 미션, 파워스티어링 부위의 오일 누유 및 냉각수의 누수를 확인한다.
④ 플로어 패널, 사이드 실 패널의 용접작업 흔적 또는 부식여부를 확인한다.

해설 **차량 하부의 점검 사항**
① 엔진 오일 팬, 변속기, 액슬, 파워스티어링 부위의 오일 누유와 부동액의 누수를 확인한다.
② 타이로드 엔드의 휨, 유격 과다, 포인트 부츠 고무의 찢어짐을 확인한다.
③ 엔진 마운팅의 찢어짐 및 라디에이터 서포트의 휨과 부식을 확인한다.
④ 플로어 패널, 사이드 실 패널, 사이드 멤버의 부식 여부와 용접작업의 흔적이 있는지를 확인한다.
⑤ 브레이크 라인, 연료탱크의 변형이나 연료 라인의 휨, 고정 상태, 누유를 확인한다.
⑥ 머플러의 부식, 내부 칸막이 떨림, 충격에 의한 변형, 소음기능 불량을 확인한다.

정답 **83.**② **84.**①

85 사고자동차 후면부 식별방법에 대한 사항 중 틀린 것은?

① 트렁크 플로어 도장상태와 다른 부분의 도장상태를 비교한다.
② 접합부의 실링 작업이 20~30cm 간격으로 끊어져 있으면 제작사의 상태로 판별한다.
③ 각종 램프류의 부착상태 및 패널과의 간격이 일정한지 점검한다.
④ 트렁크패널의 도장상태를 확인한다.

86 부위별 수리차 판별에서 필러 패널의 사고 여부를 점검하는 사항이 아닌 것은?

① 도어 힌지 부분의 작업 흔적이 있는지 확인한다.
② 웨더 스트립 부분 탈착 후 실링 작업이 정상적으로 되어있는지 확인한다.
③ 필러 및 스텝 웨더 스트립의 부착상태가 청결한지의 여부를 확인한다.
④ 스텝 몰딩이 있는 차의 경우는 몰딩이 정상적으로 부착되었는지 확인한다.

해설 필러 패널의 점검 사항
① 필러 및 스텝 웨더 스트립의 부착상태가 청결한지 여부를 확인한다.
② 웨더 스트립 부분을 탈착 후 스포트 용접이 정상적으로 되어있는지 다른 부분과 도장의 차이는 없는지를 확인한다.
③ 스텝 몰딩이 있는 차의 경우는 몰딩이 정상적으로 부착되었는지, 도어 힌지 부분의 작업 흔적이 있는지, 스텝 하단 부분의 스포트 용접이 정상적인지를 검사한다.

87 보디 실링을 메이커에서 작업한 판별 사항으로 알맞은 것은?

① 실링된 실리콘의 양이 대체적으로 두껍다.
② 실링의 작업상태가 일정하지 않고 거칠다.
③ 실링의 무늬가 세로로 되어 있고 20~30cm 간격으로 끊어져 있다.
④ 실링된 실리콘의 양이 대체적으로 얇다

해설 보디 실링을 메이커에서 작업한 결과
① 실링된 실리콘의 양이 대체적으로 두껍다.
② 실링의 작업상태가 일정하고 매끄럽다.
③ 실링의 무늬가 가로로 되어 있다.

정답 **85.②　86.②　87.①**

88 자동차 보디 실링의 제작사와 정비공장의 작업시 차이점이 아닌 것은?

① 작업의 무늬 방향이 다르다.
② 제작사에서 작업된 실리콘의 양이 많다.
③ 정비공장의 작업상태가 일정치 않고 거칠다.
④ 작업된 실리콘 색이 다르다.

89 차체의 보디 실링에 대한 설명 중 잘못된 사항은?

① 자동차 제작사에서 작업한 경우에는 무늬의 방향이 세로로 되어 있다.
② 정비공장에서 작업한 경우는 20~30cm 간격으로 끊어져 있다.
③ 정비공장에서 실링 작업을 한 경우는 수작업을 하므로 상태가 일정치 않고 거칠다.
④ 제작사에서 실링 작업을 한 경우는 실리콘양이 정비공장의 작업보다 두껍다.

해설 제작사의 실링 작업은 무늬 방향이 가로로 되어 있고 정비공장의 경우 무늬의 방향이 세로로 되어 있고, 20~30cm 간격으로 끊어져 있다.

90 보디 실링의 판별법에 의해 수리교환의 이력을 판별하는 방법이 아닌 것은?

① 패널 간의 접속부분 및 접힘 부분의 실링 작업의 유무로 판별한다.
② 실링의 작업상태가 부자연스럽고 일정하지 않은 상태로 판별한다.
③ 차량의 좌우 동일 부위의 비대칭 여부를 확인하여 판별한다.
④ 접힘 부분에 녹이 발생되어 있는지의 여부를 확인하여 판별한다.

해설 **수리 및 교환 이력의 판별법**
① 패널간의 접속부분 및 접힘 부분에 반드시 처리하게 되어 있기 때문에 작업의 유무를 확인한다.
② 실링 작업이 되어 있지 않은 경우는 교환 이력이 있는 것으로 판단하여야 함으로 주위 부분도 세밀하게 점검해야 한다.
③ 작업의 상태가 부자연스러움이나 일정하지 않은 상태는 수리 및 교환 이력이 있는 것으로 판단한다.
④ 차량의 상태가 부자연스러움이나 일정하지 않은 상태는 수리 및 교환 이력이 있는 것으로 판단한다.
⑤ 패널간의 접속부분이나 접힘 부분에 녹이 발생되어 있는 경우는 대부분 수리 교환이력이 있는 것으로 유의해야 한다.

정답 **88.**④ **89.**① **90.**③

91 자동차에서 실리콘 상태에 의한 식별로 잘못된 것은?

① 실리콘 모양이 동일하여야 한다.
② 실리콘 주입 양이 일정하여야 한다.
③ 정비공장에서는 정비사가 직접하므로 제작사보다 깔끔하게 되어 있다.
④ 실리콘이 고온으로 열처리되어 있어 단단하다.

92 보디 실링을 일반 공장에서 작업한 판별 사항으로 알맞은 것은?

① 실링된 실리콘의 양이 대체적으로 두껍다.
② 실링의 작업상태가 일정하고 매끄럽다.
③ 실링의 무늬가 가로로 되어 있다.
④ 실링된 실리콘의 양이 대체적으로 얇다.

해설 **보디 실링을 일반 공장에서 작업한 결과**
① 실링된 실리콘의 양이 대체적으로 얇다.
② 실링의 작업상태가 일정하지 않고 거칠다.
③ 실링의 무늬가 세로로 되어 있고 20~30cm 간격으로 끊어져 있다.

93 부위별 수리차 판별에서 실리콘의 식별에 의해 사고 여부를 점검하는 사항이 아닌 것은?

① 볼트, 사이드 힌지 해체 여부를 확인한다.
② 동전이나 손톱으로 힘을 가했을 때 손상되지 않아야 한다.
③ 실리콘의 무늬 모양 및 주입 모양이 일정하여야 한다.
④ 실리콘의 색깔은 동일하지 않아도 된다.

해설 **실리콘 식별에 의한 판별법**
① 볼트, 사이드 힌지 해체 여부를 확인한다.
② 실리콘 무늬 모양이 동일하여야 한다.
③ 실리콘 주입 모양이 일정해야 한다.
④ 메이커에서는 고온으로 열처리 되어 있어 단단하다.
⑤ 동전이나 손톱 등으로 힘을 가하였을 때 손상되지 않아야 한다.

정답 **91.**③ **92.**④ **93.**④

94 사고자동차 수리부위 식별방법에 대한 사항 중 잘못된 방법은?

① 보닛의 실링 작업 상태를 점검한다.
② 1대의 자동차 유리는 제조일이 1~2개월 차이가 발생하는 경우도 있다.
③ 트렁크 힌지의 작업흔적 및 몰딩류의 부착상태를 확인한다.
④ 루프 패널과 필러 패널은 제작사의 가스용접 상태를 점검한다.

95 일반 공장에서 작업한 SPOT 용접의 특징에 대한 설명으로 틀린 것은?

① 전압이 낮아 용접 용해 흔적이 작고 용접의 면적은 전반적으로 5mm 이하가 대부분이다.
② 접착 강도를 높이기 위해 한곳에 2번 용접한 경우가 많다.
③ 용접부위 간격이 불규칙하고 작업상태가 지저분하다.
④ 용해 흔적이 크며, 용접의 면적은 차대의 패널 부분은 6mm 이상이 보통이다.

해설 메이커의 스포트 용접은 전압이 높아 용접의 용해 흔적이 크며, 용접의 면적은 차대의 패널 부분은 6mm 이상, 외관 패널의 경우 5mm 이상이 보통이다. 또한 작업의 간격이 대부분 일정하고 깨끗하다.

96 자동차의 SPOT 용접에 대한 제작사의 작업 시 발생하는 현상은?

① 용해 용접 흔적이 전반적으로 5mm 이하이다.
② 한 곳에 2번 용접을 하는 경우가 있다.
③ 용접 부위 간격이 불규칙하다.
④ 용해 용접 흔적이 크게 나타난다.

해설 메이커의 스포트 용접은 전압이 높아 용접의 용해 흔적이 크며, 용접의 면적은 차대의 패널 부분은 6mm 이상, 외부 패널의 경우 5mm 이상이 보통이다.

정답 94.④ 95.④ 96.④

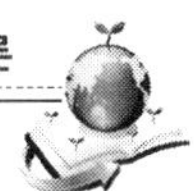

97 사고유무를 판별할 때 메이커에서 작업한 사일런트 패드라고 판단되는 것은?

① 사일런트 패드 표면의 도장이 부자연스럽고 목장갑의 자국이 있다.
② 사일런트 패드에 주름이 있는 것이 있으며 두께가 얇다.
③ 사일런트 패드의 커브 재단은 울퉁불퉁하다.
④ 사일런트 패드의 절단면은 둥글다.

해설 **메이커에서 사일런트 패드 작업의 특징**
① 사일런트 패드에 주름이 없으며 두께가 두껍다.
② 사일런트 패드 표면의 도장이 깨끗하고 절단면이 둥글다.
③ 사일런트 패드의 커브 재단은 깨끗한 원형이다.

98 빛의 종류에 속하지 않는 것은?

① 가시광 ② 적외선
③ γ(감마)선 ④ α(알파)선

해설 **빛의 종류**
가시광선, 적외선, 자외선, 감마선,X선,마이크로파(전자파)

99 도료의 구성을 설명하였다. 맞는 것은?

① 수지, 안료, 용제, 첨가제, 경화제 ② 안료, 용제, 수지, 급결제, 완화제
③ 수지, 안료, 용제, 수정제, 첨가제 ④ 안료, 수지, 첨가제, 방부제, 급결제

해설 **도료의 구성**
수지, 안료, 용제, 첨가제, 경화제

100 보수도장 시 도장작업 중에 발생하는 도막결함이 아닌 것은?

① 색분리 ② 크레터링
③ 물자국 ④ 링클링

해설 **물자국** : 도장 작업후 약간의 기간이 경과 되었을 때 발생

정답 **97.④ 98.④ 99.① 100.③**

101 **도장 작업 중에 마치 분화구와 같은 구멍이 생성되는 현상을 무엇이라 하는가?**

① 초킹(chalking) ② 핀홀(pin hole)
③ 크레터링(cratering) ④ 링클링(wrinkling)

해설 **크레터링** : 도장하는 과정에서 분화구처럼 도장면이 움푹 패인 형태로 나타나는 현상이다.

102 **자동차 도장면의 광택을 내는 기구로 가장 적합한 것은?**

① 샌더기 ② 실리콘건
③ 돌리 ④ 스크레이퍼

103 **보수 도장에서 전처리 작업에 대한 이유를 설명하였다. 틀린 것은?**

① 불순물을 제거함으로 도료와의 밀착력을 좋게 한다.
② 도장 면에 부착된 수분, 유분과의 밀착력을 좋게 한다.
③ 피도물에 부착된 산화물 등에 대한 내식성을 증대시킨다.
④ 피도면에 부착된 이물질 등을 제거해 평활성을 좋게 한다.

104 **모노코크 보디에서 측면 충격을 받았을 때 변형될 수 있는 부품 중 가장 확률이 높은 부품은?**

① 카울 패널 ② 프론트 바디
③ 대시 패널 ④ 플로어 패널

105 **보수도장에서 원래의 차체 색상과의 차이가 육안으로 구별되지 않도록 도장하는 방법은?**

① 숨김 도장 ② 맞춤 도장
③ 패널 도장 ④ 전체 도장

정답 **101.**③ **102.**① **103.**② **104.**④ **105.**①

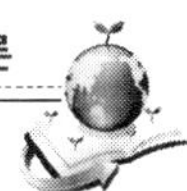

106 광택 작업용으로 사용하는 버프(buff)가 아닌 것은?

① 샌딩 버프 ② 스펀지 버프
③ 양모 버프 ④ 타월 버프

107 칼라매치 작업 시 프라이머 서페이서의 도포 목적은?

① 도료의 건조성 증대를 위해 ② 도료의 부착성 증대를 위해
③ 완벽한 칼라 매칭을 위해 ④ 완벽한 조색을 위해

108 보수도장 공정을 설명하였다. 중도에서 이루어지는 공정은?

① 퍼티작업 ② 서페이서 도장
③ 콤파운드 폴리싱 ④ 조색

109 차량 도장 작업시 마스킹 작업을 하는 목적은?

① 도장부위 이외의 부분 오염방지를 위해
② 효과적인 패널 교환을 위해
③ 습식연마를 위해
④ 도장작업면의 최소화를 위해

110 자동차 도장의 목적이 아닌 것은?

① 도막의 형성 ② 물체의 보호
③ 미관의 향상 ④ 외관의 식별

해설 **도장의 목적**
물체의 보호, 미관의 향상, 외관의 식별을 위한 목적이 있다.

정답 **106.① 107.② 108.② 109.① 110.①**

111 **도막의 경도를 시험할 수 있는 방법으로 주로 사용하는 방법은?**

① 브리넬경도시험 ② 연필경도시험
③ 비커스경도시험 ④ 에리션 시험

112 **도료탱크에 물체를 담근 후 꺼내 피도물에 맺힌 도료를 제거한 후 건조시키는 도장을 무엇이라 하는가?**

① 정전도장 ② 전착도장
③ 침적도장 ④ 분체도장

113 **도장 직후 도막상태 시험법의 설명이다. 틀린 것은?**

① 육안에 의한 조사 ② 지문에 의한 검사
③ 도막 냄새에 의한 검사 ④ 색상에 대한 조사

해설 **육안조사** : 평활성, 색상차이, 은폐력, 주름, 자국,흐름, 얼룩, 부풀음, 기포, 백화현상 등을 조사
지문에 의한 검사 : 점착성의 유무를 판별
냄새에 의한 검사 : 래커, 에나멜, 수용성 도료를 판별

114 **가시광선에 대한 설명이다. 틀린 것은?**

① 파장이 길수록 청색을 띈다. ② 육안으로 확인 가능하다.
③ 파장에 따라 구별된다. ④ 파장이 길수록 적색을 띈다.

115 **자동차 패널을 도장할 때 발생되는 결함의 종류가 아닌 것은?**

① 새깅(sagging) ② 시딩(seeding)
③ 링클링(wrinkling) ④ 초킹(chalking)

정답 111.② 112.③ 113.④ 114.① 115.④

116 **박리제(remover) 사용 중 유의사항이 아닌 것은?**

① 구도막 제거 시 사용한다.
② 표면이 넓은 면적일 때 효과적이다.
③ 다른 도장 면에 묻지 않도록 한다.
④ 타인의 안전을 위해 가능한 한 밀폐된 공간에서 작업한다.

117 **도장할 때 발생되는 결함에서 새깅(sagging)에 대한 용어의 설명으로 알맞은 것은?**

① 도장하는 과정에서 분화구처럼 도장 면이 움푹 패인 형태로 나타나는 현상
② 도장 면이 오렌지 껍질 모양 0.5~5μ정도의 요철이 있고 광택이 감소된 상태
③ 도료의 점도가 높을 때이거나 증발이 빠른 시너 과다 사용한 경우 발생
④ 도료 점도가 낮을 때이거나 증발이 느린 시너 과다 사용한 경우 발생

118 **차체에서 핀홀이 발생되는 결함이 아닌 것은?**

① 하도와 중도에서 작업 또는 건조의 불량
② 증발이 느린 시너를 사용하였을 때
③ 표면에 모래알 같은 미세한 구멍이 발생한다.
④ 증발이 빠른 시너를 사용하였을 때

119 **자동차 도장 작업 후 약간의 기간이 경과되었을 때 발생되는 결함의 종류가 아닌 것은?**

① 은폐 불량(color difference)
② 초킹(chalking)
③ 부풀음(blistering)
④ 변색(bronzing)

정답 116.④ 117.④ 118.② 119.①

120 **공기 압축기의 압축압력이 너무 높거나 도료의 점도가 높은 경우 도장할 때 발생되는 결함은?**

① 메탈릭 얼룩(metallic mottles　② 크레터링(cratering)
③ 오렌지 필(orange peel)　④ 링클링(wrinkling)

121 **자동차 도장에서 블러싱(blushing)에 대한 현상과 발생되는 원인이 아닌 것은?**

① 래커타입의 도료에서 발생한다.
② 도막 내외부에 서로 다른 형태와 크기로 된 도료 알갱이 및 덩어리가 묻어 있는 현상
③ 도료의 건조 과정에서 도막이 안개처럼 뿌옇게 광택이 떨어지는 현상
④ 증발이 빠른 시너의 사용하거나 스프레이 압력이 과도하게 높을 때 발생한다.

122 **자동차 도장에서 부풀음(blistering) 현상에 대한 설명 중 틀린 것은?**

① 도막의 일부분이 습기 또는 불순물의 영향으로 부풀어 오르는 현상
② 하도와 상도 간의 층간 부착이 불량할 때
③ 에어 호스에 수분이나 유분이 있을 때
④ 클리어의 열처리가 완전하지 않은 상태에서 광택작업을 하였을 때

123 **자동차 패널에 도장 건조 직후 발생되는 결함이 아닌 것은?**

① 퍼티 자국(putty marks)　② 테이프 박리(tape peel)
③ 핀 홀(pin hole)　④ 초킹(chalking)

124 **차체를 도장한 후 시간이 경과되었을 때 발생되는 결함이 아닌 것은?**

① 균열(cracks)　② 부풀음(blistering)
③ 색 번짐(bleeding)　④ 황변(yellowing)

정답 120.③　121.②　122.④　123④　124.③

125 **도장 후 발생되는 결함에서 크래킹(cracking)균열에 대한 용어의 설명으로 알맞은 것은?**

① 소지조성이 불완전할 때 노화 등으로 부착력을 상실하여 벗겨지는 상태
② 하도(下塗) 또는 육안으로 보일 정도로 생긴 균열로서 체킹(checking)균열이 진행되어 발생한다.
③ 소재 자체에 국부적으로 녹이 있어 도막의 일부분이 부풀어서 돌기 현상이 일어나는 것
④ 주로 전처리 과정의 원인으로 발생 직후 박락시켜 보면 액체가 존재한다.

126 **도장 후 발생되는 결함에서 체킹(checking)에 대한 용어의 설명으로 알맞은 것은?**

① 도장 표면에 선상(線狀), 다각형 부정형의 갈라짐 생김을 의미
② 소지조성이 불완전할 때 노화 등으로 부착력을 상실하여 벗겨지는 상태
③ 도막과 소재 사이에 녹이 발생되어 도막을 밀어 올리는 현상
④ 틈새의 흰 면으로부터 현재 도장한 막이 마모되어 석회분화되는 것.

해설 ① **체킹** : 도장 표면에 선상(線狀), 다각형 부정형의 갈라짐이 생기는 현상
② **클라킹** : 하도(下塗) 또는 육안으로 보일 정도로 생긴 균열로서 체킹이 진행되어 발생된다.
③ **박락(剝落)** : 소지(素地)와 하도(下塗) 사이에 부착력이 약한 상태, 노화 등으로 부착력을 상실하여 벗겨지는 상태
④ **부풀음** : 도막과 소재 사이에 녹이 발생되어 도막을 밀어 올리는 현상
⑤ **백악화** : 틈새의 흰 면으로부터 현재 도장한 막이 마모되어 석회분화 되는 것

127 **도장 후 발생되는 균열(cracks) 현상의 대한 설명 중 잘못된 것은?**

① 도막이 부착력이 약화되어 벗겨지는 현상
② 크래킹(cracking) : 균열이 큰 결함
③ 체킹(checking) : 균열이 작은 결함
④ 크레이징(crazing) : 균열이 상도표면에만 미세하게 발생

정답 215.② 216.① 217.①

128 **도장할 때 발생되는 결함 시딩(seeding)현상에 대한 설명 중 잘못된 것은?**

① 도료 불량이나 교반, 여과 미흡으로 덩어리가 생긴 경우
② 스프레이건 청소 불량
③ 서로 다른 타입의 도료를 혼합하여 사용한 경우
④ 도막 내외부에 서로 다른 형태와 크기로 된 도료 알갱이 및 덩어리가 묻어 있는 현상

129 **도장 후 발생되는 결함에서 초킹(chalking)에 대한 용어의 설명으로 알맞은 것은?**

① 강한 자외선이나 복사열에 의해도막의 색상이 황색으로 누렇게 변하는 현상
② 도장 후 일정 기간 경과 후 광택이 없어지는 현상
③ 광택이 없어지고 도막이 거칠어져 가루가 발생하는 현상
④ 소지조성이 불완전할 때 노화 등으로 부착력을 상실하여 벗겨지는 상태

130 **부위별 수리차의 판별에서 도장에 의한 사고 여부를 판단하는 방법이 아닌 것은?**

① 내장 부속물의 모서리 끝 부분에 도장의 흔적을 확인한다.
② 좌·우측면의 색은 차이가 있을 수 있다.
③ 지붕의 색깔을 기준으로 하여 재 도장상태를 확인한다.
④ 한쪽 측면 전체의 색깔이 일정해야 한다.

해설 **도장에 의한 사고차량의 판별**
① 내장 부속물의 모서리 끝 부분에 도장의 흔적을 확인한다.
② 지붕의 색깔을 기준으로 하여 재 도장상태를 확인한다.
③ 한쪽 측면 전체의 색깔이 일정해야 한다.

131 **차량을 몇 km 주행한 후 타이어를 교환하여야 하는가?**

① 20,000km
② 30,000~40,000km
③ 50,000~60,000km
④ 100,000km

정답 128.③ 129.③ 130.② 131.②

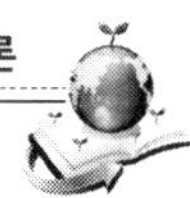

132 주행거리 조작 판별을 위해 점검할 때 유의 사항이 아닌 것은?

① 주행거리가 연식에 비해 기본보다 짧을 때 세밀히 점검한다.
② 메이커의 A/S 기간 및 조건에 들면 더욱 주의해서 확인한다.
③ 주행거리를 연식에 대비 평균거리로 믿고 점검을 하지 않아도 된다.
④ 표준 주행거리(1년 20,000km 정도)의 1/2 이하일 때는 주의해서 판별한다.

해설 주행거리 조작판별의 점검시 유의사항

① 계기판의 주행거리의 km 수치를 확인하여 수리 흔적이 있거나, 주행거리가 연식에 비해 기준보다 짧을 때, 차량의 사용 목적상 주행 km의 수치가 이해가 안갈 때는 일단 의심하고 세밀히 점검한다.
② 표준 주행 거리수의 1/2 이하일 때는 특히 주의 할 필요성이 있다.
③ 연식이 오래될수록 조작이 많이 이루어짐에 주의해야 한다.
④ 확실한 증거 없이 고객에게 불신적인 말을 사용해서는 안 된다.
⑤ 조작 흔적 및 의심스러운 부분이 있으면 거래시 운행 km의 수치에 대한 확인을 소유자에게 받아야 한다.
⑥ 특히 메이커의 A/S 기간 및 조건에 들어가면 더욱 주의해야 한다.
⑦ 주행 거리가 연식에 대비 평균거리라 하여 믿고 점검을 아니 해서는 안 된다.

133 중고자동차 평가 시 연간 표준 주행거리는?

① 15,000km　② 20,000km
③ 25,000km　④ 30,000km

134 사고차량의 견적서 작성 시의 주의점에 해당하는 항목이 아닌 것은?

① 수리기법　② 도로 구조의 파악
③ 사고 상황의 파악　④ 손상상황의 파악, 분석

해설 견적서 작성 시의 주의점

㉮ 수리 기법　㉯ 자동차의 구조
㉰ 사고 상황의 파악　㉱ 손상상황의 파악, 분석
㉲ 불명확한 부분의 대응

정답 132.③　133.②　134.②

135 자동차가 침수된 경우에 나타나는 흔적이 아닌 것은?

① 계기 패널에 오물이 남는 경우가 있다.
② 플로어 매트 아래 방음재가 붙어 있다.
③ 트렁크 루프 패널에 오물이 남아 있다.
④ 연료 주입구에 오물이 남아 있다.

해설 **침수 자동차를 식별할 때 주안점(실내, 트렁크 룸)**
① 실내 및 히터 작동 시 곰팡이 냄새, 녹 냄새 등 악취가 난다.
② 시트에 오물이 남아 있으며, 상단과 하단이 상이(相異)하다.
③ 자동차 실내에 보관중인 문서(자동차 등록증, 자동차 손해배상 책임보험 영수증 등)에 오물, 쭈그러짐 등을 발견할 수 있다.
④ 시트 하부의 좌석 레일에 녹이 발생한다.
⑤ 안전벨트를 끝까지 되감아 보면 끝 부분에 오물이 있다.
⑥ 플로어 매트 바닥의 방음재가 떨어져 있던지 빗나가 있다.
⑦ 시거라이터, 재떨이, 퓨즈 박스에 오물 또는 녹이 발생하여 있다.
⑧ 헤드 레스트 탈착부, 도어 트립 플레이트 및 도어 포켓에 오물이 남아 있다.
⑨ 계기패널, 공기 흡출구, 트렁크 룸내 요철부분, 연료 주입구에 오물이 남아 있다.
⑩ 트렁크 루프 패널이 오물로 인하여 녹이 발생한다.

136 사고 수리 접합자동차 식별 방법이 아닌 것은?

① 패널 휠 하우스 산소 용접을 확인한다.
② 실리콘 주입 상태를 확인한다.
③ 하체 행거 산소 용접의 흔적을 확인한다.
④ 자동차 등록증의 기록을 확인한다.

해설 **접합 자동차의 식별법**
① 실내의 매트를 걷어내고 산소용접의 흔적이 있는지 확인한다.
② 각 부분의 실리콘 주입 상태를 확인한다.
③ 웨더 스트립 탈착 후 SPOT 용접부를 확인한다.
④ 섀시 행거 및 휠 하우스 패널에 산소 용접의 흔적을 확인한다.

정답 135.② 136.④

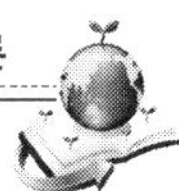

137 손상된 자동차의 수리과정에서 재생부품을 사용하는 경우가 아닌 것은?

① 파손된 부품이 원래 중고 부품일 때
② 파손된 부품이 원래 재생품일 때
③ 판금 또는 절단하여 연결하는 것보다 중고 부품으로 교환하는 것이 외관도 좋고 시간이 단축되어 경제적이라고 판단될 때
④ 폐차장에서 쉽게 구할 수 있으므로

해설 **중고 부품이나 재생품을 사용하는 경우**
㉮ 신제품 교환에 따른 감가액의 부담이 너무 클 때
㉯ 파손된 부품이 원래 재생 부품일 때
㉰ 파손된 부품이 원래 중고품일 때
㉱ 신제품의 구입이 어려울 때
㉲ 판금을 하거나 절단하여 연결하는 것보다 외관이 좋고 수리 시간도 단축되는 경우 중고 부품으로 교환하는 것이 경제적이라고 판단 될 때

138 사고 차량의 정보수집에서 사고차량을 관찰하는 방법으로 틀린 것은?

① 차량 전후에서 차량전체를 시야에 넣고 상태를 관찰한다.
② 사고차량의 탑승자에게 문의한다.
③ 차량을 둘러보고 해당사고에 의한 손상과 그 이외의 손상유무를 관찰한다.
④ 차량 외관을 전후좌우, 좌우경사 45° 방향에서 관찰한다.

해설 **사고 차량의 관찰방법**
㉮ 후드, 도어, 트렁크 등을 열어보고 보디를 들어 올려 관찰한다.
㉯ 탑승자 또는 적재물에 의한 관성 작용의 유무를 관찰한다.
㉰ 충격력의 파급범위를 위크 포인트(weakpoint)에 따라 관찰한다.
㉱ 계측이 가능한 골격부위는 계측을 하여 관찰결과를 보완한다.
㉲ 차량을 둘러보고 해당사고에 의한 손상과 그이외의 손상유무를 관찰한다.
㉳ 차량전후에서 차량전체를 시야에 넣고 상태를 관찰한다.
㉴ 차량 외관을 전후좌우, 좌우경사 45°방향에서 관찰한다.
㉵ 힘이 가해진 부위를 관찰하고 힘의 3요소와 중심의 관계에서 손상의 파급상황을 고른다.
㉶ 인접한 외판패널간의 간격의 변화유무를 관찰한다.

정답 **137.④ 138.②**

139 **사고차량을 관찰하는 방법으로 틀리는 것은?**

① 외관의 관찰 ② 구조적 측면에서의 관찰
③ 견적에 의한 관찰 ④ 내판, 골격의 관찰

해설 차량사고의 관찰은 직접 실물을 보고 관찰해야하며 견적에 의한 간접 관찰은 잘못된 관찰이다.

140 **현대차종에 사용되는 금강유리제품의 표시방법이다. 제조연월을 올바르게 표시한 것은?**

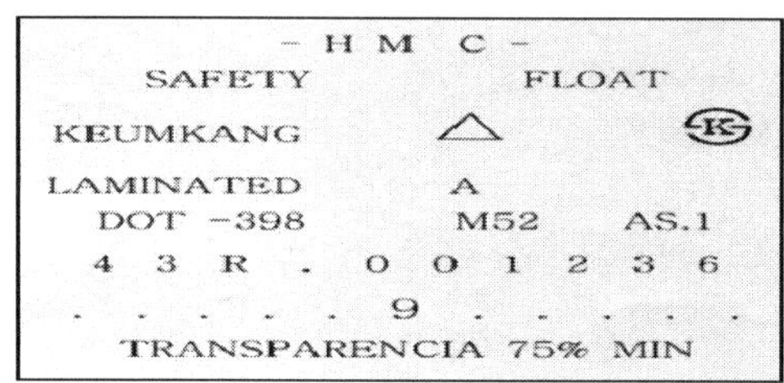

① 1995년 6월 ② 1995년 11월
③ 1999년 2월 ④ 1999년 10월

141 **주행거리 조작판별을 위해 주행km의 되돌림을 발견하는 방법이 아닌 것은?**

① 정기점검 기록부로부터 판단
② 각종 오일교환의 라벨로부터 판단
③ 에어 클리너, 오일 엘리먼트 교환의 기록 라벨로부터 판단.
④ 타이어의 보통 교환 사이클은 4,5000 ~50,000km를 표준으로 한다.

142 **범퍼의 휨 판금 요구상태를 체크시트에 기록하는 규정의 기호는?**

① B(bending) ② C(corrosion)
③ R(reduction) ④ S(sabi)

정답 139.③ 140.③ 141.④ 142.①

143 시트의 담뱃불 흔적의 상태를 체크시트에 기록하는 규정의 기호는?

① B(bending) ② H(hole)
③ M(mark) ④ R(reduction)

144 녹 발생을 체크시트에 기록하는 규정의 기호는?

① T(tear) ② C(corrosion)
③ U(unevenness) ④ S(sabi)

145 사고수리 흔적의 상태를 체크시트에 기록하는 규정의 기호는?

① M(mark) ② B(bending)
③ C(corrosion) ④ S(sabi)

146 출품차량에 대한 평가점을 10점법으로 산정을 할 때 1점에 해당하지 않는 것은?

① 침수 및 화재차량 ② 루프
③ 대쉬패널 ④ 플로어 패널

해설 **평가점 산정 기준 1점의 항목**

점수(점)	적 용 기 준	주요사항
1점	– C랭크의 사고이력차량 – 침수 및 화재차량	플로어, 대쉬패널 프레임

정답 143.② 144.④ 145① 146②

147 **출품차량에 대한 평가점을 10점법으로 산정을 할 때 5점에 해당하는 것은?**

① 판금작업 부위가 1개소(신용카드 면적 기준)
② 판금작업 부위가 2개소(신용카드 면적 기준)
③ 판금작업 부위가 3개소(신용카드 면적 기준)
④ 전·후 범퍼 교환(깨짐)이 필요 없는 차량에 적용한다.

해설 **평가점 산정 기준 5점의 항목**

점수(점)	적 용 기 준	비고
5점	• 외부 패널의 교환이 없는 경우 • 요철(판금) 부위 1개소 이상(신용카드 사이즈), 도장부위 3개소 이상 • 전·후 범퍼 교환요	판금,도장, 교환 수리요

148 **차대번호 표기의 한 예를 나타낸 것이다. 각 군(Group)을 바르게 표현한 것은?**

[예] KNH A382FI ES123456
a b c

① a : 제작회사군, b : 자동차특성군, c : 제작일련번호군
② a : 제작일련번호군, b : 자동차특성군, c : 제작회사군
③ a : 자동차특성군, b : 제작회사군, c : 제작일련번호군
④ a : 제작규격군, b : 자동차특성군, c : 제작회사군

해설 자동차 또는 원동기의 제작·조립을 업으로 하는 자(이하 "표기시행자"라 한다)가 시행하는 자동차의 차대번호의 표기는 제작회사군, 자동차특성군 및 제작일련번호군의 3개군, 17자리로 구성하며, 각 군별 표시 내용은 다음과 같다.[자동차 등록번호판 등의 제식에 관한 고시 제10조]

정답 **147.①** **148.①**

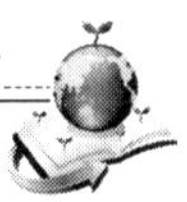

1. 군별, 자리별 표기부호

<table>
<tr><th>표기
군별</th><th>자리
번호</th><th>사용
부호</th><th colspan="2">표 시 내 용</th><th>세 부 내 용</th></tr>
<tr><td rowspan="3">제작회사군</td><td>1</td><td>B</td><td colspan="2">국제배정 국적표시</td><td>배정부호 K</td></tr>
<tr><td>2</td><td>B</td><td>제작자를 나타내는 표시</td><td>건설교통부장관이 제작자에게 배정한 부호</td><td rowspan="2">• 건설교통부장관이 배정한 부호중에서 제작자가 표기신고시에 선택한 부호</td></tr>
<tr><td>3</td><td>B</td><td colspan="2">자동차의 종별표시</td></tr>
<tr><td rowspan="6">자동차특성군</td><td>4</td><td>B</td><td colspan="2">차종(차량의 본형식기준)</td><td rowspan="4">• 제작자가 일괄하여 표기신고시에 선택한 각자리 세부부호를 표시
• 제작자는 생산차량관리에 필요한 6개자리 상호간에 그 표시내용을 변경하여 신고할 수 있음</td></tr>
<tr><td>5</td><td>B</td><td colspan="2">차체 형상</td></tr>
<tr><td>6</td><td>B</td><td colspan="2">세부 차종(승용차는 등급, 기타는 용도별로 구분)</td></tr>
<tr><td>7</td><td>B</td><td colspan="2">• 안전벨트의 고정개소(승용차의 경우)
• 제동장치의 형식(공기식, 유압식 등) : 승용차 이외의 경우
• 기타 특성</td></tr>
<tr><td>8</td><td>B</td><td colspan="2">원동기(배기량별로 구분)</td><td rowspan="2"></td></tr>
<tr><td>9</td><td>B</td><td colspan="2">타각의 이상유무 확인표시</td></tr>
<tr><td rowspan="3">제작일련번호</td><td>10</td><td>B</td><td colspan="2">제작년도</td><td>제2호에 규정된 부호를 표시</td></tr>
<tr><td>11</td><td>B</td><td colspan="2">제작공장의 위치</td><td>제작자가 표기신고시에 선택한 세부부호를 표시</td></tr>
<tr><td>12
13
14
15
16
17</td><td>B
B
N
N
N
N</td><td colspan="2">제작일련번호</td><td>차종별, 형식일련번호를 표시</td></tr>
</table>

2. 제작년도별 표기부호

연 도	부 호	연 도	부 호	연 도	부 호
1980	A	1991	M	2002	2
1981	B	1992	N	2003	3
1982	C	1993	P	2004	4
1983	D	1994	R	2005	5
1984	E	1995	S	2006	6
1985	F	1996	T	2007	7
1986	G	1997	V	2008	8
1987	H	1998	W	2009	9
1988	J	1999	X	2010	A
1989	K	2000	Y		
1990	L	2001	1		

149 **차대번호 표기 중 제작일련 번호군에 나타내는 1996년의 제작연도 표시 부호로 알맞은 것은?**

① W ② X
③ Y ④ T

해설 **제작 연도별 표기부호**

L : 1990년	M : 1991년	N : 1992년
P : 1993년	R : 1994년	S : 1995년
T : 1996년	V : 1997년	W : 1998년
X : 1999년	Y : 2000년	1 : 2001년
2 : 2002년	3 : 2003년	4 : 2004년

150 **자동차 사고로 발생하는 손상이 아닌 것은?**

① 제조과정에서 조립 또는 재료의 결함에 의한 손상
② 화재, 침수 등에 의한 자연재해로 인한 손상
③ 일상점검 및 보수정비의 정상적인 유지로 인한 손상
④ 자동차의 과다사용으로 인한 자연마모 등의 손상

해설 일상점검 및 보수정비의 결함에 의한 손상도 사고로 발생하는 손상으로 본다.

151 **손상된 자동차의 수리 과정에서 소모품의 계상에 대한 설명 중 옳은 것은?**

① 10,000원 범위 내에서 수리비를 1%계상한다.
② 10,000원 범위 내에서 수리비를 5%계상한다.
③ 10,000원 범위 내에서 수리비를 10%계상한다.
④ 10,000원 범위 내에서 수리비를 150% 계상한다.

해설 손상된 자동차의 수리 과정에서 소모품은 10,000원 범위 내에서 수리비를 1% 계상한다.

정답 149.④ 150.③ 151.①

152 **충돌한 자동차의 손상된 상태 및 부위를 비교 검토하여 추정할 수 있는 사항이 아닌 것은?**

① 손상부위를 보고 운전자의 심리상태를 추정할 수 있다.
② 손상부위를 보고 충돌각도를 추정할 수 있다.
③ 손상부위를 보고 충격력의 방향을 추정할 수 있다.
④ 손상상태를 보고 충돌자동차의 속도를 추정할 수 있다.

해설 손상부위를 진단하여 충돌 상대물, 충돌 속도, 충돌위치, 충돌시의 관성, 다중 충돌 등을 분석하여야 한다.

153 **도장 작업 시 핀홀(Pin Hole)이 발생하는 원인으로 잘못된 것은?**

① 도장건조 온도가 낮을 경우
② 도료의 토출량이 많을 경우
③ 스프레이건의 압력이 낮을 경우
④ 퍼티작업으로 인한 구멍이 많을 경우

해설 **핀홀** : 도면이 바늘로 찍은 것 같이 모래알 같은 구멍이 있는 것, 도장 건도 온도가 높을 때 발생

154 **계절에 따른 차량 점검 시 주의사항으로 틀린 것은?**

① 여름철 피서를 다녀온 차라면 세차를 필히 하고 브레이크 오일의 수분함유여부와 염분에 의한 부식부위는 없는지 점검한다.
② 겨울철에는 냉각계통의 청결상태 및 부동액 주입여부를 확인하고 부족 시 보충한다.
③ 여름철에는 에어컨을 작동상태를 필히 점검하고, 투명창에 소량의 기포가 흐르면 냉매가스를 보충한다.
④ 겨울철에 와이퍼 작동상태와 결빙으로 인한 와셔액 펌프 및 와셔액 리저버 탱크의 파손여부를 점검한다.

해설 에어컨을 작동시킨 후 투명창에 소량의 기포가 흐르면 정상이나 기포가 많이 흐르면 냉매가스를 보충한다.

정답 152.① 153.① 154.③

155 **중고자동차에 대한 평가 오류 발생 원인으로 볼 수 없는 것은?**

① 화물이 적재되어 있지 않았을 때
② 주의력 부족이나 상품지식의 부족
③ 시험주행을 하지 못했을 경우
④ 협소한 장소에 주차되어 있어 확인이 곤란할 때

해설 화물이 적재되어 있지 않아 평가 오류가 발생하지는 않는다.

156 **언더 보디 측정에 사용되는 트램 게이지는 어느 때 사용되는가?**

① 측정하려는 두 지점 사이에 장애물이 있을 때
② 차의 센터 위치를 알아 볼 때
③ 데이텀 라인을 보려고 할 때
④ 차체 하부의 비틀림 상태를 보려고 할 때

해설 ②, ③, ④는 센터링게이지의 용도임

157 **자동차 제작회사에서 작업한 스포트 용접에 대한 설명으로 올바르지 않은 것은?**

① 용접 면적이 일정하다.
② 용접 면적이 5mm 이하이다.
③ 용접 흔적이 뚜렷하다.
④ 용접 간격이 일정하다.

158 **차체의 변형상태(비틀림, 휨, 꺾임, 옆으로 틀어짐)를 확인하기 위한 측정기의 명칭으로 적당한 것을 선택하시오.**

① 트램게이지
② 센터링게이지
③ 언더보디게이지
④ 프레임수정

정답 155.① 156.① 157.② 158.②

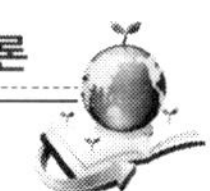

CHAPTER 03 자동차의 견적 및 수리

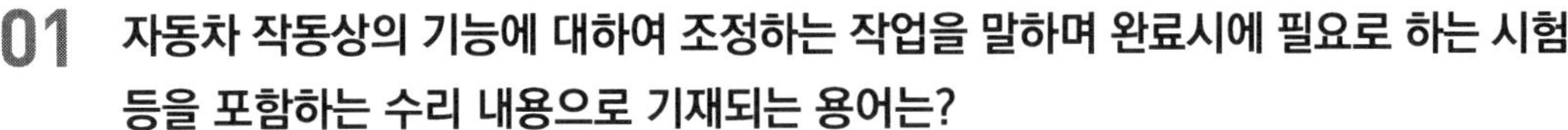

01 **자동차 작동상의 기능에 대하여 조정하는 작업을 말하며 완료시에 필요로 하는 시험 등을 포함하는 수리 내용으로 기재되는 용어는?**

① 점검(I) ② 조정(A)
③ 오버홀(O/H) ④ 측정

해설 **수리내용에 기재되는 용어**

① **점검** : 부품의 불량, 파손 또는 마모된 곳을 외부에서 점검하는 작업, 특별한 지시가 없는 한 다른 작업을 포함하지 않는다.
② **조정** : 작동상의 기능에 대하여 조정하는 작업으로 완료시에 필요로 하는 시험 등을 포함한다.
③ **오버 홀** : 어셈블리를 완전히 분해하고 각 구성 부품의 점검, 수정, 교환, 조립, 조정 등을 포함하여 완료할 때까지의 모든 작업(탈착은 포함되지 않는다.)
④ **측정** : 단일 작업으로 측정 기구를 가지고 측정값을 계측하는 방법

02 **가솔린 엔진의 어셈블리에 포함되지 않는 부분은?**

① 엔진 본체 ② 배전기
③ 기동 전동기 ④ 배터리

해설 **가솔린 엔진 어셈블리**

- 엔진 본체(플라이휠까지), 오일 여과기, 흡입 다기관, 배기 다기관, 워터 펌프, 에어 클리너, 기화기, 연료 펌프,
- 배전기, 점화 플러그, 기동 전동기 및 발전기(알터네이터)를 조립한 구성 부품

정답 01.② 02.③

03 자동차 조정 또는 수정을 할 수 없는 상태의 것을 탈착하여 교환하는 작업을 말하며, 교환 후의 조립 및 조정 등을 완료할 때까지의 모든 작업을 포함하는 용어는?

① 탈착(R/I) ② 분해, 점검 조립(W)
③ 교환(X) ④ 수정(R)

해설 **수리내용에 기재되는 용어**

① **탈착** : 부품을 단순하게 떼어내고 부착하는 작업으로 별도로 정하지 않는 한 다른 작업을 포함하지 않는다.
② **분해, 점검 조립(W)** : 어셈블리 또는 각 구성부품을 완전히 분해하여 각 구성부품의 점검, 교환, 조립, 조정이 완료될 때까지의 모든 작업을 포함한다.
③ **교환** : 조정 또는 수정을 할 수 없는 상태의 것을 탈착하여 교환하는 작업으로 교환 후의 조립 및 조정 등을 완료할 때까지의 모든 작업을 포함한다.
④ **수정** : 부품의 구부러짐, 면의 찌그러짐 등에 대한 수정, 절단, 연마 등의 작업

04 자동차 용어 중 O/H에 대한 설명으로 맞는 것은?

① 어셈블리를 완전 분해하고 각 구성품의 점검·수정·교환·조립·조정 등을 포함하여 완료할 때까지의 작업을 뜻한다.
② 어셈블리를 일부 분해하고 그 부품의 점검, 수정, 교환, 조립, 조정 등을 포함하여 완료할 때까지의 작업을 뜻한다.
③ 작동상의 기능에 대하여 조정하는 작업을 뜻한다.
④ 부품을 단순하게 떼어내고 장착하는 작업을 뜻한다.

해설 ① **O/H** : 어셈블리를 완전 분해하고 각 구성품의 점검·수정·교환·조립·조정 등을 포함하여 완료할 때까지의 작업을 표시하는 것
② **분해** : 어셈블리를 일부 분해하고 그 부품의 점검, 수정, 교환, 조립, 조정 등을 포함하여 완료할 때까지의 작업을 뜻한다.
③ **조정** : 작동상의 기능에 대하여 조정하는 작업이며, 완료시에 필요로 하는 시험 등을 포함한다.
④ **탈착** : 부품을 단순하게 떼어내고 장착하는 작업이며, 특히 지시되지 않은 다른 작업은 포함되지 않는다.

정답 **03.**③ **04.**①

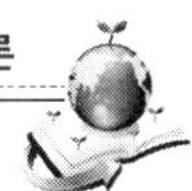

05 작업의 구분에서 엔진 조정 B에 해당되지 않는 것은?

① 가속 센서의 점검
② 라디에이터 캡의 기능 점검
③ 배선 접속 상태의 점검
④ 로커암 및 로커암 축의 점검

해설 엔진 조정 B의 종류

- 엔진 조정 A, 시동상태 및 이상음의 점검, 저속 및 가속 상태의 점검, 에어 클리너의 점검, 엔진 오일의 점검 및 보충, 연료의 누출, 기화기 또는 스로틀 보디의 점검, 가속 센서의 점검, 충전 상태의 점검, 축전지의 점검, 배선 접속 상태의 점검, 라디에이터 캡의 기능 점검, 펜 벨트 점검 및 조정, 분사 펌프 각부의 점검, 노즐 압력의 점검 등

06 작업의 구분에서 엔진 조정 A에 포함되는 것은?

① 저속 및 가속 상태의 점검
② 점화시기 조정 및 진각장치 기능의 점검
③ 엔진 오일의 점검 및 보충
④ 노즐 압력의 점검

해설 엔진 조정 A의 종류

① 배전기의 점검
② 점화시기 및 진각장치 기능의 점검
③ 분사시기의 조정
④ 점화 플러그의 점검
⑤ 공전속도의 조정
⑥ 일산화탄소, 탄화수소 및 매연의 측정

07 다음 중 디젤엔진 어셈블리에 해당하지 않는 부분은?

① 예열 플러그
② 과급기
③ 공기 압축기
④ 라디에이터

해설 디젤 엔진 어셈블리

- 엔진 본체(플라이휠까지), 오일 여과기, 흡·배기 다기관, 에어 클리너, 과급기, 공기 압축기(또는 진공펌프), 워터
- 펌프, 연료 분사 노즐, 연료 여과기, 예열 플러그, 기동 전동기 및 알터네이터(발전기)를 조립한 구성 부품

정답 05.④ 06.② 07.④

08 변속기 어셈블리에 해당하지 않는 것은?

① 기어 시프트 ② 변속기 케이스
③ 릴리스 레버 ④ 각 기어

해설 변속기 어셈블리는 변속기 케이스. 익스텐션 하우징 내의 각 기어 및 기어 시프트 등의 조립품이다. 클러치 어셈블리는 릴리스 베어링, 릴리스 포크, 클러치 커버 어셈블리 및 클러치 디스크 등의 조립품이다.

09 추진축의 어셈블리에 해당하지 않는 부분은?

① 자재이음 ② 중심베어링
③ 추진축 ④ 차동기어

해설 **추진축 어셈블리** : 추진축, 자재이음, 슬립이음, 플랜지 요크, 슬립 요크, 중심 베어링, 토션 댐퍼를 둔 것에서는 이들 기구를 모두 포함하는 조립상태

10 뒤차축 어셈블리에 해당하지 않는 것은?

① 하우징 ② 차동기어
③ 브레이크 드럼 ④ 후륜 타이어

해설 **뒤차축 어셈블리** : 뒤차축 하우징, 뒤 액슬축, 차동기어 어셈블리, 브레이크 배킹 플레이트, 브레이크 드럼 및 허브를 조립한 상태

11 앞차축 및 현가장치(일체식) 어셈블리에 해당하지 않는 것은?

① 타이로드 ② 브레이크 드럼
③ 스트럿 바 ④ 킹핀

해설 **앞차축 및 현가장치(일체식) 어셈블리** : 앞차축, 너클 스핀들, 킹 핀, 너클 암, 타이로드, 브레이크 배킹 플레이트, 브레이크 드럼, 및 허브를 조립한 상태

정답 08.③ 09.④ 10.④ 11.③

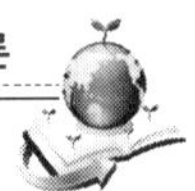

12 앞차축 및 현가장치(독립현가식)의 어셈블리에 해당하지 않는 것은?

① 조향기어 ② 브레이크 드럼

③ 스태빌라이저 ④ 너클 암

해설 **앞차축 및 현가장치(독립현가식) 어셈블리**

① **위시본 형식** : 현가 스프링, 위 및 아래 컨트롤 암, 현가 멤버, 키 또는 볼 이음, 너클 암, 브레이크 배킹 플레이트 및 브레이크 드럼 등을 조립한 상태

② **스트럿(맥퍼슨 형식) 현가식** : 스트럿 바, 아래 컨트롤 암, 현가 스프링, 쇽업소버, 크로스 로드, 스태빌라이저, 볼 이음, 브레이크 배킹 플레이트, 브레이크 드럼 등을 조립한 상태

13 조향장치 어셈블리에 해당하지 않는 부분은?

① 조향기어 ② 조향륜

③ 조향 칼럼 ④ 플렉시블 커플링

해설 **조향장치 기어 박스 어셈블리** : 조향 축, 조향 박스, 조향 칼럼, 플렉시블 커플링, 조향 축 부싱, 베어링, 오일 실 등을 조립한 상태

14 브레이크 장치 휠 실린더 어셈블리에 해당하지 않는 것은?

① 브레이크 슈 ② 피스톤 컵

③ 조정너트 ④ 실린더 몸체

해설 휠 실린더 어셈블리는 실린더 몸체, 피스톤 및 피스톤 컵, 스프링, 조정 너트 및 스크루 등의 조립품이다.

15 주차브레이크 어셈블리에 해당하지 않는 것은?

① 조정 스크루 ② 휠 실린더

③ 케이블 또는 로드 ④ 주차브레이크 드럼

해설 주차브레이크 어셈블리는 주차브레이크 드럼, 슈, 레버, 조정 스크루, 케이블 또는 로드 등의 조립품이다.

정답 12.① 13.② 14.① 15.②

16 교통사고의 물리적 특성이 아닌 것은?

① 완전탄성 충돌인 소성충돌에 의한 것이다.
② 다른 자동차 또는 타 물체와의 충돌이라는 물리적 부하를 받는 손상이 발생된다.
③ 손상을 발생시키는 것은 주행 중인 자동차가 갖는 운동에너지가 존재한다.
④ 운동에너지는 자동차의 충돌 시 자동차의 파손에너지와 충돌 후 잔여 운동에너지, 소리에너지, 빛 에너지 등으로 나뉘어진다.

해설 일반적으로 교통사고의 물리적 특성은 완전 비탄성 충돌인 소성충돌에 의한 것이다.

17 자동차의 충돌 시 손상형태를 변화시키는 충격력과 관계가 없는 것은?

① 충돌 각도　　② 자동차 무게
③ 자동차 속도　　④ 노면상태

해설 충격력은 자동차가 충돌할 때 속도와 무게에 의해 결정되고, 동시에 충격력과 함께 영향을 미치는 것은 자동차간 혹은 자동차와 타 물체와의 충돌 시 충돌 각도이다. 충돌 각도에 따라 자동차의 손상 범위와 손상 방향, 손상 정도가 결정되게 된다.

18 자동차의 손상을 관찰 및 비교 검토하고, 자동차의 손상량과 충돌 물체의 종류를 알 때 파악할 수 있는 것이 아닌 것은?

① 자동차의 충돌속도　　② 충돌 시 충돌 각도
③ 충돌 지점의 사고 발생 빈도　　④ 충돌 시 운전자 및 탑승자의 상태

해설 자동차 손상의 양과 충돌 물체의 종류를 알게 되면 자동차의 충돌 속도, 충돌 시 충돌각, 충돌 시 운전자의 상태, 내부 탑승자들의 움직임까지도 파악하는 것이 가능하게 된다.

19 자동차 충돌 시 2차 충격에 관한 설명으로 잘못된 것은?

① 1차 충돌의 관성에 의해 발생한다.
② 1차 충격과 동일방향이다.
③ 1차 충격의 영향으로 발생한다.
④ 대부분 탑승자 및 적재물에 의한 충격이다.

정답 16.① 17.④ 18.③ 19.②

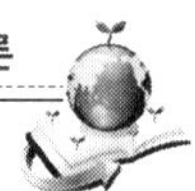

20 자동차의 충돌과정을 3단계로 나누었을 때 최대 맞물림 상태에 해당하지 않는 것은?

① 충격력이 최대로 작용한다.
② 충돌 물체 간에 충격력의 교환을 수반한다.
③ 충돌로 인한 손상이 거의 완료된다.
④ 부품 이탈 등의 손상이 수반된다.

해설 **자동차의 충돌과정 3단계 구분**

① **초기 접촉 자세·최대 맞물림 상태** : 자동차의 손상은 최대 맞물림 상태에서 양자동차 혹은 자동차와 타 물체 간에 교환되는 충격력이 최대로 작용하게 되며, 이때 자동차의 모든 손상이 완료된다.
충돌하는 자동차간 물리량의 교환도 이때가 최대가 되고, 자동차의 내부 손상 또한 최대 맞물림 단계에서 이루어진다. 내부의 탑승자나 탑재물의 이동이 발생되어 자동차 내부에서 2차 충돌이 발생하기 때문에 자동차는 2차적인 손상이 발생되며, 대부분 앞 유리, 의자 핸들, 대시 보드 등에 손상이 발생된다.

② **분리 이탈 과정** : 충돌 후 분리 이탈과정에서는 특별한 경우가 아니라면 손상이 발생치 않는다. 분리 단계에서 충돌 물체간의 엇갈림 이동으로 인해 손상부위가 심화되는 경우도 있으나, 물리적인 충격력을 비교하면 최대 맞물림 상태에 비해 현저하게 작다.
한쪽 측면에만 길게 긁어놓은 흔적 또는 패널을 찢어버리거나 부품이 이탈되는 등의 손상이 발생하기도 한다.

21 자동차 손상발생 원인의 분류가 아닌 것은?

① 보수, 정비 결함
② 교통사고 발생에 의한 결함
③ 도로 선형의 결함
④ 자연 재해에 의한 결함

22 1차 충돌에 의한 관성운동으로 2차적 충돌이 발생된다. 이 2차적 충돌에 의해 발생되는 손상을 무엇이라 하는가?

① 간접 손상
② 파급 손상
③ 직접 손상
④ 관성 손상

해설 충돌현상에 따른 급격한 속도 변화에 의해 탑승자·적재물·엔진·리어 액슬 등이 관성에 의해 이동하여 차량 실내와 보디 측에 재 충돌하여 발생되는 손상으로 1차 충돌에 의한 관성운동으로 2차적 충돌이 발생되어 손상되는 것을 관성 손상이라 한다.

정답 20.④ 21.③ 22.④

23 자동차 충돌 시 1차 충격에 관한 설명으로 틀린 것은?

① 충돌사고 시 최초의 충격이다.
② 충돌에 의해 관성에 의해 발생된다.
③ 가장 큰 손상부위에서 충격력의 방향을 알 수 있다.
④ 1차 충격부위에 의해 충돌각도를 알 수 있다.

해설 **1차 충격과 2차 충격의 구분**

① **1차 충격**
㉮ 충돌사고로 받는 최초의 충격을 1차 충격이라 한다.
㉯ 손상된 차를 관찰하여 가장 큰 손상부위에서 1차 충격의 방향을 알 수 있다.
㉰ 1차 충격부위에서 손상부위에 작용된 충격의 방향을 알 수 있다.

② **2차 충격**
㉮ 2차 충격은 1차 충격에 의해 야기된다.
㉯ 1차 충격과는 완전히 반대 방향으로 작용한다.
㉰ 1차 차체에 작용되는 충격이 발생한 뒤 자동차 내부의 탑승자나 적재물의 관성에 의해 발생되는 것이 2차 충격이다.

24 자동차 부재의 손상상태를 분류한 것으로 충격력의 작용에 따른 종류가 아닌 것은?

① 파급 손상 ② 관성 손상
③ 직접 손상 ④ 요철 손상

해설 **충격력 작용에 의한 손상상태의 분류**

① **파급손상** : 충격력이 전파 경로에 작용하여 손상되거나 또는 충격 부위에 인접하여 발생되는 손상
② **관성손상** : 충돌 현상에 따른 급격한 속도 변화에 의해 탑승자·적재물·엔진·리어 액슬 등이 관성에 의해 이동하여 차량 실내와 보디 측에 재 충돌하여 발생되는 손상
③ **직접손상** : 타 물체와의 충돌에 의해 외력을 직접 받은 부위에 발생한 손상
④ **유발손상** : 직접손상 및 파급손상에 의해서 타 부재를 인장 또는 압축하여 발생되는 손상
⑤ **간접손상** : 외력이 직접손상 부위를 경과하여 다른 부위에 간접적으로 가해져 발생한 손상

정답 23.② 24.④

25 직접 손상에 관한 설명으로 잘못된 것은?

① 외부 충격으로 인한 패널 면의 긁힘 흔적
② 1차 충격에 의한 경우가 대부분이다.
③ 충돌물체와 충격으로 손상부위의 후퇴나 비틀림으로 발생한다.
④ 충돌물체와 직접 접촉으로 인해 발생한다.

해설 **직접 손상과 간접 손상**

① **직접 손상** : 자동차의 손상 부위가 충돌 물체와의 직접 접촉으로 인해 발생된 손상을 말한다. 외부에서 직접 충격이 가해짐으로써 패널 면에 어떤 흔적을 남기는 손상이 직접 손상이다. 우그러짐, 긁힘, 균열 등은 직접 손상이라는 것을 알 수 있다.
② **간접 손상** : 직접 손상 부위의 후퇴나 비틀림 등의 변형에 의해 손상이 발생되는 것을 말한다.

26 충격력이 전파 경로에 작용하여 손상되거나 충격 부위에 인접하여 발생되는 손상을 무엇이라 하는가?

① 파급 손상　② 관성 손상
③ 유발 손상　④ 간접 손상

해설 충격력이 전파 경로에 작용하여 손상되거나 충격 부위에 인접하여 발생되는 손상을 파급 손상이라 한다.

27 충돌할 때 직접손상 및 파급손상에 의해서 타 부재를 인장 또는 압축하여 발생되는 손상을 무엇이라 하는가?

① 직접 손상　② 간접 손상
③ 유발 손상　④ 관성 손상

해설 직접손상 및 파급손상에 의해서 타 부재를 인장 또는 압축하여 발생되는 손상을 유발 손상이라 한다.

정답 25.③　26.①　27.③

28 충돌 역학에 관한 사항 중 틀린 것은?

① 운동량의 교환이 이루어진다.
② 급격한 속도변화가 발생한다.
③ 운동량의 변화를 주는 힘을 충격력이라 한다.
④ 주행 중인 자동차의 운동에너지는 0이다.

해설 **충돌의 역학**

① 자동차의 충돌이란 자동차가 주행 중에 다른 자동차 또는 물체와 접촉하는 현상을 말한다.
② 자동차의 충돌 접촉현상을 역학적인 관점에서 보면 접촉하는 순간물체는 쌍방의 운동량의 교환이 이루어지는 동시에 급격한 속도변화가 발생한다.
③ 충돌 시 운동량의 변화를 주는 힘이 충격력이다.
④ 충격력은 같은 운동량이라도 정지하기까지 시간이 짧을 때는 크게 되고 이에 따른 손상도 크게 되는 것을 의미한다.
⑤ 운동량 $P = mv$
⑥ 충격력 $F = ma = m\frac{v}{t}$
⑦ 충격력은 차체에 대해 단시간에 동적으로 작용하는 충격하중으로 이것은 운동에너지의 전환에 의한 것으로, 주행 중인 자동차는 운동에너지를 가지고 있다.
⑧ 운동에너지는 자동차의 질량과 속도의 제곱에 비례하는 성질을 갖는다.
⑨ 손상되는 에너지는 운동에너지의 비례성에 비추어 보면 속도가 2배 증가하면 손상 에너지는 4배로 증가되는 것을 알 수 있다.

29 속도 V1(m/s)으로 주행 중인 자동차를 t 시간(sec) 동안 가속하여 자동차의 속도가 V2(m/s)로 된 경우 가속도(α)를 구하는 식은?

① $\alpha = \frac{t}{V_2 - V_1}$
② $\alpha = \frac{V_2 - V_1}{t}$
③ $\alpha = \frac{t}{V_1 - V_2}$
④ $\alpha = \frac{V_1 - V_2}{t}$

해설 $가속도(\alpha) = \frac{나중속도(V_2) - 처음속도(V_1)}{소요시간(t)}$

정답 28.④ 29.②

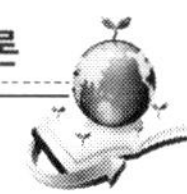

30 질량을 m, 차량의 높이를 h, 위치에너지를 K라 할 때 에너지의 공식으로 맞는 것은?

① $K = m \cdot g \cdot h$　　② $K = \frac{g}{m \cdot h}$

③ $K = \frac{m}{g \cdot h}$　　④ $K = \frac{h}{g \cdot h}$

31 손상의 호칭 중에서 사이드 스웝을 알맞게 설명한 것은?

① 자동차가 측면끼리 스치고 지나는 손상을 말한다.
② 자동차의 측면에 정 직각으로 발생되는 손상을 말한다.
③ 자동차의 후미 끝 부분에 나타나는 손상이다.
④ 자동차의 앞 끝 부분에 나타나는 손상이다.

해설 **손상의 호칭**
① **사이드 스웝** : 자동차가 측면끼리 스치고 지나는 손상을 말한다.
② **브로드 사이드 손상(사이드 손상)** : 자동차의 측면에 정 직각으로 발생되는 손상을 말한다.
③ **리어 엔드 손상** : 자동차의 후미 끝 부분에 나타나는 손상이다.
④ **헤드 온 손상(프런트 엔드 손상)** : 자동차의 앞 끝 부분에 나타나는 손상이다.
⑤ **롤 오버** : 자동차가 측면으로 회전하는 현상이다.

32 손상의 호칭 중에서 헤드 온 손상을 알맞게 설명한 것은?

① 자동차가 측면끼리 스치고 지나는 손상을 말한다.
② 자동차의 측면에 정 직각으로 발생되는 손상을 말한다.
③ 자동차의 후미 끝 부분에 나타나는 손상이다.
④ 자동차의 앞 끝 부분에 나타나는 손상이다.

해설 헤드 온 손상(프런트 엔드 손상)은 자동차의 앞 끝 부분에 나타나는 손상이다.

정답 **30.①　31.①　32.④**

33 손상의 호칭 중에서 브로드 사이드 손상을 알맞게 설명한 것은?

① 자동차가 측면끼리 스치고 지나는 손상을 말한다.
② 자동차의 측면에 정 직각으로 발생되는 손상을 말한다.
③ 자동차의 후미 끝 부분에 나타나는 손상이다.
④ 자동차의 앞 끝 부분에 나타나는 손상이다.

해설 브로드 사이드 손상(사이드 손상)은 자동차의 측면에 정 직각으로 발생되는 손상을 말한다.

34 차체 패널의 변형에서 보디 패널 손상의 종류가 아닌 것은?

① 균열 ② 긁힘
③ 찌그러짐 ④ 늘어남

해설 자동차의 손상 상태는 재료의 종류와 재질에 따라서도 다르게 나타난다. 각 재료에 따른 손상 상태의 종류는 다음과 같다.

구성 재료	손상의 종류
보디 패널 (얇은 강판)	긁힘, 찌그러짐, 구부러짐, 꺾어짐, 늘어남
보디 강도 재료(멤버, 필러 등)	구부러짐, 찌그러짐, 늘어남, 줄어듦, 비틀림, 휨
수지부품	찌그러짐, 구부러짐, 꺾어짐, 균열, 깨짐, 긁힘, 박리
유리부품	균열, 파단
기능부품	찌그러짐, 구부러짐, 균열, 꺾어짐, 파단, 흔들림

35 차체 패널의 변형에서 보디 필러 손상의 종류가 아닌 것은?

① 구부러짐 ② 긁힘
③ 비틀림 ④ 줄어듦

해설 보디 강도 재료(멤버, 필러 등) 손상의 종류는 구부러짐, 찌그러짐, 늘어남, 줄어듦, 비틀림, 휨 등이다.

정답 33.② 34.① 35.②

36 자동차 수리의 순서와 기술에서 패널의 판금 수정을 할 때 4개의 공정 중 틀린 것은?

① 필요한 개소의 부품을 떼어낸다.

② 강판을 수리한다.

③ 일부의 부품을 결합한다.

④ 작은 부분으로 구분하여 패널의 대부분을 교환한다.

해설 **패널의 판금 수정 4개의 공정**

① 필요한 개소의 부품을 떼어낸다.

② 강판을 수리한다.

㉮ 대충 맞춤 : 강판을 바른 위치, 치수로 맞춘다.

㉯ 평면 내기 : 강판의 모양을 바로잡고 이너 패널을 적당히 용접한다.

㉰ 마무리 : 강판이 원래의 상태로 되고, 아웃 패널을 부착한다. 퍼티와 납땜을 하여 표면을 마무리한다.

③ 일부의 부품을 결합한다.

④ 도장 및 나머지 부품의 결합

37 차체 패널의 변형에서 수지부품 손상의 종류가 아닌 것은?

① 구부러짐 ② 꺾어짐

③ 비틀림 ④ 박리

해설 수지부품 손상의 종류는 찌그러짐, 구부러짐, 꺾어짐, 균열, 깨짐, 긁힘, 박리 등이다.

38 자동차 패널을 교환하는 작업에 대한 설명으로 잘못된 것은?

① 패널을 판금 또는 도장으로 원상 회복이 불가능할 때 교환한다.

② 보디 패널은 생산라인에서 부착한 것과 동일하게 교환이 가능하다.

③ 패널을 부분적으로 나누어 부착하는 일부교환도 가능하다.

④ 일부교환 작업을 하는 경우 윈드 실드나 리어 컴플리트 쿼터 등의 어셈블리 부품의 교환을 수반한다.

해설 일부교환 방법이 적용되면 윈드 실드나 리어 컴플리트 쿼터 등의 큰 어셈블리 부품을 떼어내는 노력을 하지 않아도 된다.

정답 36.② 37.③ 38.④

39 손상된 패널을 떼어내는 방법으로 틀린 것은?

① 정을 이용하는 방법
② 해머로 용접 부분을 때려 떼어내는 방법
③ 활톱이나 띠톱을 이용하는 방법
④ 스폿 용접기를 이용하는 방법

해설 **손상된 패널을 떼어내는 방법**
① 정(chisel)을 이용하는 방법
② 절단용 토치를 이용하는 방법
③ 아크 용접기 혹은 플라즈마를 이용한 절단 방법
④ 각각의 스폿 용접 부분을 드릴로 떼어내는 방법
⑤ 활톱이나 띠톱을 이용하는 경우
⑥ 해머로 용접 부분을 때려 떼어내는 방법

40 패널 교환용 공구에 해당하지 않는 것은?

① 산소 토치
② 전동 드릴
③ 보디 필러
④ SPOT 용접기

해설 **패널 교환용 공구**는 다음과 같다.
① **절단 공구** : 패널을 정확한 치수로 절단하기 위한 공구로서 쇠톱, 핸드 커터, 핸드 니블러 등의 손공구, 에어 구동 또는 전동 톱, 가위, 에어 치즐, 산소 토치 등이 있다.
② **SPOT 제거** : 용접한 패널을 완전히 제거하기 위한 공구로서 전동 드릴을 많이 사용한다.
③ **저항 SPOT 용접기** : 겹친 패널에 강한 압력을 가하고 또 큰 전류가 흐르게 하여 SPOT 용접을 하는 것이다.
④ **CO_2 반자동 용접기** : CO_2 반자동 용접기는 예전부터 있는 전기아크용접기의 열변형 문제를 CO_2 가스의 실드로 해소하고 또 코일로 된 용접 와이어를 자동 이동함으로써 능률적인 아크 용접을 가능케 한 것이다.
⑤ **패널 클램프** : 패널 교환 시 새 패널을 정위치에 확실하게 고정하지 않으면 안 된다. 패널은 패널 클램프를 사용하여 위치를 정하고 또 패널의 위치를 확인한 다음 용접 작업에 들어간다.

41 다음 중 판금 수정용 공구에 해당하지 않는 것은?

① 보디 필러
② 해머
③ SPOT 용접기
④ 스터드

해설 판금 수정용 공구에는 스터드, 해머, 돌리, 덴트 풀러, 보디 필러 등이 있다.

정답 **39.④ 40.③ 41.③**

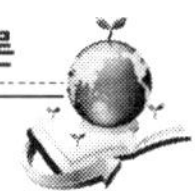

42 SPOT 용접의 용접점 제거를 위한 전동공구 드릴 날의 특징이 아닌 것은?

① 보통 드릴 날 보다 내구성이 높다.
② 모양이 미끄러지지 않도록 되어 있다.
③ 일반드릴보다 고속회전으로 사용한다.
④ 드릴이 고정될 수 있는 클램프 기구를 가진 공구가 있다.

해설 SPOT 용접의 용접점 제거용 전동공구의 드릴 날은 일반의 드릴 날보다 내구성이 높고, 모양도 미끄러지지 않도록 되어 있으며, 일반드릴보다 저속 회전으로 사용하고, 패널에 대해 드릴이 간단히 고정될 수 있도록 클램프 기구를 가진 공구도 있으며, 다수의 용융점 제거 작업 시 작업시간을 단축할 수 있다.

43 판금 수정용으로 손상된 패널을 해머와 돌리로 고르는 작업을 한 후 미세한 우그러짐이나 변형을 제거하기 위한 것은?

① 스터드　　② 돌리
③ 보디 필러　　④ 납땜

해설 보디 필러는 폴리에스텔계 충전제로 1.5~2%의 경화제를 첨가하여 사용하며, 강판에 대한 밀착성이 뛰어나고 내구성이 좋다.

44 손상된 자동차의 직접 수리비에 대한 설명으로 알맞은 것은?

① 견적서에 기재된 내용대로 고친 금액을 말한다.
② 자동차의 소유자가 요구한 범위 내에서 수리한 금액이다.
③ 자동차가 사고에 의해서 손상된 부분을 원상회복시키기 위해 소요되는 금액을 말한다.
④ 현재의 일반적 수리방법에 의해 손상 직전의 상태로 원상회복되었다고 인정되는 정도의 수리에 소요된 비용을 말한다.

해설 일반적으로 손상된 자동차의 수리방법에 의하여 외관상, 기능상, 사회 통념상 손상되기 직전의 상태로 원상회복되었다고 인정되는 정도의 수리에 소요되는 비용을 직접 수리비라 한다.

정답 42.③　43.③　44.④

45 **판금 수정용 공구로서 링 와셔나 핀을 패널 면에 꽂는 작업을 하는 기계의 명칭은?**

① 보디 필러 ② 스터드
③ 돌리 ④ 패널클램프

해설 스터드는 링 와셔나 핀을 패널 면에 꽂는 기계이며 패널 면에 확실하게 스터드한 와셔 링이나 핀을 덴트 풀러로 빼 낸다. 뒤쪽에 손이 들어가지 않는 실 패널과 같은 곳의 변형 수정이 편리하며 작은 변형의 제거에 적합하다.

46 **일반적으로 손상된 자동차의 수리방법에 의해 외관상 손상 직전의 상태로 원상회복되었다고 인정되는 정도의 수리에 소요되는 비용은?**

① 임시 수리비 ② 간접 수리비
③ 추정 수리비 ④ 직접 수리비

47 **손상된 자동차를 가장 가까운 정비업소까지 자력으로 이동할 수 있도록 수리를 하는데 필요한 수리비는?**

① 직접 수리비 ② 간접 수리비
③ 임시 수리비 ④ 추정 수리비

해설 임시 수리비(가수리비)는 자동차가 자력으로 이동할 수 없는 경우 가까운 정비업소까지 자력으로 주행이 가능할 정도로 수리하는데 소요되는 출장 수리비 등과 같이 임시 수리를 위하여 지출된 비용을 말한다.

48 **손상된 자동차의 수리가 가능한 경우에도 수리하지 않고 매각하여 수리에 필요한 비용만큼 손해가 발생된 것으로 추정하여 지급하는 수리비를 무엇이라 하는가?**

① 직접 수리비 ② 간접 수리비
③ 임시 수리비 ④ 추정 수리비

해설 추정 수리비(미수선 수리비)는 손상된 자동차의 수리가 가능한 경우에도 수리하지 않고 매각하거나 폐차 처분하여 수리에 필요한 비용만큼 손해가 발생된 것으로 추정하여 지급하는 수리비용을 말한다.

정답 **45.**② **46.**④ **47.**③ **48.**④

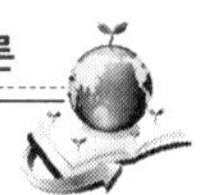

49 **손상된 자동차의 수리과정에서 부품의 교환이 필요한 경우에 대해서 판단하는 기준을 설명한 것으로 틀리는 것은?**

① 교정 수리함으로써 자동차의 안전도에 지장을 초래하는 경우
② 교정 수리비가 부품가격과 동일하거나 초과하는 경우
③ 소비자가 원하는 방향으로 교환하는 경우
④ 손상된 부위를 교정해도 원상으로 복구가 불가능한 경우

해설 부품의 교환이 필요한 경우에 대한 판단은 기술성, 보안성, 경제성을 기준으로 한다.

50 **손상된 자동차의 수리과정에서 부품의 교환이 필요한 경우의 판단에 대한 내용 중 틀린 것은?**

① 경제성을 기준으로 부품의 교환을 판단한다.
② 기술성을 기준으로 부품의 교환을 판단한다.
③ 보안성을 기준으로 부품의 교환을 판단한다.
④ 수리과정에서 발생되는 잔존물은 그 가액을 수리비로 인정한다.

해설 부품 교환 시 발생되는 잔존물(殘存物)은 그 가액을 수리비에서 공제하고 인정한다.

51 **손상된 자동차에 있어 피보험자에게 보상하는 수리비의 인정 범위에서 직접 수리비를 구성하는 요인으로 알맞은 것은?**

① 구난·견인비 ② 부품비와 공임
③ 임시 수리비 ④ 추정 수리비

해설 직접 수리비는 부품비와 공임으로 구성된다.

정답 **49.**③ **50.**④ **51.**②

52 보험회사가 피보험자에게 보상하는 수리비 전체의 구성 요인으로 알맞은 것은?

① 임시 수리비, 부품비, 감가상각비
② 부품비, 공임, 견인비, 감가상각비
③ 부품비, 공임, 임시수리비, 구난 및 견인비
④ 공임 및 구난, 견인비, 감가상각비

53 자동차의 수리과정에서 중고부품을 사용하는 경우를 설명한 것으로 다음 중 틀린 것은?

① 신제품의 구입이 곤란할 때
② 파손된 부품이 중고부품일 때
③ 파손된 부품이 신품일 때
④ 신제품의 교환에 따르는 감가액의 부담이 클 때

해설 **중고부품이나 재생부품을 사용하는 경우**
① 신제품 교환에 따른 감가액의 부담이 너무 클 때
② 파손된 부품이 원래 재생부품일 때
③ 파손된 부품이 원래 중고품일 때
④ 신제품의 구입이 어려울 때
⑤ 판금을 하거나 절단하여 연결하는 것 보다 외관도 좋고 수리 시간도 단축되는 경우 중고부품으로 교환하는 것이 경제적이라고 판단될 때

54 자동차 순정부품에 대한 설명으로 알맞은 것은?

① 자동차 제작사에서 공급하는 부품
② 재생 부품
③ 사제 부품
④ 중고 부품

해설 자동차 제작사에서 공급하는 부품을 순정부품이라 하며, 제작사의 순정부품 마크가 인쇄되어 있다.

정답 52.③ 53.③ 54.①

55 표준작업시간과 공임률의 적산방식에 의하여 산출되는 금액을 무엇이라 하는가?

① 도장 금액 ② 수리 공임
③ 기준 공임 ④ 표준 공임

해설 수리공임은 손해보험업계와 정비업계간 협상에 의해 자동차수리공임기준표를 작성하여 정비업소와 정비수가 계약을 맺어 운영하고 있다.

56 파손된 부품이 단종 되거나 또는 구입할 수 없을 경우에 파손된 부품은 어떤 것을 사용하는가?

① 제작부품 ② 소부품
③ 재생부품 ④ 중고부품

해설 파손된 부품이 단종 되었거나 구입할 수 없을 경우에는 파손된 부품을 제작해서 충당하여야 하는데 제작부품은 재료의 선택과 가공에 특히 유의하여 보안도를 유지하여야 한다.

57 손상된 자동차의 수리공임에 해당하지 않는 것은?

① 교환 작업 ② 탈착 작업
③ 조립 작업 ④ 부품의 납품

해설 **손상된 자동차의 수리공임의 종류**
① 분해, 조립, 조정, 탈착, 교환의 공임 ② 판금수정 작업의 공임
③ 도금 및 용접작업의 공임 ④ 도장 작업의 공임

58 기술적 요소인 표준작업시간과 ( ), ( ) 요소인 공임률의 적산방식에 의하여 산출되는 금액을 수리공임이라 한다. 다음 중 ( )안에 들어갈 용어로 알맞은 것은?

① 사회적, 경제적 ② 사회적, 문화적
③ 경제적, 문화적 ④ 경제적, 통념적

해설 수리공임이란 표준작업시간(SOT : Stan- dard Operation Time)과 사회적·경제적 요소인 공임률(Labor rate)의 적산 방식에 의하여 산출되는 금액을 말한다.

정답 ▶ 55.② 56.① 57.④ 58.①

59 **자동차수리공임 기준표에 명기된 도장요금 인정기준에 포함되지 않는 것은?**

① 도장 부위별 인정기준　② 차종별 인정기준
③ 작업 숙련자별 인정기준　④ 도료별 인정기준

해설 도장의 공임은 자동차수리공임기준표에 차종별, 도료별, 도장 부위별로 명기된 도장요금 인정기준을 적용하고 있다.

60 **근로시간의 구성에서 실제 근로시간에 해당되지 않는 것은?**

① 직접작업시간　② 간접작업시간
③ 작업대기시간　④ 휴식시간

해설 실제 근로시간에 휴식시간은 포함되지 않지만 근로시간에는 포함된다.

61 **근로시간의 구성에서 여유시간의 종류를 나타낸 것이다. 부품이나 공구를 떨어뜨렸다 줍는 경우는 다음 중 어디에 해당하는 여유인가?**

① 피로여유　② 생리여유
③ 작업여유　④ 공장여유

해설 **여유시간**
① **공장여유** : 작업지시, 조회 등 조직 관리상 발생하는 여유를 말한다.
② **작업여유** : 부품이나 공구를 떨어뜨린 경우에 줍기, 공구·기계의 더러운 곳을 떼어내기 등 작업 중 때때로 발생하는 작업상의 여유
③ **생리여유** : 용변, 땀 닦기 등 작업자의 생리적 욕구에 의한 여유
④ **피로여유** : 기지개, 안마 등 피로의 회복이나 방지를 위한 여유

62 **근로시간의 구성에서 여유시간의 종류를 나타낸 것으로 작업지시, 조회 등 조직관리상 발생하는 여유는 다음 중 어디에 해당하는 여유인가?**

① 공장여유　② 피로여유
③ 생리여유　④ 작업여유

해설 근로시간의 구성 중 여유시간의 종류에서 작업지시, 조회 등 조직관리상 발생하는 여유를 공장여유라 한다.

정답 **59.**③　**60.**④　**61.**③　**62.**①

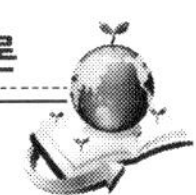

63 **근로시간의 구성을 나타낸 것으로 공구의 준비, 생리적 응답 등 직접작업에 부수되어 발생되는 시간은 다음 중 어디에 해당하는 시간인가?**

① 직접작업시간　　② 정미작업시간
③ 작업대기시간　　④ 여유시간

해설 여유시간
① 공장여유 : 작업지시, 조회 등 조직 관리상 발생하는 여유를 말한다.
② 작업여유 : 부품이나 공구를 떨어뜨린 경우에 줍기, 공구·기계의 더러운 곳을 떼어내기 등 작업 중 때때로 발생하는 작업상의 여유
③ 생리여유 : 용변, 땀 닦기 등 작업자의 생리적 욕구에 의한 여유
④ 피로여유 : 기지개, 안마 등 피로의 회복이나 방지를 위한 여유

64 **근로시간의 구성에서 일감이 수주대기, 부품대기, 가공대기시간은 실제근로시간 중 어디에 해당하는 시간인가?**

① 작업대기시간　　② 정미작업시간
③ 휴식시간　　④ 여유시간

해설 근로시간의 구성에서 수주가 없어 일감이 주어지지 않는 수주시간, 부품대기·가공대기시간은 실제 근로시간의 작업대기시간에 해당한다.

65 **근로시간의 구성에서 손상된 자동차의 실제 수리작업을 하는 시간으로 작업의 준비시간을 포함하는 것으로 다음 중 어디에 해당하는 시간을 말하는가?**

① 공장정비시간　　② 정미작업시간
③ 자동차정비시간　　④ 작업대기시간

해설 실제 근로시간의 구성에서 정미작업시간은 실제 자동차를 수리하는 작업시간으로 수입검사, 주체검사, 완성검사로 구분된다.

정답 ▶ **63.④　64.①　65.②**

66 **표준 작업시간의 기준을 정하기 위한 표준조건 중 표준공장의 설비·기기 등으로 포함되지 않는 것은?**

① 아크 용접기　　② 가스용접기
③ 레커 트럭　　④ 간이보디수정기

해설 **표준공장의 설비 · 기기**
① 정비공장의 허가기준에 표시된 기계 · 설비　② 간이보디수정기
③ 스포트(또는 아크) 용접기　④ 가스 용접기

67 **표준 작업시간의 기준을 정하기 위한 표준차량의 조건으로 알맞은 것은?**

① 1~2년 사용차량　　② 3~4년 사용차량
③ 4~5년 사용차량　　④ 5~6년 사용차량

해설 표준 작업시간의 기준을 정하기 위한 표준차량의 조건은 1~2년 사용(50,000km 정도 주행)한 일반적인 정비상태의 차량으로 오염, 녹 등이 경미한 상태의 차량을 말한다.

68 **표준 작업시간의 구성에서 차량의 입·출고, 수납 등의 작업시간은 어디에 해당되는 시간인가?**

① 표준 여유시간　　② 표준 준비작업시간
③ 표준 작업시간　　④ 표준 정미작업시간

해설 **표준 작업시간의 구성**
① **표준 정미작업시간** : 탈착, 분해, 검사, 교환, 수리, 조립, 조정, 중간검사 등에 소요된 작업시간
② **표준 준비작업시간** : 차량의 입·출고, 작업지시서의 읽고 쓰기, 공구준비, 수납, 부품준비, 스크랩의 폐기 등에 소요된 작업시간
③ **표준 여유시간** : 공장여유, 작업여유, 생리여유, 피로여유 등에 소요된 시간

69 **자동차 공임의 산출을 바르게 나타낸 것은?**

① 표준 작업시간 × 공임률　　② 표준 작업시간 × 작업능률
③ 표준 작업시간 × 이익률　　④ 표준 작업시간 × 가동률

정답 **66.**③ **67.**① **68.**② **69.**①

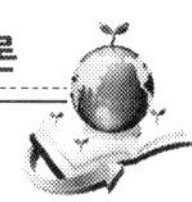

70 표준작업시간을 책정하는 목적으로 틀린 것은?

① 공임의 산출　② 작업시간의 관리

③ 수리완료 날짜를 산정　④ 공임의 매출증대

해설 **표준작업시간을 책정하는 목적**

① 작업시간의 관리　② 수주계약에 필요한 소요시간의 산출

③ 공임 산출　④ 정비업소의 업무에 효율적으로 운영

71 표준 작업시간의 중요성을 나타낸 것이다. 다음 중 틀린 것은?

① 경영의 합리화　② 작업자의 인권

③ 공임의 산정　④ 작업능률의 향상

해설 표준 작업시간은 공임 산정에 있어 중요할 뿐만 아니라 작업능률의 향상, 경영의 합리화를 위한 참고지표로서 각 자동차 제작사, 자동차정비업계에서도 발표하고 있는 귀중한 자료이다.

72 표준 작업시간에 공임률을 곱하면 무엇을 산출하게 되는가?

① 공임　② 가동률

③ 순작업시간　④ 여유율

해설 공임 = 표준 작업시간 × 공임률

73 작업의 소요시간에 차이가 발생되는 요인이 아닌 것은?

① 작업 속도　② 공장의 설비

③ 공장의 위치　④ 작업자의 숙련도

해설 **작업의 소요시간에 차이가 발생되는 요인**

① 공장의 설비　② 작업자의 숙련도　③ 작업 속도

70.④　71.②　72.①　73.③

74 **표준 작업시간의 기준을 정하기 위한 표준부품의 조건으로 알맞은 것은?**

① 자동차 제작사에서 출하된 순정부품 ② 제작부품
③ 재생부품 ④ 사제부품

75 **공장 전체의 가동상황을 나타내는 것으로 실제 근로시간 중 직접작업시간이 차지하는 비율을 무엇이라 하는가?**

① 출근율 ② 가동률
③ 작업률 ④ 공임률

해설 가동률은 공장 전체의 가동상황을 나타내는 것으로 실제 근로시간 중 직접 작업시간이 차지하는 비율을 말한다.

76 **가동률 및 작업능률에 대한 공식을 나타낸 것으로 다음 중 맞는 것은?**

① $작업능률 = \frac{직접작업시간}{표준작업시간} \times 100$

② $작업능률 = \frac{직접작업시간}{실제근무시간} \times 100$

③ $가동률 = \frac{직접작업시간}{실제근무시간} \times 100$

④ $가동률 = \frac{직접작업시간}{표준작업시간} \times 100$

해설 ① $가동률 = \frac{직접작업시간}{실제근무시간} \times 100$

② $작업능률 = \frac{표준작업시간}{직접작업시간} \times 100$

정답 74.① 75.② 76.③

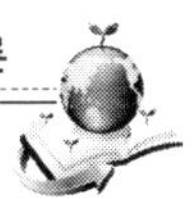

77 **작업자가 실제로 근무하는 시간이 8시간, 작업시간이 6시간일 때 가동률은?**

① 0.625 ② 0.75
③ 0.86 ④ 1.3

해설 $\text{가동률} = \frac{\text{직접작업시간}}{\text{실제근무시간}} = \frac{6}{8} = 0.75$

78 **다음 중 공임률을 바르게 설명한 것은?**

① 작업자 1인당 1시간당 공임의 매출을 말한다.
② 작업자 1인당 1일 공임의 매출을 말한다.
③ 작업자 1인당 1개월의 공임의 매출을 말한다.
④ 작업자 1인당 1년의 매출을 말한다.

해설 공임률이란 작업자 1인당 1시간당 공임의 매출을 말한다.

79 **공임매출에서 공임 총원가를 분류할 때 포함되지 않는 사항은 어느 것인가?**

① 일반관리비 ② 작업자 인건비
③ 공장의 감가상각비 ④ 공장의 총매출

해설 공임매출에서 공임의 총원가는 작업자 인건비, 공장 관리비, 공장의 감가상각비, 일반 관리비의 공익부담분으로 분류한다.

80 **공장시설물의 수선비, 임차료, 화재보험료 등 공장관리에 관한 비용은 공임 총원가의 어느 부분에 속하는가?**

① 작업자의 인건비 ② 공장관리비
③ 일반관리비 ④ 공장 감가상각비

해설 수도광열비, 공장 시설물의 수선비, 임차료, 제세공과비, 화재보험료, 기타 소모품비 등 공장의 관리에 드는 비용을 공장관리비라 한다.

정답 **77.**② **78.**① **79.**④ **80.**②

81 **임원의 보수, 공장 간접인원과 사무직원의 인건비, 보험료, 사무용 소모품비, 여비교통비, 공장 이외의 감가상각비 등은 공임의 총원가를 분류할 때 어느 부분에 해당하는가?**

① 공장관리비 ② 작업자의 인건비
③ 일반관리비 ④ 공장감가상각비

해설 **정비공장의 매출 및 원가의 구성**
① **작업자의 인건비** : 작업자의 급여, 상여금, 퇴직금, 복리후생비 및 제수당
② **공장관리비** : 수도광열비, 공장 시설물의 수선비, 임차료, 제세공과비, 화재보험료, 기타 소모품비 등 공장의 관리에 드는 비용.
③ **공장감가상각비** : 공장건물, 정비용 기기, 테스터 등 정비부분에 속하는 고정자산의 감가상각비의 합계.
④ **일반관리비** : 임원의 보수, 공장간접인원과 사무직원의 인건비, 보험료, 사무용 소모품비, 여비교통비, 공장 이외의 감가상각비.

82 **정비공장의 경영에서 공임의 이익에 좌우되는 사항으로 틀리는 것은?**

① 가동률의 개선 ② 출근율의 개선
③ 작업시간의 연장 ④ 작업 능률의 개선

해설 정비공장의 경영에서 가동률의 개선, 출근율의 개선, 작업능률의 개선에 따라 공임의 이익이 크게 좌우된다.

83 **정비공장의 경영에서 겸업매출을 설명한 것으로 알맞은 것은?**

① 외주매출 ② 차량부품, 용품 기타 판매 등의 매출
③ 부품재료 매출 ④ 공임매출

해설 정비공장의 경영에서 자동차의 정비 이외에 차량, 부품, 용품 기타 판매 등의 매출을 겸업매출이라 한다.

정답 **81.**③ **82.**③ **83.**②

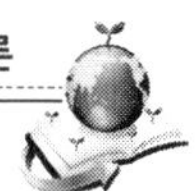

84 **정비공장의 경영에서 매출의 비중을 두는 공임매출의 대상 시간이 되는 것은?**

① 표준근로시간　　② 간접작업시간
③ 직접작업시간　　④ 실제근무시간

해설 정비공장의 경영에서 매출의 비중을 두는 공임매출의 대상 시간은 직접작업시간으로 이것이 공임의 이익을 결정하는 중요한 요소가 된다.

85 **정비공장의 경영에서 자동차의 정비 이외에 차량, 부품 판매 등은 정비공장의 총매출을 분류할 때 어느 매출에 해당하는가?**

① 정비매출　　② 외주매출
③ 공임매출　　④ 겸업매출

해설 정비공장의 경영에서 자동차의 정비 이외에 차량, 부품, 용품 기타 판매 등의 매출을 겸업매출이라 한다.

86 **자동차의 수리작업의 범위에서 분류하는 작업 항목이 아닌 것은?**

① 부수작업　　② 견적작업
③ 주체작업　　④ 부대작업

87 **작업의 실시에 있어서 주체작업과 인접하는 2가지 이상의 부품에 대하여 연속으로 실시하는 작업에 해당하는 것은?**

① 개별작업　　② 부분작업
③ 관련작업　　④ 부수작업

정답 84.③　85.④　86.②　87.③

88 **자동차 보수도장 비용을 산출하는 공식을 알맞게 나타낸 것은?[단, 도장비(견적금액) : E, 공임률 : A, 공수 또는 지수 : K, 재료비 : B]**

① E = A + B + K
② E = A × B × K
③ E = A × B + K
④ E = A × K + B

해설 도장비 = 공임률 × 공수 + 재료비

89 **자동차의 보수도장에서 정미시간에 해당하는 사항이 아닌 것은?**

① 프라이머 서페이서를 스프레이건에 넣는 작업
② 스프레이건의 세척작업
③ 프라이머 서페이서의 도포 및 보충작업
④ 도포부의 청소·탈지작업

해설 **보수도장의 정미작업시간에 해당하는 사항**
① 프라이머 서페이서를 스프레이건에 넣는 작업 ② 도포부의 청소 · 탈지작업
③ 프라이머 서페이서의 도포 및 보충작업 ④ 적외선 건조기의 설치 및 해체 작업
⑤ 기타 작업

90 **자동차의 보수도장에서 준비작업시간에 해당하는 사항이 아닌 것은?**

① 스프레이 건의 세척작업
② 프라이머 서페이서의 점도조정
③ 점도계를 세척하는 작업
④ 프라이머 서페이서의 세팅 작업

해설 **보수도장의 준비작업시간에 해당하는 사항**
① 스프레이 건의 세척작업 ② 프라이머 서페이서의 점도조정
③ 점도계를 세척하는 작업 ④ 기타 작업

정답 **88.**④ **89.**② **90.**④

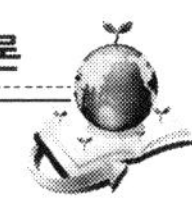

91 자동차의 보수도장에서 여유시간에 해당하는 사항이 아닌 것은?

① 스프레이건의 세척 작업
② 프라이머 서페이서의 세팅 작업
③ 마스크를 걸치는 작업
④ 안경을 걸치는 작업

해설 **보수도장의 여유시간에 해당하는 사항**
① 프라이머 서페이서의 세팅을 하는 작업 ② 마스크를 걸치는 작업
③ 안경을 걸치는 작업 ④ 기타 작업

92 수리항목의 누락 방지에는 도움이 되지만 손상 파급실태의 파악이 결여될 수 있는 견적기입 순서의 방법으로 알맞은 것은?

① 기점을 결정하여 차량을 한 번 순회하는 방법
② 작업 내용에 따라서 부위별, 기능별로 구분하는 방법
③ 직접 충격을 받는 부분부터 시작하여 충격의 진행방향에 따르는 방법
④ 차의 전반부에서 후반부, 후반부에서 전반부로 이동하는 방법

해설 **견적기입 순서의 특징**
① **기점을 결정하여 차량을 한 번 순회하는 방법** : 수리 항목의 누락 방지에는 도움이 되지만 손상 파급 실태의 파악이 결여된다.
② **작업 내용에 따라서 부위별, 기능별로 구분하는 방법** : 작업 내용이 명확하게 되고 중복, 누락이 적다.
③ **직접 충격을 받는 부분부터 시작하여 충격의 진행방향에 따르는 방법** : 관련 부분의 파악이 충분하고 좌·우 등이 엇갈려 복잡해지는 결점이 있다.

93 사고차량의 정보수집에서 손상진단의 기초가 되는 사항이 아닌 것은?

① 사고발생일자 ② 사고원인
③ 사고 상황 ④ 사고보고

해설 사고차량의 정보수집에서 손상진단의 기초가 되는 사항은 사고발생일자, 사고원인, 사고 상황이다.

정답 91.① 92.① 93.④

94 **사고차량의 견적서를 기재하는 순서의 방법이 아닌 것은?**

① 기점을 결정하여 차량을 한 번 순회하는 방법
② 작업 내용에 따라서 부위별, 기능별로 구분하는 방법
③ 간접 충격을 받는 부분부터 시작하여 충격의 진행방향에 따르는 방법
④ 차의 전반부에서 후반부, 후반부에서 전반부로 이동하는 방법

해설 **견적서를 기재하는 방법**
① 기점을 결정하여 차량을 한 번 순회하는 방법
② 작업 내용에 따라서 부위별, 기능별로 구분하는 방법
③ 직접 충격을 받는 부분부터 시작하여 충격의 진행방향에 따르는 방법
④ 차의 전반부에서 후반부, 후반부에서 전반부로 이동하는 방법

95 **사고차량의 정보수집에서 사고차량을 관찰하는 방법을 설명한 것이다. 틀린 것은?**

① 차량 전후에서 차량 전체를 시야에 넣고 상태를 관찰한다.
② 사고차량의 탑승자에게 문의한다.
③ 차량을 둘러보고 해당 사고에 의한 손상과 그 이외의 손상 유무를 관찰한다.
④ 차량 외관을 전후좌우, 좌우경사 45°방향에서 관찰한다.

해설 **사고차량의 관찰방법**
① 후드, 도어, 트렁크 등을 열어보고 보디를 들어 올려 관찰한다.
② 탑승자 또는 적재물에 의한 관성 작용의 유무를 관찰한다.
③ 충격력의 파급 범위를 위크 포인트(weak point)에 따라 관찰한다.
④ 계측이 가능한 골격부위는 계측을 하여 관찰 결과를 보완한다.
⑤ 차량을 둘러보고 해당 사고에 의한 손상과 그 이외의 손상 유무를 관찰한다.
⑥ 차량 전후에서 차량 전체를 시야에 넣고 상태를 관찰한다.
⑦ 차량 외관을 전후좌우, 좌우경사 45°방향에서 관찰한다.
⑧ 힘이 가해진 부위를 관찰하고 힘의 3요소와 중심의 관계에서 손상의 파급상황을 고찰한다.
⑨ 인접한 외판 패널 간의 간격의 변화 유무를 관찰한다.

정답 ▶ **94.**③ **95.**②

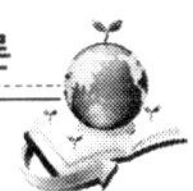

96 **견적작성의 순서에서 수리방법의 판정요소를 나타낸 것으로 틀린 것은?**

① 조립 구조　　② 수리인원의 수

③ 손상 상태　　④ 부품 가격

해설 **수리방법의 판정요소**

① 손상 상태 ② 수리 설비 ③ 조립 구조 ④ 부품 보급형태 ⑤ 부품 가격 ⑥ 재질

97 **사고 차량의 견적서 작성 시 자동차의 구조에서 수리를 판단하는 기준이 아닌 것은?**

① 손상의 파급　　② 기능부품의 작동원리 여부

③ 손상의 범위　　④ 작업의 난이성

해설 자동차의 구조에서 판단하는 수리 기준은 부품의 재질, 구조, 조립부착, 보급형태 등을 숙지하여 손상의 파급, 기능부품의 작동원리 여부, 작업의 난이성 등에 대하여 정확하게 판단해야 한다.

98 **사고 차량의 견적서에 기재하는 내용으로 틀린 것은?**

① 차대번호　　② 작업항목

③ 입고방법　　④ 차량 사고지역

해설 **견적서의 기재 내용** : 소유자의 주소, 성명, 전화번호, 등록번호, 차명, 차대번호, 연식, 최초등록연월일, 차기검사일, 차량형식, 보디형태, 엔진형식, 배기량, 변속기형식, 등급, 특장품, 도장, 주행거리, 시가액, 작업항목, 교환부품, 부품대, 공임, 도장비, 부대비용, 입고일, 입고방법, 수리일 수 등

99 **사고차량을 수리하기 위한 견적 시 견적서에 기재하는 항목으로 옳은 것은?**

① 견인 및 구난 요금 항목　　② 견적항목

③ 작업항목과 부품항목　　④ 공임매출 항목

정답 96.② 97.③ 98.④ 99.③

100 **조사자료 점검요령 중 부품교환 여부의 판단에서 부품을 교환하는 이유로 틀리는 것은?**

① 부품을 교환하는 쪽이 수리가 용이하다.
② 수리기술자의 감소 및 미숙련
③ 부품을 교환하는 쪽이 이익이 많다.
④ 안전성이 확보된다.

해설 **수리공장에서 부품교환의 이유**
① 수리 기술자의 감소 및 미숙련
② 부품을 교환하는 쪽이 이익이 많다.
③ 부품을 교환하는 쪽이 수리가 용이하다.

101 **조사자료 점검요령 중 부품교환 여부의 판단에서 부품을 교환하는 요건으로 틀리는 것은?**

① 탈거 시에는 복원이 불가능할 때
② 기술적으로 복원이 불가능할 때
③ 안전성의 확보에 의심이 갈 때
④ 복원작업이 부품의 교환보다 가격이 쌀 때

해설 **부품교환의 요건**
① 탈거 시에는 복원이 불가능할 때
② 기술적으로 복원이 불가능할 때
③ 복원작업이 부품의 교환보다 비쌀 때
④ 손상된 부품의 복원이 불가능할 때
⑤ 안전성의 확보에 의심이 갈 때

102 **자동차 하부도장의 전착 도장법의 장점이 아닌 것은?**

① 복잡한 구조물에 균일한 도장이 가능하다.
② 공해대책 및 도료 절약이 가능하다.
③ 미려한 외관 및 평활성 확보에 유리하다.
④ 도포법에 비하여 관리가 용이하다.

정답 100.④ 101.④ 102.③

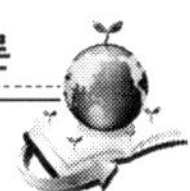

103 자동차 도장층을 아래에서부터 열거한 순서가 옳게 나열된 것은?

① 상부도장 - 중부도장 - 전처리 - 전착도장
② 상부도장 - 전착도장 - 중부도장 - 전처리
③ 전처리 - 전착도장 - 중부도장 - 상부도장
④ 전처리 - 중부도장 - 전착도장 - 상부도장

해설 자동차의 외관품질을 좌우하는 도장은 아래로부터 4개의 층으로 분류된다.
① **상부도장** : 외관을 미려하게 하기 위한 도장
② **전처리** : 화이트보디에 도장작업을 용이하게 하기위하여 실시하는 도장
③ **전착도장** : 방청성을 목적으로 하는 도장
④ **중부도장** : 평활성을 목적으로 하는 도장
⑤ 전착도장과 중부도장 사이에 방수성 방청성을 향상시키기 위해 PVC를 코팅하는 실링, 언더 코팅을 첨가하는 경우도 있다.
⑥ **도장방법** : 전처리와 전착도장은 도료 욕조에 침적하여 도장하며, 중부도장과 상부도장은 스프레이 도장의 일종인 정전도장으로 실시한다.

104 사고차량의 수리에 사용하는 설비기기가 아닌 것은?

① 보디필러 시스템 ② 지그벤치 시스템
③ 틸트벤치 시스템 ④ 바닥식 시스템

해설 사고차량의 수리에 사용하는 설비기기는 지그벤치 시스템, 틸트벤치 시스템, 바닥 식 시스템이 있다. 보디필러는 판금용 수정 공구이다.

105 매출에 대한 이익률을 바르게 표시한 것은?

① (매출-원가)/원가 ② (원가-매출)/매출
③ (원가-이익)/원가 ④ (매출-원가)/매출

해설 매출에 대한 이익률은 (매출-원가)/매출로 나타낸다.

정답 ▶ 103.③ 104.① 105.④

106 **1개월간의 가동 일수가 25일이고 하루 실제 노동시간이 8시간이며 가동률이 80%라면 월 평균 직접 작업 시간은?**

① 160시간　② 250시간
③ 280시간　④ 500시간

해설 월 평균 직접 작업 시간은 25×8×0.8 = 160시간 이다.

107 **자동차의 파손된 부품이 단종되어 구입할 수 없을 때 어떤 부품을 사용할 수 있는가?**

① 중고부품　② 재생부품
③ 제작부품　④ 소부품

해설 파손된 부품이 단종 되어 구입할 수 없을 때는 제작부품을 쓸 수 있다.

108 **자동차가 측면으로 회전하여 자동차의 타이어가 다시 노면과 접지 되면서 자동차의 측면, 윗면, 하부 등에 심하게 손상이 발생 할 때의 현상을 무엇이라고 하는가?**

① 롤오버(rollover)　② 사이드 스웝(side swap)
③ 헤드온(head on)손상　④ 리어엔드(rear end)

해설 자동차가 측면으로 회전하여 자동차의 타이어가 다시 노면과 접지되면서 자동차의 측면, 윗면, 하부 등이 심하게 손상이 발생할 때의 현상을 롤 오버(roll over)라고 한다.

109 **자동차가 최초속도 V1의 속도로 주행하다가 t시간만큼 주행 후 V2의 속도로 가속 되었다면 가속도(α)를 구하는 식으로 맞는 것은?**

① α = (V2-V1)/t　② α = (V1-V2)/t
③ α = t/(V1-V2)　④ α = t/(V2-V1)

해설 α = (V2-V1) / t = (나중속도-최초속도)/시간으로 표시한다.

정답 106.① 107.③ 108.① 109.①

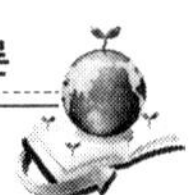

110 다음 중 손상의 명칭 중에서 사이드 스웝을 바르게 설명한 것은?

① 자동차가 측면과 직각으로 발생하는 손상을 말한다.
② 자동차가 측면끼리 스치고 지나가는 손상을 말한다.
③ 자동차의 후미 끝부분에서 일어나는 손상을 말한다.
④ 자동차의 전면부 끝부분에서 일어나는 손상을 말한다.

해설 사이드 스웝 손상이란 자동차가 측면끼리 스치고 지나가는 손상을 말한다.

111 자동차 도장 공정 중 전처리에 대한 설명으로 잘못된 것은?

① 약알칼리성 액을 사용하여 강판표면에 부착된 기름, 분진, 금속분말을 제거한다.
② 표면을 활성화시켜 화성처리에 적합한 표면 상태로 만들어주는 공정이다.
③ 화이트보디를 완전히 처리욕조에 침적시켜 실시한다.
④ 강판의 냉간 압연 시 발생한 롤러자국 및 전착도막의 오렌지빌 등 표면의 작은 기복을 메워 평활한 표면을 얻는 것이 중요하다.

해설 **중부도장**
㉮ 전착도장과 상부도장의 중간에 있다.
㉯ 외관 및 내후성 등을 향상시키는 역할을 한다.

112 [185/70 SR 13]인 타이어가 장착되어야 할 차에 14인치인 알루미늄 휠이 장착되어 있다. 이 경우에 가장 적당한 타이어는?

① 185/70SR14 ② 185/60R14
③ 195/65R14 ④ 195/60SR14

해설 185/70SR13 타이어의 반지름 : (13"*25.4/2)+185*0.70=294.6
195/60SR14타이어의반지름 : (14"*25.4/2)+195*0.60=294.8

정답 110.② 111.④ 112.④

113 **작은 돌이나 유리알 같은 모래 등의 작은 칩들이 자동차의 도막 표면에 부딪쳐 자국이 나타난 현상은?**

① 칩핑(Chipping) ② 크랙(Crack)
③ 물자국(Waterspot) ④ 백화(Chalking)

114 **도장의 처리 방법 중 틀린 것은?**

① 전처리 : 화이트 보디에 도장작업을 용이하게 하기위해 화학적 물질을 이용하여 실시하는 처리
② 전착도장 : 방청을 목적으로 하는 도장으로 차체를 전착용액에 완전히 담구어 인산아연 피막을 입히는 도장
③ 중부도장 : 평활성을 목적으로 하는 도장
④ 상부도장 : 외관을 미려하게 하기 위한 도장

115 **자동차 차체 패널의 변형 종류로 속하지 않는 것을 선택하시오.**

① 단순한 꺾임 ② 찌그러짐
③ 단순한 요철 ④ 균열 또는 파단

해설 차체 패널의 변형 중 균열 또는 파단은 유리부품의 경우에 해당

116 **자동차 상호간에 발생되는 충돌의 종류에 속하지 않는 것을 선택하시오.**

① 정면충돌 ② 추돌
③ 측면충돌 ④ 롤오버충돌

정답 113.① 114.② 115.④ 116.④

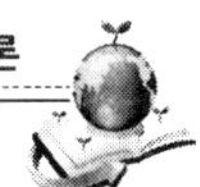

117 **사고와 손상의 진단에서 자동차에 발생한 직접손상 부위의 손상상태, 흔적, 범위, 손상된 방향등에 따라 분석할 수 있는 것으로 다음 중 적당한 것을 선택하시오.**

① 충돌속도　　② 충돌상대물
③ 충격위치　　④ 충돌 시 관성

118 **자동차 손상의 호칭 중 잘못된 것을 고르시오.**

① 사이드 스웝(side swap)　　② 리어앤드(rear end)손상
③ 프런트 스웰(front swell)　　④ 헤드 온(head on)손상

해설 프런트 스웰(front swell)은 충돌 손상 시 사용하는 용어가 아니다.

119 **자동차 손상에 대해 나타낸 것으로 틀린 것은?**

① 사고 시 1차 충격과 2차 충격의 힘은 서로반대로 작용한다.
② 직접손상은 충돌물체와의 직접접촉으로 발생하고, 간접손상은 직접손상부위의 비틀림 등의 변형에 의해 손상이 발생되는 것을 말한다.
③ 차체패널의 변형에 있어 힘을 가해 본래의 모습으로 돌아가는 것을 소성변형 이라하고, 돌아갈 수 없을 정도의 변형을 탄성변형이라 한다.
④ 패널변형의 종류로 단순꺾임, 찌부러짐, 보조개, 단순요철 등이 있다.

해설 본래의 모습으로 돌아갈 수 없는 것을 소성변형 이라하고, 돌아갈 수 있는 것을 탄성변형 이라 한다.

120 **자동차 도료에 관한 설명으로 틀린 것은?**

① 솔리드 컬러가 메탈릭 컬러보다 공정이 조금 복잡하고 재료도 더 들어 간다.
② 메탈릭 컬러에는 열경화성 아크릴수지를 주로 사용한다.
③ 솔리드 컬러에는 멜라민수지를 주로 사용한다.
④ 보수도장에는 아크릴래커나 아크릴우레탄을 사용하는 것이 보통이다.

해설 메탈릭 컬러가 솔리드 컬러보다 공정이 조금 복잡하고 재료도 더들어간다.

정답 117.② 118.③ 119.③ 120.①

121 **운전자를 포함하여 1.3톤인 승용차가 72 km/h로 달리다. 콘크리트 교각을 들이받고 0.4초 만에 멈췄다. 충격력은 얼마인가?**

① 520N　　② 37440N
③ 65000N　　④ 234000N

해설 v=72km/h=20m/sec,v'=0
충격력 F=ma=m(v'-v)/t =1300kg*(0-20m/sec)/0.4sec
=1300kg*50m/sec^2=65000kgm/sec^2=65000N

122 **견적서 기록에 사용되는 용어 중에서 어셈블리의 정의에 대한 설명으로 적당하지 않은 것은?**

① 뒤차축 어셈블리 : 뒤차축 하우징, 뒤액슬축, 차동기어어셈블리, 브레이크 배킹플레이트, 브레이크드럼 및 허브를 조립한 상태
② 앞차축 현가장치(위시본형식) : 현가스프링, 위·아래 컨트롤 암, 볼이음, 너클 암, 브레이크 장치 등을 조립한 상태
③ 추진축 어셈블리 : 추진축, 자재이음, 슬립이음, 요크 토션댐퍼를 둔 것에서는 이들 기구를 모두 포함하는 조립된 상태의 구성부품
④ 조향장치 기어박스 어셈블리 : 조향축, 조향기어박스, 조향컬럼, 플렉시블커플링, 조향축 부싱, 베어링 오일, 타이로드, 타이로드 엔드 등을 조립한 상태

123 **견적의 종류에 속하지 않는 것으로 적당 한 것은?**

① 일상적인 견적　　② 의례적인 견적
③ 경쟁상대가 있는 견적　　④ 경쟁상대가 없는 견적

124 **사고 차량의 견적서에 기재하는 내용으로 틀린 것은?**

① 소유자주소　　② 등록년월일
③ 배기량　　④ 사고지역

정답 **121.③　122.④　123.①　124.④**

CHAPTER 04

자동차의 기본 구조

01 자동차의 제원에 해당하지 않는 것은?

① 자동차 외관 치수
② 옵션 품목
③ 무게
④ 기계적인 구조 및 성능

해설 자동차 제원(Specification)이란 자동차에 관한 전반적인 치수, 무게, 기계적인 구조, 성능 등을 일정한 기준에 의거하여 수치로 나타낸 것을 말한다.

02 자동차의 최전단과 최후단을 기준면에 투영시켜 자동차의 중심선에 평행한 방향의 최대 거리로서 부속물을 포함한 최대 길이를 나타내는 것은?

① 전폭
② 전고
③ 전장
④ 축거

해설 **용어의 의미**

① **전폭** : 자동차의 전면 또는 후면을 투영시켜 자동차의 중심선에 직각인 방향의 최대 거리로서 부속물을 포함한 최대 너비이다.
② **전고** : 자동차의 전면과 후면 또는 측면을 투영시켜 자동차의 중심선에 수직인 방향의 최대 거리로서 접지면에서 가장 높은 부분까지의 높이다.
③ **전장** : 자동차의 최전단과 최후단을 기준면에 투영시켜 자동차의 중심선에 평행한 방향의 최대 거리로서 부속물을 포함한 최대 길이이다.
④ **축거** : 앞·뒤 차축의 중심에서 중심까지의 수평거리이다. 차축이 3개인 것은 앞차축과 중간축 사이를 제1축거, 중간축과 뒤차축 사이를 제2축거라 한다.

정답 01.② 02.③

03 앞 · 뒤 차축의 중심에서 중심까지의 수평거리를 나타내는 용어는?

① 전폭　　② 전고
③ 전장　　④ 축거

04 자동차의 전면과 후면 또는 측면을 투영시켜 자동차의 중심선에 수직인 방향의 최대 거리로서 접지면에서 가장 높은 부분까지의 높이를 나타내는 용어는?

① 전폭　　② 전고
③ 전장　　④ 축거

05 자동차의 전면 또는 후면을 투영시켜 자동차의 중심선에 직각인 방향의 최대 거리로서 부속물을 포함한 최대 너비를 나타내는 용어는?

① 전폭　　② 전고
③ 전장　　④ 축거

06 좌 · 우 타이어 접촉면의 중심에서 중심까지의 거리를 나타내는 용어는?

① 윤거　　② 중심 높이
③ 최저 지상고　　④ 하대 오프셋

해설 **용어의 의미**

① **윤거** : 좌 · 우 타이어 접촉면의 중심에서 중심까지의 거리이다. 복륜인 경우에는 복륜 간격의 중심에서 중심까지의 거리이다.
② **중심 높이** : 접지면에서 자동차의 중심까지의 높이이다. 최대 적재상태일 때는 이것을 명시한다.
③ **최저 지상고** : 자동차의 중심에 수직한 연직면에 투영된 자동차의 윤곽에서 대칭으로 된 좌우 구간 사이에 있는 가장 낮은 부분과 접지면과의 높이를 말한다.
④ **하대 오프셋** : 뒤차축의 중심(뒤차축이 2개일 때는 2차축의 중앙)과 하대 바닥면의 중심과의 수평거리이다.

정답 ▶ 03.④　04.②　05.①　06.①

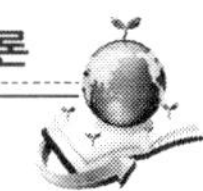

07 자동차의 중심에 수직한 연직면에 투영된 자동차의 윤곽에서 대칭으로 된 좌우 구간 사이에 있는 가장 낮은 부분과 접지면과의 높이를 나타내는 용어는?

① 윤거　　② 중심 높이
③ 최저 지상고　　④ 하대 오프셋

08 뒤차축의 중심(뒤차축이 2개일 때는 2차축의 중앙)과 하대 바닥면의 중심과의 수평 거리를 나타내는 용어는?

① 윤거　　② 중심 높이
③ 최저 지상고　　④ 하대 오프셋

09 맨 뒷바퀴의 중심을 지나는 수직면에서 자동차의 맨 뒷부분까지의 수평거리를 나타내는 용어는?

① 앞 오버행　　② 뒤 오버행
③ 최소 회전반경　　④ 자동차 중량

10 자동차가 최대 조향각으로 저속 회전할 때 가장 바깥쪽 바퀴의 접지면 중심이 그리는 원의 반지름을 나타내는 용어는?

① 앞 오버행　　② 뒤 오버행
③ 최소 회전반경　　④ 자동차 중량

11 공차상태의 자동차에 승무원과 승차 정원 또는 최대 적재량의 화물을 균등하게 적재한 상태의 중량을 나타내는 용어는?

① 배분 중량　　② 자동차 총중량
③ 섀시 중량　　④ 자동차 중량

정답 ▶ 07.③　08.④　09.②　10.③　11.②

12 **공차상태란 자동차에 사람이 승차하지 않고 물품을 적재하지 않은 상태로서 연료, 냉각수, 윤활유 등의 규정량을 넣고 예비 타이어를 설치하여 운행에 필요한 장비를 갖춘 상태이며, 이때 운전사, 예비 부분품, 공구, 기타 휴대품을 제외한 중량의 용어는?**

① 배분 중량　　② 자동차 총중량
③ 섀시 중량　　④ 자동차 중량

해설 **용어의 의미**
① **배분 중량**(distributed weight) : 최대 적재상태에서 자동차의 각 차축에 배분된 중량을 말한다.
② **자동차 총중량**(gross vehicle weight) : 최대 적재상태에 있는 자동차의 중량을 말한다. 최대 적재상태란 공차상태의 자동차에 승무원과 승차 정원 또는 최대 적재량의 화물을 균등하게 적재한 상태의 중량이다.
③ **섀시 중량**(chassis weight) : 공차상태의 섀시의 중량이다.
④ **자동차 중량** : 공차 상태의 자동차 무게를 말한다.

13 **최대 적재상태에서 접지부분의 단위 면적에 걸리는 무게를 나타내는 용어는?**

① 최대 접지압력　　② 자동차 총중량
③ 섀시 중량　　④ 자동차 중량

14 **흡입 매니폴드 집합 부분의 한 곳(스로틀 보디)에 연료를 분사하는 방식을 나타내는 용어는?**

① ABS　　② SPI
③ MPI　　④ SRS

15 **자동차에서 승객, 엔진, 화물을 위한 공간을 제공하는 일체로 완비된 유닛을 나타내는 용어는?**

① 토인　　② 토아웃
③ 캠버　　④ 보디

정답 **12.**④ **13.**① **14.**② **15.**④

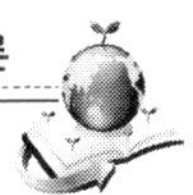

16 **엔진에 연료를 분사할 때 각 기통마다 인젝터라는 연료분사 밸브를 설치하여 흡기매니폴드에 따로 따로 연료를 분사하는 방식의 용어는?**

① ABS　　② SPI

③ MPI　　④ SRS

해설 **용어의 의미**

① **ABS**(antilock brake system) : 브레이크 페달을 밟았을 때 어느 한쪽의 타이어가 로크되지 않도록 조정하여 모든 바퀴가 동시에 제동되도록 하는 시스템이다.

② **SPI**(single point injection) : 흡입 매니폴드 집합 부분의 한 곳(스로틀 보디)에 연료를 분사하는 방식을 말한다.

③ **MPI**(multi point injection) : 각 기통마다 연료 분사밸브를 설치하여 흡기 포트에 따로따로 연료를 분사하는 방식을 말한다.

④ **SRS**(supplemental restraint system) : 시트벨트 보조 구속장치를 말한다. 시트 벨트와 겸용되는 에어백 시스템으로 스티어링 휠에 설치되어 있다.

17 **가솔린 엔진의 이상연소 및 이에 동반하여 발생하는 소리로서 가솔린 엔진의 경우 점화 플러그로부터 떨어진 부분이 열과 압력에 의해 자연 발화하여 연소실 전체의 가스가 순간적으로 연소하는 현상을 나타내는 용어는?**

① 토크　　② 노킹

③ 섀시　　④ 서스펜션

해설 **용어의 의미**

① **토크** : 어떤 것을 어떤 점 주위에 회전시키는 효과를 나타내는 양으로서 회전 모멘트, 비틀림 모멘트라고도 부른다.

② **노킹** : 엔진의 이상연소 및 이에 동반하여 발생하는 소리로서 가솔린 엔진의 경우 점화 플러그로부터 떨어진 부분이 열과 압력에 의해 자연 발화하여 연소실 전체의 가스가 순간적으로 연소하는 현상을 말한다.

③ **섀시** : 자동차에서 보디와 그 부속품을 제외한 부분으로 엔진, 동력전달장치, 서스펜션, 스티어링장치, 브레이크장치, 주행장치 등의 총칭을 말한다.

④ **서스펜션(현가장치)** : 차체와 차축을 연결하는 장치로서 노면에서의 충격을 흡수하는 스프링, 스프링의 작동을 흡수하는 쇽업소버, 바퀴의 작동을 제어하는 암이나 링크로 구성되어 있다.

정답 ▶ 16.③　17.②

18 **자동차에서 보디와 그 부속품을 제외한 부분으로 엔진, 동력전달장치, 서스펜션, 스티어링장치, 브레이크장치, 주행장치 등의 총칭을 나타내는 용어는?**

① 현가 장치 ② 제동 장치
③ 섀시 ④ 동력전달 장치

19 **배터리 전해액 점검 방법으로 잘못된 것은?**

① 매주마다 배터리 액량이 케이스에 표시된 최대선 이상에 있는지 확인한다.
② 배터리 터미널 및 윗부분은 항상 청결을 유지한다.
③ 배터리 액이 누출된 경우는 즉시 물로 닦는다.
④ 배터리 터미널 탈거 시 반드시 점화키를 빼거나 [OFF] 위치에 놓은 후 배터리 터미널을 탈거한다.

20 **자동차의 골격으로 여기에 차체, 엔진, 동력전달장치 서스펜션(현가장치) 등을 설치하는 부분의 명칭은?**

① 프레임 ② 보디
③ 보닛 ④ 어셈블리

해설 **용어의 의미**
① **프레임** : 자동차의 골격으로 여기에 차체, 엔진, 동력전달장치 서스펜션(현가장치) 등을 설치한다.
② **보디** : 자동차에서 승객, 엔진, 화물을 위한 공간을 제공하는 일체로 완비된 유닛을 말한다.
③ **보닛** : 자동차 앞 부분에 설치되어 있는 엔진 룸의 덮개를 말한다.
④ **어셈블리** : 여러 개의 부품을 조립하여 일체가 된 부품을 말한다.

21 **자동차 일상 점검 범위가 아닌 것은?**

① 엔진의 오일 량을 점검한다. ② 타이어 공기압을 점검한다.
③ 냉각수 량을 점검한다. ④ 브레이크 패드의 교환 여부를 점검한다.

정답 18.③ 19.① 20.① 21.④

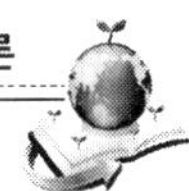

해설 **자동차의 일상점검 범위**

① 엔진의 오일 량을 점검한다. ② 냉각수 량을 점검한다.
③ 자동변속기의 오일 량을 점검한다. ④ 브레이크 오일 량을 점검한다.
⑤ 유리 세척수 량을 점검한다. ⑥ 배터리 전해액 량을 점검한다.
⑦ 디스크 브레이크 패드의 마모 상태를 점검한다.
⑧ 브레이크 페달의 유격을 점검한다. ⑨ 조향 핸들의 유격을 점검한다.
⑩ 각종 벨트의 장력을 점검한다. ⑪ 타이어의 공기압을 점검한다.
⑫ 타이어의 규격을 점검한다.

22 자동차의 후륜 구동 차량에 설치되어 있는 추진축의 기능과 역할이 아닌 것은?

① 축방향의 길이를 변화시키는 역할을 한다.
② 축 방향의 각도를 변화시키는 역할을 한다.
③ 변속기에서 종감속 장치에 동력이 전달될 때 회전 진동의 감쇠작용을 한다.
④ 차량의 주행 중 노면에서 발생되는 충격을 흡수하는 역할을 한다.

해설 자동차가 주행할 때 노면에서 받는 진동이나 충격을 흡수하여 승차감과 안전성을 향상시키는 장치를 현가장치라 한다.

23 브레이크 드럼 재질로 많이 사용되는 것은?

① 석면 ② 주철
③ 켈밋합금 ④ 구리

해설 석면은 브레이크 라이닝 재질로 주로 사용한다.

24 자동차의 차체(body)에 관련된 용어에 속하지 않는 것을 선택하시오.

① 공기저항계수 ② 어셈블리
③ 프레임 ④ 현가장치

해설 BODY에 관련된 용어 중 현가장치는 섀시에 관련된 용어

정답 22.④ 23.② 24.④

CHAPTER 05

중고자동차 성능상태점검

01 **자동차매매업자가 자동차를 매도 또는 매매의 알선을 하는 경우에 매매계약 체결 전에 그 자동차의 매수인에게 서면으로 고지하여야 할 내용이 아닌 것은?**

① 자동차 성능·상태점검자가 작성한 자동차 성능·상태점검 내용 (점검일로부터 120일 이내의 것)
② 자동차가격을 조사·산정한 내용 (매수인이 원하는 경우)
③ 자동차 검사기록부
④ 압류 및 저당권의 등록여부

02 **자동차 성능·상태점검자는 성능·상태점검 내용에 대하여 보증하여야 하는데 그 보증방법은?**

① 보험가입
② 보증금 적립
③ 보증인 계약
④ 공탁

03 **자동차관리법에 따라 중고자동차의 성능·상태를 점검할 수 있는 자가 아닌 것은?**

① 성능·상태의 점검 및 보증을 목적으로 국토교통부장관의 허가를 받아 설립된 단체
② 자동차 종합 정비업자
③ 부분 자동차 정비업장
④ 자동차 매매사업자

정답 ▶ **01.**③ **02.**① **03.**④

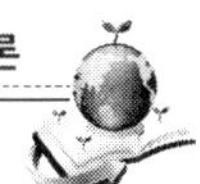

04 자동차 성능·상태 점검자가 매수인에게 지는 책임으로 올바른 것은?

① 자동차인도일로부터 30일 이상 또는 주행거리 2천킬로미터 이상을 보증
② 자동차인도일로부터 30일 이상 또는 주행거리 1천킬로미터 이상을 보증
③ 자동차인도일로부터 20일 이상 또는 주행거리 2천킬로미터 이상을 보증
④ 자동차인도일로부터 20일 이상 또는 주행거리 1천킬로미터 이상을 보증

05 자동차 성능·상태 점검자가 성능·상태점검을 하고자 하는 경우에는 신고를 하여야 하는 대상으로 맞지 않는 것은?

① 시장
② 군수
③ 구청장
④ 도지사

06 자동차 성능·상태 점검자의 자격기준에 해당하는 사람은?

① 국가기술자격법에 따른 자동차 정비 또는 자동차 검사에 관한 산업기사 이상의 자격이 있는 사람
② 국가기술자격법에 따른 자동차 정비 또는 자동차 검사에 관한 기능사 이상의 자격이 있는 사람
③ 국가기술자격법에 따른 자동차 정비 또는 자동차 검사에 관한 기능사 이상의 자격을 취득한 후 1년 이상 종사한 경력이 있는 사람
④ 국가기술자격법에 따른 자동차 정비 또는 자동차 검사에 관한 기능사 이상의 자격을 취득한 후 2년 이상 종사한 경력이 있는 사람

07 자동차 성능·상태 점검자의 시설·장비 기준에 해당하지 않는 것은?

① 핏트 또는 리프트
② 멀리테스터
③ 배기가스 측정기
④ 소음측정기

정답 04.① 05.④ 06.① 07.④

08 다음 자동차 그림에서 부위와 명칭이 일치하지 않는 것은?

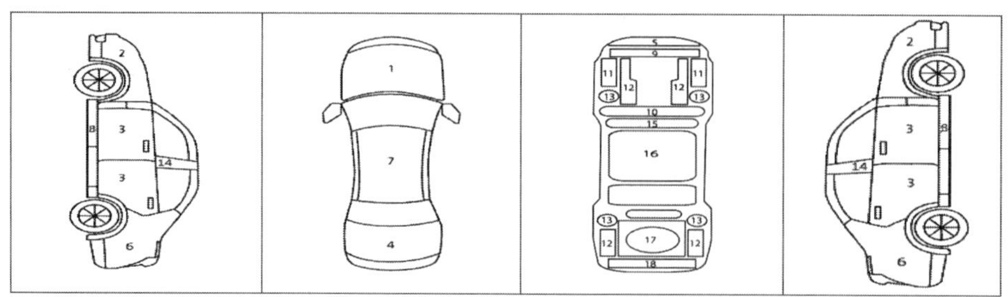

① 1 - 후드　　② 2 - 프론트펜더
③ 12 - 사이드멤버　　④ 13 - 대쉬패널

09 다음 자동차 그림에서 외판 부위에 포함되지 않는 것은?

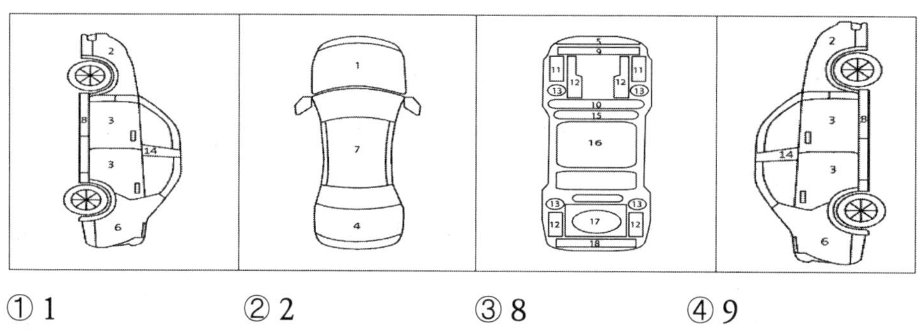

① 1　　② 2　　③ 8　　④ 9

10 다음 자동차 그림에서 주요골격에 포함되지 않는 것은?

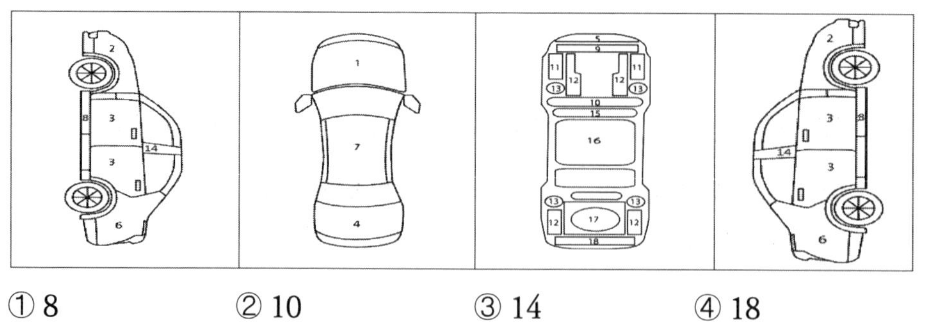

① 8　　② 10　　③ 14　　④ 18

정답 08.④　09.④　10.①

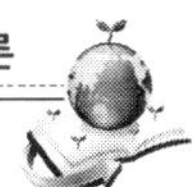

11 다음 중 원동기의 부품에 해당하지 않는 것은?

① 커먼레일 ② 개스킷
③ 워터펌프 ④ 배력장치

12 다음 중 동력전달장치의 부품에 해당하지 않는 것은?

① 클러치 ② 등속조인트
③ 타이로드 ④ 디퍼렌셜기어

13 다음 중 외판부위에 해당하지 않는 것은?

① 프론트패널 ② 후드
③ 루프패널 ④ 쿼터패널

14 다음 중 주요골격에 해당하지 않는 것은?

① 대쉬패널 ② 사이드실패널
③ 크로스멤버 ④ 힐하우스

15 중고자동차 성능점검기록부 중에서 구조변경 여부 점검사항에 속하는 것은?

① 타이어 ② 에어컨
③ 등화장치 ④ 오디오장치

해설 구조변경 여부에 속하지 않는 것에는 타이어, 에어컨, 유리창, 오디오장치이다.

16 중고자동차 성능기록점검부의 점검사항 중에서 구조 변경 여부 점검사항이 아닌 것은?

① 제동장치 ② 동력전달장치
③ 타이어 ④ 공조장치

해설 중고자동차 성능기록점검부의 점검사항 중에서 구조변경 여부 점검사항에는 원동기장치, 제동장치, 조향장치, 등화장치, 동력전달장치, 변속장치, 전기장치, 공조장치 등이 속한다.

정답 11.④ 12.③ 13.① 14.② 15.③ 16.③

17 **중고 자동차 성능 점검에 대한 설명으로 맞는 것은?**

① 제동장치 - 브레이크의 제동력을 동력계로 측정한다.
② 조향장치 - 조향륜의 옆미끄럼량을 사이드슬립 측정기로 측정한다.
③ 등화장치 - 전조등 주광축의 진폭 및 광도를 조도시험기로 측정한다.
④ 변속장치 - 속도계를 주행시험기로 측정한다.

18 **보증기간은 (A), 거리는 (B)이어야 하며, 그 중 먼저 도래한 것을 적용합니다. A, B에 적당한 것을 선택하시오.**

자동차 인도일로부터 보증기간은 (　)일, 보증거리는 (　)km로 합니다. 보증기간(　), 거리는 (　)이어야 하며, 그 중 먼저 도래한 것을 적용합니다.

① 20일 이내, 2000km 이내　　② 20일 이상, 2000km 이상
③ 30일 이내, 2000km 이내　　④ 30일 이상, 2000km 이상

19 **다음 중 (　)알맞은 것을 선택하시오?**

중고자동차의 구조·장치 등의 성능·상태를 허위로 점검하거나 기록한자는 자동차 관리법 제80조 제7 호 규정에 의하여 (　)의 징역 또는 (　) 벌금에 처합니다.

① 2년 이하, 2,000만원 이하　　② 2년 이하, 2000만원 이상
③ 2년 이상, 2,000만원 이하　　④ 2년 이상, 2,000만원 이상

20 **성능·상태 점검자 및 성능·상태 고지자는 아래의 보증기간과 보증거리 이내에 성능·상태 점검기록부에 기재된 내용과 자동차의 실제 성능·상태가 상이한 경우 계약 또는 관계법령에 따라(　)에 대하여 책임을 집니다. (　)안에 적당한 것은?**

① 매도인　　② 매수인
③ 진단평가사　　④ 중고차매매사업자

정답 17.② 18.④ 19.① 20.②

02
자동차성능공학

※ 자동차진단평가사 1급에 해당되는 내용입니다.
2급 수험자는 해당 없는 출제과목입니다.

CHAPTER 01 자동차 관리법

01 자동차의 유형별 세부기준 중 화물자동차가 아닌 것은?

① 일반형 ② 다목적형

③ 밴형 ④ 특수용도형

해설 화물자동차의 유형은 일반형, 덤프형, 밴형, 특수용도형으로 분류한다.

02 자동차 소유자는 국토교통부장관이 실시하는 자동차 검사를 받아야 하는데 검사의 종류가 아닌 것은?

① 예비검사 ② 정기검사

③ 튜닝검사 ④ 임시검사

해설 **자동차 검사의 종류**(자동차 관리법 제 43조 1항 참조)

① **신규 검사** : 신규 등록을 하려는 경우 실시하는 검사
② **정기 검사** : 신규 등록 후 일정 기간마다 정기적으로 실시하는 검사
③ **튜닝 검사** : 자동차를 튜닝한 경우에 실시하는 검사
④ **임시 검사** : 법 또는 이 법에 따른 명령이나 자동차 소유자의 신청을 받아 비정기적으로 실시하는 검사

정답 **01.②** **02.①**

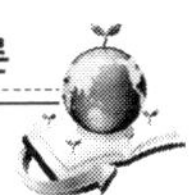

03 **최초 등록일이 1993년 12월 24일인 승용자동차가 정기검사 유효기간 만료일이 2003년 12월 23일이고 검사일이 2003년 12월 26일 때 승용자동차의 유효기간 여부가 맞는 것은?**

① 만료일 다음날부터 36개월
② 만료일 다음날부터 24개월
③ 만료일 다음날부터 12개월
④ 만료일 다음날부터 6개월

해설 검사 유효기간은 신규 등록을 하는 자동차의 경우에는 신규 등록일부터 기산하고, 정기검사를 받는 자동차의 경우에는 정기검사를 받은 날의 다음날부터 기산한다. 정기검사 유효기간은 비사업용 승용자동차 및 피견인자동차 2년(신조차는 최초 검사유효기간은 4년), 사업용 승용자동차는 1년(신조차는 최초 검사유효기간은 2년)이다. 이 문제에서 최초 등록일로부터 정기검사 유효기간이 4년이므로 비사업용 승용자동차이다.

04 **자동차의 튜닝에 관한 내용 중 맞는 옳은 것은?**

① 첨부서류와 함께 튜닝승인신청서를 시・도지사에게 제출하여야 한다.
② 튜닝 승인을 받은 날로부터 45일 이내에 구조변경검사를 받아야 한다.
③ 시・도지사는 튜닝승인기준에 적합하다고 인정되는 경우에는 튜닝승인서를 교부하여야 한다.
④ 튜닝을 완료한 자동차 정비업자는 튜닝승인서를 자동차소유자에게 교부하여야 한다.

해설 ① 튜닝승인신청서에 다음 각호의 서류를 첨부하여 교통안전공단에 제출하여야 한다.
② 교통안전공단은 신청을 받은 때에는 튜닝내용이 튜닝승인기준에 적합하다고 인정되는 경우에는 튜닝승인서를 발급하여야 한다.
③ 자동차의 튜닝승인을 받은 자는 자동차정비업자 또는 자동차제작자등으로부터 튜닝과 그에 따른 정비(법 제34조제2항 전단에 따른 자동차제작자등의 경우에는 튜닝만 해당한다)를 받고 승인받은 날부터 45일 이내에 튜닝검사를 받아야 한다.
④ 튜닝을 완료한 자동차정비업자 또는 법 제34조제2항 전단에 따른 자동차제작자등은 지체없이 다음 각 호의 사항을 전산정보처리조직에 입력하여야 한다.
⑤ 튜닝을 완료한 자동차정비업자 또는 자동차제작자등은 자동차의 소유자가 튜닝 작업이 완료되었음을 증명하는 확인서를 요구하는 경우에는 튜닝 작업 확인서를 발급하여야 한다.

정답 **03.**② **04.**②

05 자동차 검사기준 및 방법에 관한 내용으로 맞는 것은?

① 자동차 검사항목 중 제원측정은 적차 상태에서 실시한다.
② 자동차 검사항목의 제원측정 이외에는 적차 상태에서 운전자 1명이 승차하여 시행한다.
③ 긴급자동차 등 부득이한 사유가 있는 경우에는 공차상태에서 검사를 시행한다.
④ 자동차 검사에서 자동차의 상태 등을 감안하여 관능·서류 등으로 식별 하는 것이 적합하다고 판단되는 법령상 지정된 항목의 경우에는 검사기기 또는 계측기에 의한 검사를 생략할 수 있다.

해설 자동차 검사 일반기준 및 방법

① 자동차의 검사항목 중 제원측정은 공차상태에서 시행하며, 그 외의 항목은 공차상태에서 운전자 1명이 승차하여 시행한다. 다만, 긴급자동차 등 부득이한 사유가 있는 경우에는 적차 상태에서 검사를 시행 할 수 있다.
② 자동차의 검사는 검사기준에서 정하는 검사방법에 따라 검사기기・계측기・관능 또는 서류 확인 등에 의하여 시행하여야 한다. 다만, 자동차의 상태 등을 감안하여 관능・서류 등으로 식별하는 것이 적합하다고 판단되는 다음의 경우에는 검사기기 또는 계측기에 의한 검사를 생략할 수 있다.

06 자동차의 구조변경 승인제한 대상이 아닌 것은?

① 자동차의 종류가 변경되는 구조 및 장치의 변경
② 자동차의 총중량이 증가되는 구조 및 장치의 변경
③ 변경전보다 성능 또는 안전도가 저하될 우려가 있는 경우
④ 승차정원 또는 최대적재량을 감소시켰던 자동차를 원상회복하는 경우

해설 구조변경 승인제한 대상

① 총중량이 증가되는 구조・장치의 변경
② 승차정원 또는 최대적재량의 증가를 가져오는 승차장치 또는 물품 적재장치의 변경
③ 자동차의 종류가 변경되는 구조 또는 장치의 변경
④ 변경전보다 성능 또는 안전도가 저하될 우려가 있는 경우의 변경

정답 ▶ 05.④ 06.④

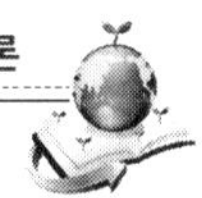

07 운행자동차의 차대 각자 및 검사결과에 대한 설명으로 맞는 것은?

① 운행자동차의 차대 각자 중 7번째 자리는 모델 년도 표기이며, 검사결과 7번째 자리가 W이었다면 W는 1990년식 자동차이다.

② 운행자동차의 차대 각자 중 8번째 자리는 원동기류별(배기량)이며, 검사결과 8번째 자리가 W이었다면 W는 2000cc 이상의 자동차이다.

③ 운행자동차의 차대 각자 중 10번째 자리는 모델 년도 표기 부호이며, 검사결과 10번째 자리가 W이었다면 W는 1998년식 자동차이다.

④ 운행자동차의 차대 각자 중 10번째 자리는 원동기류별(배기량)이며, 검사결과 10번째 자리가 W이었다면 W는 1500cc 이하의 자동차이다.

해설 차대 각자

- 1번째 : 제작 국가
- 2번째 : 제작사
- 3번째 : 자동차 종별
- 4번째 : 차종
- 5번째 : 차체 형상
- 6번째 : 트림 구분
- 7번째 : 안전벨트
- 8번째 : 원동기 형식
- 9번째 : 용도 구분
- 10번째 : 제작년도
- 11번째 제작공장
- 12~17번째 : 제작일련번호

08 자동차 등록 번호판의 차종 및 용도별 분류기호 중에서 승합자동차로 맞는 것은?

① 11 ~ 69　　② 70 ~ 79

③ 80 ~ 97　　④ 98, 99

해설 등록번호판의 용도별 분류

구분	분 류	기 호
차종별	승용자동차	11 ~ 69
	승합자동차	70 ~ 79
	화물자동차	80 ~ 97
	특수자동차	98, 99

09 일반사업용 자동차의 번호판에 표시되지 않는 것은?

① 관할관청　　② 자동차 용도

③ 자동차의 차종　　④ 자동차의 형식

정답 07.③　08.②　09.④

10 원동기 검사항목에 해당하지 않는 것은?

① 시동전동기　　② 팬 벨트
③ 발전기　　④ 베이퍼라이저

11 자동차 등록번호판의 용도 분류기호로 틀린 것은?

① 비사업용 : 고　　② 사업용 : 자
③ 대여사업용 : 허　　④ 국제기구용 : 협

해설 **자동차 등록번호판의 분류기호**

① **비사업용** : 가, 나, 다, 라, 마, 거, 너, 더, 러, 머, 버, 서, 어, 저, 고, 노, 도, 로, 모, 보, 소, 오, 조, 구, 누, 두, 루, 무, 부, 수, 우, 주
② **일반용(운수사업)** : 바, 사, 아, 자
③ **대여사업용(운수사업)** : 허
④ **국제기구용(외교용)** : 국기

12 조향장치의 검사기준 및 방법이 아닌 것은?

① 조향핸들에 힘을 가하지 아니한 상태에서 사이드슬립 측정기의 답판 위를 직진할 때 조향바퀴의 옆미끄럼량을 사이드슬립 측정기로 측정한다.
② 기어박스, 로드암, 파워실린더, 너클 등의 설치상태 및 누유 여부를 확인한다.
③ 조향계통의 변형, 느슨함 및 누유가 없어야 한다.
④ 조향륜 옆미끄럼량은 1 미터 주행에 5밀리미터 이상 이어야 한다.

해설 **조향장치의 검사기준 및 방법**

① 조향륜 옆미끄럼량은 1m 주행에 5mm 이내이어야 한다.
② 조향계통의 변형·느슨함 및 누유가 없어야 한다.
③ 동력조향 작동유의 유량이 적정하여야 한다.
④ 조향핸들에 힘을 가하지 아니한 상태에서 사이드슬립 측정기의 답판 위를 직진할 때 조향바퀴의 옆미끄럼량을 사이드슬립 측정기로 측정한다.
⑤ 기어박스·로드암·파워 실린더·너클 등의 설치상태 및 누유여부 확인한다.

정답 10.④　11.④　12.④

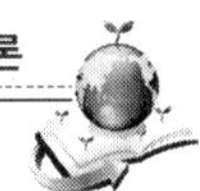

13 **자동차를 직진시켜 사이드슬립 시험기의 답판 위를 통과시켰을 때 조향 차륜의 옆 방향 미끄러짐이 주행 1m에 대하여 몇 mm를 초과해서는 안 되는가?**

① 2mm ② 3mm
③ 4mm ④ 5mm

14 **조향장치를 임의로 변경하여 정비명령을 받은 자동차가 임시검사를 실시한 결과 적합 판정되었을 때, 조치로 맞는 것은?**

① 신규검사 증명서의 교부
② 자동차 등록증에 검사유효기간 기재
③ 자동차 등록증에 구조변경사항 및 변경작업 정비업체 기재
④ 자동차 등록증에 검사 적합여부를 기재

15 **제동장치 검사기준 설명으로 틀린 것은?**

① 뒤축의 제동능력은 당해 축중의 20% 이상일 것.
② 동일 차축의 좌우차는 제동력의 차이는 당해 축중의 8% 이내일 것.
③ 주차 제동력의 합은 차량중량의 50% 이상일 것.
④ 제동력 복원상태는 3초 이내에 당해 축중의 20% 이하로 감소될 것.

해설 주차 제동력의 합은 차량중량의 20% 이상 이어야 한다.

16 **운행자동차의 제동시험기에 의한 제동력시험 시 측정하는 사항이 아닌 것은?**

① 제동능력 ② 좌우 차륜 제동력 차
③ 제동등 점등상태 ④ 제동력의 복원상태

정답 13.④ 14.④ 15.③ 16.③

17 **다음과 같은 제원의 자동차 브레이크 성능에 관하여 적합여부를 판정한 것 중 틀린 것은?**

- 차량중량 980kg(앞 540, 뒤 440)
- 승차 인원 2명, 최고속도 175km/h
- 제동력(kg) – 앞 좌바퀴 150
  앞 우바퀴 170, 뒤 좌바퀴 90
  뒤 우바퀴 130, 주차 210

① 제동능력 : 부적합　　② 앞바퀴 좌·우차 : 적합
③ 뒤바퀴 좌·우차 : 부적합　　④ 주차브레이크 : 적합

해설 **제동 성능**

① **제동능력** $\frac{150+170+90+130}{980}\times 100 = 55.1\%$

총합은 차량중량의 50% 이상이면 합격

② **앞바퀴 좌우 제동력 차이** $\frac{170-150}{540}\times 100 = 3.7\%$

차이는 당해 축중의 8% 이하이면 합격

③ **뒤바퀴 좌우 제동력 차이** $\frac{130-90}{440}\times 100 = 9.09\%$

차이가 당해 축중의 8% 이상이므로 불합격

④ **주차 브레이크 능력** $\frac{90+130}{440}\times 00 = 50\%$

당해 축중의 20% 이상이면 합격

18 **축중이 2800 kg인 자동차의 제동력이 우측 1110 kg, 좌측 850 kg이었다. 이 차의 좌, 우 바퀴의 제동력 차이는 축중의 몇 % 이며, 검사기준상 적합 여부 판정으로 맞는 것은?**

① 9.29% (적합)　　② 9.29% (부적합)
③ 7.28% (부적합)　　④ 7.28% (적합)

해설 좌우 제동력의 차이는 당해 축중의 8% 이내이므로 불합격이다.

제동력 차 $= \frac{1110-850}{2800}\times 100 = 9.29\%$

정답 **17.**① **18.**②

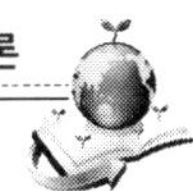

19 운행자동차의 연료장치 검사항목으로 해당되지 않는 것은?

① 작동상태
② 손상 및 변형상태
③ 내압상태
④ 연료누출 여부

해설 연료장치 검사방법
① 연료장치의 작동상태, 손상·변형 및 조속기 봉인상태 확인
② 가스를 연료로 사용하는 자동차는 가스누출감지기로 연료누출여부를 확인
③ 연료의 누출여부 확인(연료탱크의 주입구 및 가스배출구로의 자동차의 움직임에 의한 연료누출여부 포함)

20 승용차가 정기검사 중 축전지의 절연상태 불량으로 화재발생 우려가 있는 경우, 검사결과에 대한 처리로 맞는 것은?

① 전기장치의 결함으로 부적합 판정을 하고 부적합 통지서에 그 사유를 기재하여 교부한다.
② 전기장치에 대한 검사항목은 부적합 사항이 아니므로 합격판정하고 시정권고 통지서를 교부한다.
③ 원동기에 대한 검사항목이므로 시정권고 통지서를 교부한다.
④ 원동기에 대한 결함은 부적합 사항이 아니므로 자동차 등록증을 교부한다.

21 전기장치의 신규검사 및 정기검사 방법으로 틀린 것은?

① 축전지의 접속・절연상태를 확인한다.
② 전기배선의 손상여부를 확인한다.
③ 축전지의 설치상태를 확인한다.
④ 전기선의 허용 전류량을 측정한다.

해설 신규검사 및 정기검사 방법
① 축전지의 접속·절연 및 설치상태를 확인한다.
② 구동 축전지와 차실과의 격리상태를 확인한다.
③ 전기배선의 손상여부를 확인한다.
④ 고전원 전기장치간 전기배선 보호 기구를 설치상태를 확인한다.

정답 19.③ 20.① 21.④

22 자동차의 정기검사에서 전기장치의 검사기준으로 맞는 것은?

① 변형·느슨함 및 누유가 없을 것
② 축전지의 접속·절연 및 설치상태가 양호할 것
③ 전기배선의 손상이 크지 않고 설치상태가 적당할 것
④ 방향지시등, 제동등의 점등 시간이 양호할 것

23 자동차 전기장치의 검사기준으로 틀린 것은?

① 전기배선의 손상이 없을 것
② 발전기와 축전지는 멀리 있을 것
③ 축전지의 접속 및 절연상태가 양호할 것
④ 전기배선의 설치상태가 양호할 것

해설 전기장치의 검사기준

① 축전지의 접속·절연 및 설치상태가 양호할 것
② 자동차 구동 축전지는 차실과 벽 또는 보호판으로 격리되는 구조일 것
③ 전기 배선의 손상이 없고 설치상태가 양호할 것
④ 차실 내 및 차체 외부에 노출되는 고전원 전기장치간 전기배선은 금속 또는 플라스틱 재질의 보호기구를 설치할 것

24 자동차의 정기검사에서 전자장치의 검사기준으로 틀린 것은?

① 원동기의 전자제어 장치가 정상적으로 작동할 것
② 안전운전 보조장치인 순항제어장치가 정상적으로 작동할 것
③ 조향장치의 전자제어 장치가 정상적으로 작동할 것
④ 안전운전 보조장치인 구동력제어장치가 정상적으로 작동할 것

해설 전자장치의 검사기준

① 원동기 전자제어 장치가 정상적으로 작동할 것
② 바퀴잠김방지식 제동장치(ABS), 구동력제어장치(TCS), 전자식 차동제한장치 및 차체자세제어장치, 에어백, 순항제어장치 등 안전운전 보조장치가 정상적으로 작동할 것

정답 **22.②** **23.②** **24.③**

25 자동차 검사시 프레임(차대) 검사내용 중 틀린 것은?

① 규격　　② 변형
③ 부식　　④ 절손

해설 차체 및 차대의 부식·절손 등으로 차체 및 차대의 변형이 없을 것.

26 정기검사 시 차체 및 차대의 검사항목 중 적합판정을 하고 이의 시정을 권고할 수 있는 사항은?

① 차체 및 차대의 심한 부식　　② 측면 보호대의 손상
③ 최대적재량 표시 훼손　　④ 후부 안전판의 손상

해설 **차대 검사 부적합 판정의 항목**

① 차체 및 차대의 심한 변형　　② 차체 및 차대의 심한 부식
③ 차체 및 차대의 절손　　④ 후부 안전판의 손상
⑤ 후부 안전판의 훼손　　⑥ 측면 보호대의 손상
⑦ 측면 보호대의 훼손

27 자동차 신규검사 및 정기검사 시 승차장치 검사항목으로 틀린 것은?

① 머리지지대 설치 여부
② 전기배선 설치상태 및 손상여부
③ 승강구, 조명 및 통로의 설치상태 및 파손여부
④ 입석손잡이 설치상태 및 손상여부

해설 **승차장치 검사항목**

① 좌석 · 승강구 · 조명 · 통로 · 좌석안전띠 및 비상구 등의 설치상태와 비상탈출용 장비의 설치상태
② 승용자동차 및 경형 · 소형승합자동차의 앞좌석(중간좌석 제외)에 머리지지대의 설치여부
③ 입석이 허용된 자동차의 손잡이 설치상태
④ 일반시외, 시내, 마을, 농어촌버스의 하차 문 발판에 승객이 있는 경우 하차 문이 열리는지와 하차 문이 열린 상태에서 원동기 가속페달이 작동되지 않는지 여부

정답 25.① 26.③ 27.②

28 견인자동차와 피견인자동차의 연결장치 검사내용으로 해당되지 않는 것은?

① 누유 여부
② 커플러의 손상여부
③ 킹핀의 손상여부
④ 킹핀의 변형여부

해설 견인자동차와 피견인자동차의 연결장치의 검사방법은 커플러의 손상여부, 커플러의 변형여부, 킹핀의 손상여부, 킹핀의 변형여부를 확인한다.

29 자동차 배기가스 발산방지장치의 검사기준으로 맞지 않는 것은?

① 배기관의 손상이 없을 것
② 배기가스 농도는 안전기준에 적합할 것
③ 촉매장치의 변형이 없을 것
④ 배기소음을 저감하는 구조일 것

해설 **배기가스 발산방지장치 검사기준**
① 배기소음 및 배기가스농도는 안전기준에 적합할 것
② 배기관 · 소음기 · 촉매장치의 손상 · 변형 · 부식이 없을 것
③ 측정결과에 영향을 줄 수 있는 구조가 아닐 것

30 2001년 5월에 제작된 승용1 자동차의 정기검사 시 경음기의 경적소음 크기는 규정 위치에서 몇 dB(C) 범위에 있어야 하는가?

① 90~115dB(C)
② 90~112dB(C)
③ 90~120dB(C)
④ 90~110dB(C)

31 운행자동차의 속도계를 시험할 때 기준이 되는 것은?

① 측정차의 속도계 기준
② 시험기의 지시를 기준
③ 시험기와 측정차의 차이를 비교
④ 시험기와 측정차 중 아무 것이나 기준을 설정하여 시행

정답 28.① 29.④ 30.④ 31.①

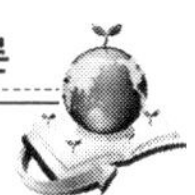

32 자동차 속도계가 40 km/h일 경우 검사 기준(km/h)으로 가장 적합한 것은?

① 30~40
② 36~46
③ 32~44.4
④ 33.8~43.4

해설 $\frac{40}{0.9} \sim \frac{40}{1.25} = 44.4 \sim 32\text{km/h}$

33 LPG 가스용기를 설치하여 연료장치 구조변경 검사를 시행하는 경우 가스배출구는 전기 개폐기로부터 얼마 이상 떨어져 있어야 하는가?

① 50cm
② 30cm
③ 20cm
④ 10cm

34 운행차 배출가스 정밀검사 유효기간에 대한 설명으로 틀린 것은?

① 최초 정밀검사일은 정밀검사대상 차령 이후 처음으로 도래하는 정기검사유효기간 만료일이다.
② 비사업용 승합자동차의 유효기간은 1년이다.
③ 정밀검사기간 내에 정밀검사를 신청하여 정밀검사에서 적합 판정을 받은 경우에는 종전 정밀검사유효기간 만료일 다음 날부터 기산한다.
④ 정밀검사기간 외에 정밀검사를 신청하여 정밀검사에서 적합판정을 받은 경우에는 당해 정밀검사를 받은 날부터 기산한다.

35 정밀검사를 받아야 하는 비사업용 승용자동차의 기준으로 맞는 것은?

① 차령 1년 경과된 자동차
② 차령 2년 경과된 자동차
③ 차령 3년 경과된 자동차
④ 차령 4년 경과된 자동차

정답 32.③ 33.③ 34.④ 35.④

36 **2001년 11월 제작되어 운행 중인 휘발유를 사용하는 승용자동차의 일산화탄소 측정결과 2.2% 일 경우 정기검사 결과 설명으로 옳은 것은?**

① 허용기준이 1.0% 이하이므로 부적합
② 허용기준이 1.2% 이하이므로 부적합
③ 허용기준이 2.5% 이하이므로 적합
④ 허용기준이 4.5% 이하이므로 적합

해설 2001년 1월 1일부터 2005년 12월 31일까지 제작된 승용자동차의 일산화탄소는 1.2% 이하, 탄화수소는 220ppm 이하이어야 한다.

37 **1990년도에 제작 등록된 휘발유 사용 승용자동차의 정기검사 배출가스 검사기준은? (단, 기화기식 연료 공급장치 및 촉매 미부착 자동차는 제외한다)**

① 일산화탄소 4.5% 이하, 탄화수소 1400 ppm 이하, 공기과잉률 0.9~1.1%
② 일산화탄소 1.2% 이하, 탄화수소 220 ppm 이하, 공기과잉률 0.9~1.1%
③ 일산화탄소 1.2% 이하, 탄화수소 1400 ppm 이하, 공기과잉률 1.0~1.2%
④ 일산화탄소 4.5% 이하, 탄화수소 220 ppm 이하, 공기과잉률 1.0~1.2%

해설 1988년 1월 1일부터 2000년 12월 31일까지 제작된 승용자동차의 일산화탄소는 1.2% 이하, 탄화수소는 220ppm 이하, 공기과잉률은 1±0.1%이어야 한다.

38 **배출가스 정밀검사에서 경유 자동차 매연 측정기의 매연 분석 방법은?**

① 광반사식
② 여지반사식
③ 전유량방식 광투과식
④ 부분유량 채취방식 광투과식

정답 36.② 37.② 38.④

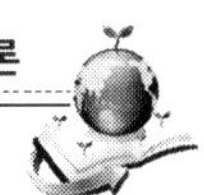

39 1999년 1월 5일이 최초등록일인 갤로퍼 승합자동차의 정기검사 매연측정 결과 아래 표와 같은 매연수치가 검출되었다면 검사결과 및 판정이 바른 것은?(단, 엔진은 터보차저를 부착한 자동차이다.)

[매연측정값]
- 1회 : 24%,
- 2회 : 36%,
- 3회 : 39%
- 4회 : 44%,
- 5회 : 38%

① 40%, 부적합
② 42%, 부적합
③ 24%, 적합
④ 37%, 적합

해설 ① 3회 측정한 매연농도의 최대치와 최소치의 차이가 5%를 초과하는 경우에는 2회를 다시 측정하여 총 5회중 최대치와 최소치를 제외한 나머지 3회의 측정치를 산술 평균한다.
② 1998년 이후에 제작된 자동차 중 과급기(Turbo charger)나 중간냉각기(Intercooler)를 부착한 경유사용 자동차의 매연 항목에 대한 배출허용기준은 5%를 더한 농도를 적용한다.

$$\text{매연도} = \frac{36+39+38}{3} + 5 = 42\%$$

40 배출가스 정기검사에서 2000년도 제작된 과급기 부착 시내버스의 매연을 측정한 결과 각각 22%, 25%, 30%, 31%, 40%로 측정되었다. 최종 측정치 및 허용기준은 몇 %로 하여야 하는가?

① 측정치 : 28, 허용기준 : 30
② 측정치 : 29, 허용기준 : 30
③ 측정치 : 33, 허용기준 : 35
④ 측정치 : 34, 허용기준 : 40

해설 3회 연속 측정한 매연농도를 산술평균하여 소수점 이하를 버린 값을 최종측정치로 한다. 다만, 3회 측정한 매연농도의 최대치와 최소치의 차가 5%를 초과하면 2회 다시 측정하여 총 5회 중 최대치와 최소치를 제외한 나머지 3회의 측정치를 산술평균한다. 1993년 이후에 제작된 자동차 중 과급기(Turbo charger)나 중간냉각기(Intercooler)를 부착한 경유사용 자동차의 배출허용기준은 무부하급가속 검사방법의 매연 항목에 대한 배출허용기준에 5%를 더한 농도를 적용한다.

① $\text{매연 농도} = \frac{25+30+31}{3} = 28.66$

② 허용기준은 25% + 과급기 부착 5% = 30%

정답 39.② 40.①

41 **운행차 배출가스 정기검사의 휘발유 자동차 배출가스 측정방법에 관한 설명으로 틀린 것은?**

① 일산화탄소는 소수점 첫째자리에서 절사하여 10ppm 단위로 측정한다.
② 일산화탄소는 소수점 둘째자리에서 절사하여 0.1% 단위로 측정한다.
③ 배출가스 측정기 시료 채취관을 배기관 내에 30cm 이상 삽입하여야 한다.
④ 공기과잉률은 소수점 둘째자리에서 0.01 단위로 측정한다.

해설 **운행차 배출가스 정기검사 방법(휘발유)**
① 측정대상자동차의 상태가 정상으로 확인 되면 정지가동상태(원동기가 가동되어 공회전되어 있으며 가속페달을 밟지 않은 상태)에서 시료 채취관을 배기관 내에 30㎝이상 삽입한다.
② 측정기 지시가 안정된 후 일산화탄소는 소수점 둘째자리에서 절사하여 0.1% 단위로 측정한다.
③ 탄화수소는 소수점 첫째자리에서 절사하여 1ppm단위로 측정한다.
④ 공기 과잉률(λ)은 소숫점 둘째자리에서 0.01단위로 최종 측정치를 읽는다. 단, 측정치가 불안정할 경우에는 5초간의 평균치로 읽는다.

42 **운행차 정기검사의 배출가스 측정방법에서 공기과잉률(λ) 측정치가 불안정할 경우에 적용방법은?**

① 3초간의 평균치로 읽는다.
② 5초간의 평균치로 읽는다.
③ 3초건의 최대치로 읽는다.
④ 5초간의 최대치로 읽는다.

해설 공기 과잉률(λ)은 소수점 둘째자리에서 0.01단위로 최종 측정치를 읽는다. 단 측정치가 불안정할 경우에는 5초간의 평균치로 읽는다.

43 **정지가동상태의 매연측정을 위하여 급가속시 가속페달을 밟을 때부터 놓을 때까지의 소요 시간은?**

① 1 s 이내
② 2 s 이내
③ 3 s 이내
④ 4 s 이내

정답 41.① 42.② 43.④

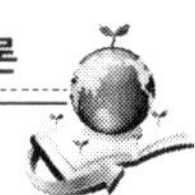

44 중량자동차의 경우 원동기 회전속도계를 사용하지 아니하고 배기소음을 측정할 때 최종측정치 산출방법은?

① 측정치에서 3dB을 빼서 최종측정치로 한다.
② 측정치에서 5dB을 빼서 최종측정치로 한다.
③ 측정치에서 7dB을 빼서 최종측정치로 한다.
④ 측정치에서 8dB을 빼서 최종측정치로 한다.

해설 원동기 회전속도계를 사용하지 아니하고 배기소음을 측정할 때에는 정지가동상태에서 원동기 최고회전속도로 배기소음을 측정하고, 이 경우 측정치의 보정은 중량자동차의 5㏈, 중량자동차외의 자동차는 7㏈을 측정치에서 빼서 최종측정치로 한다. 또한 승용자동차중 원동기가 차체 중간 또는 후면에 장착된 자동차는 배기소음측정치에서 8㏈을 빼서 최종측정치로 한다.

45 운행차 배출가스 정기검사에서 경유사용 자동차의 매연을 측정하고자 한다. 원동기를 급가속하여 최고회전속도에 도달 후 몇 초간 공회전시키는가?

① 2초　② 3초
③ 4초　④ 5초

해설 측정대상자동차의 원동기를 중립인 상태(정지가동상태)에서 급가속하여 최고 회전속도 도달 후 2초간 공회전시키고 정지가동(Idle) 상태로 5~-6초간 둔다. 이와 같은 과정을 3회 반복 실시한다.

46 소음 측정시 측정치의 산출 방법을 설명한 것으로 틀린 것은?

① 자동차로 인한 소음의 크기는 소음측정기 지시치의 최대치를 측정치로 한다.
② 암소음의 크기는 소음측정기 지시치의 평균치로 한다.
③ 소음크기의 측정은 2회 이상 실시하여야 하며, 각 측정치의 차이가 5dB을 초과할 때에는 각각의 측정치를 무효로 한다.
④ 암소음 크기의 측정은 측정실시의 직전 또는 직후에 연속하여 10초 동안 실시한다.

해설 소음측정은 자동기록장치를 사용하는 것을 원칙으로 하고 배기 소음의 경우 2회 이상 실시하여 측정치의 차이가 2dB을 초과하는 경우에는 측정치를 무효로 하고 다시 측정함.

정답 44.② 45.① 46.③

47 **운행차 정기검사에서 측정된 배기소음이 78dB(A)이고 암소음이 72dB(A)인 경우 보정 후 소음은?**

① 74dB(A) ② 75dB(A)
③ 76dB(A) ④ 77dB(A)

해설 자동차 소음과 암소음의 측정치의 차이가 3dB 이상 10dB 미만인 경우에는 자동차로 인한 소음의 측정치로부터 아래의 보정치를 뺀 값을 최종 측정치로 하고 차이가 3dB 미만일 때에는 측정치를 무효로 함.

자동차 소음과 암소음의 측정치 차이	3	4~5	6~9
보정치	3	2	1

78 dB - 1 = 77 dB

48 **암소음이 84 dB을 나타내는 장소에서 경음기의 음량을 측정한 결과 측정 대상음과 암소음의 차가 1 dB 이 되었다. 측정 음은?**

① 80 dB ② 83 dB
③ 측정치 무효 ④ 85 dB

해설 자동차 소음과 암소음의 측정값 차이가 3dB 미만일 때는 측정값을 무효로 한다.

49 **자동차 검사용 제동시험기의 형식 구분으로 적당하지 않은 것은?**

① 단순형 ② 수동형
③ 판정형 ④ 차륜구동형

해설 **제동 시험기 형식의 종류**

① **단순형 제동시험기** : 시험기의 롤러위에 자동차의 바퀴를 올려놓고 롤러를 구동시킨 상태에서 자동차바퀴를 제동할 때에 발생하는 회전력의 반력을 검출하여 제동력을 측정하는 제동시험기(이하 "롤러 구동형 제동시험기"라 한다)중 각 바퀴의 제동력만을 측정하는 형식
② **판정형 제동시험기** : 롤러 구동형 제동시험기중 각 바퀴의 제동력을 측정하여 합계 및 차이를 지시하거나 자동차의 축중 또는 차량중량에 대한 제동력의 비율로 지시하여 제동능력의 적합여부를 판정하는 형식
③ **차륜 구동형 제동시험기** : 시험기의 롤러위에 자동차의 바퀴를 올려놓고 바퀴의 구동에 의하여 롤러를 회전시켜 일정속도에서 제동할 때의 롤러의 감속도를 검출하여 각 바퀴의 제동력을 측정하거나 적합여부를 판정하는 형식

정답 **47.**④ **48.**③ **49.**②

50 1996년 1월에 제작된 디젤 소형 화물자동차의 배기음은 얼마 이하이어야 하는가?

① 105dB 이하
② 95dB 이하
③ 100dB 이하
④ 115dB 이하

51 사이드슬립 측정기에서 제동시험기와 속도계시험기를 복합하여 자동차의 옆미끄럼량을 측정하여 지시 및 판정하는 형식은?

① 답판 연동형
② 단일 답판형
③ 단순형
④ 자동형

해설 **사이드슬립 측정기의 종류**

① **답판 연동형** : 자동차의 조향바퀴를 연동하는 양쪽 답판위에 통과시켜 주행에 의하여 발생되는 옆미끄럼량을 측정하는 형식
② **단일 답판형** : 자동차의 한쪽 조향바퀴만을 답판위에 통과시켜 주행에 의하여 발생되는 옆미끄럼량을 측정하는 형식
③ **단순형** : 자동차의 옆미끄럼량을 측정하여 지시 또는 지시 및 판정하는 형식
④ **자동형** : 제동시험기 및 속도계시험기와 복합하여 자동차의 옆미끄럼량을 측정하여 지시 및 판정하는 형식

52 속도계 시험기 형식의 구분 중 자동차의 주행속도를 측정하여 지시 또는 지시 및 판정하는 형식은?

① 차륜 구동형(표준형)
② 롤러 구동형(자력식)
③ 단순형
④ 반자동형

해설 **속도계 시험기 형식의 구분**

① 차륜 구동형(표준형) : 자동차바퀴의 구동에 의하여 롤러를 회전시켜 측정하는 형식
② 롤러 구동형(자력식) : 시험기롤러의 구동에 의하여 자동차의 바퀴를 회전시켜 측정하는 형식
③ 단순형 : 자동차의 주행속도를 측정하여 지시 또는 지시 및 판정하는 형식
④ 자동형 : 제동시험기 및 사이드슬립측정기와 복합하여 자동차의 주행속도를 측정하여 지시 및 판정하는 형식

정답 50.③ 51.④ 52.③

53 **자동차의 한쪽 조향 바퀴만을 답판 위에 통과시켜 주행에 의하여 발생되는 옆 미끄럼량을 측정하는 사이드슬립 측정기의 형식은?**

① 답판 연동형　　② 단일 답판형
③ 단순형　　④ 자동형

54 **자동차관리법상 자동차관리사업에 포함되지 않는 것은 ?**

① 자동차 성능·상태점검업　　② 자동차 매매업
③ 자동차 정비업　　④ 자동차 해체재활용업

55 **자동차관리법상 승합자동차에 관한 설명 중 틀린 것은 ?**

① 11인 이상을 운송하기에 적합하게 제작된 자동차를 말한다.
② 내부의 특수한 설비로 인하여 승차인원이 10인 이하이더라도 승합자동차로 본다.
③ 캠핑용 자동차 또는 캠핑용 트레일러는 승합자동차로 본다.
④ 경형자동차로서 승차인원이 10인 이하인 전방조종자동차는 승합자동차로 보지 않는다.

56 **자동차관리법에 의한 승용자동차 중 배기량이 1600cc 미만이고, 길이 4.7m, 너비 1.7m, 높이 2.0m 이하인 것은 무슨 형이라 하는가?**

① 경형　　② 소형
③ 중형　　④ 대형

57 **자동차관리법에 의한 화물자동차 중 최대적재량이 1톤 초과 5톤 미만이거나 총중량이 3.5톤 초과 10톤 미만인 것을 무엇이라 하는가?**

① 경형　　② 소형
③ 중형　　④ 대형

정답 ▶ **53.**② **54.**① **55.**④ **56.**② **57.**③

58 **자동차는 구조 및 장치가 안전운행에 필요한 성능과 기준에 적합하지 않으면 운행하지 못하도록 규정하고 있는데, 이 기준을 무엇이라 하는가?**

① 검사기준 ② 안전기준
③ 성능기준 ④ 구조기준

59 **시장·군수·구청장이 다음의 어느 하나에 해당할 경우에는 점검·정비·검사 또는 원상복구를 명할 수 있다. 이에 해당하지 않는 것은?**

① 자동차 안전기준에 적합하지 아니한 자동차
② 승인을 받지 아니하고 튜닝한 자동차
③ 중대한 교통사고가 발생한 자동차
④ 정기검사 또는 종합검사를 받지 아니한 자동차

60 **점검·정비 또는 원상복구는 누가하는가?**

① 자동차정비업을 등록한 자 ② 자동차검사소
③ 자동차 점검업자 ④ 자동차 원상복구업자

61 **다음 중 튜닝 승인 기준에 합당한 경우는?**

① 총중량이 증가되는 튜닝
② 승차정원 또는 최대적재량의 증가를 가져오는 승차장치 또는 물품적재장치의 튜닝
③ 자동차의 종류가 변경되는 구조 또는 장치의 튜닝
④ 총중량의 범위 내에서 캠핑용 자동차로 튜닝하여 승차정원을 증가시키는 경우

정답 58.② 59.③ 60.① 61.④

62 **다음 중 튜닝승인을 할 수 있는 경우에 해당하는 것은?**

① 차실에 캠핑 또는 취사 장비를 설치한 자동차가 소화기·전기개폐기·조명장치·환기장치 및 오수집수장치 등을 갖추는 경우
② 자동차에 보조조향핸들을 설치하는 경우
③ 승합자동차 뒷좌석을 제거한 후 쇼파 등을 설치하는 경우
④ 차체가 늘어나거나 줄어드는 가변형으로 변경하는 경우

63 **자동차의 점검·정비 또는 검사에 사용하는 기계·기구를 사용하는 자가 받아야 하는 검사는 무엇인가?**

① 정기검사　② 종합검사
③ 정밀도검사　④ 수리검사

64 **정밀도검사를 받고자 하는 자는 검사신청서를 누구에게 제출하여야 하는가?**

① 시장　② 교통안전공단
③ 군수　④ 구청장

65 **다음은 이전등록에 관한 설명이다. 이 중 틀리게 설명한 것은?**

① 등록된 자동차를 양수받는 자는 이전등록을 신청하여야 한다.
② 자동차 매매업자는 자동차의 매도 또는 매매의 알선을 한 경우에는 산 사람을 갈음하여 이전등록을 신청하여야 한다.
③ 자동차를 양수한 자가 다시 제3자에게 양도하려는 경우에는 양도 전에 자기 명의로 이전등록을 하지 않아도 된다.
④ 자동차를 양수한 자가 이전등록을 신청하지 아니한 경우에는 그 양수인을 갈음하여 양도자가 신청을 할 수 있다.

정답 ▶ **62.**① **63.**③ **64.**② **65.**③

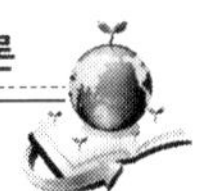

66 **자동차의 구조·장치 등의 성능상태를 거짓으로 점검한 자에 대한 처벌로 올바른 것은?**

① 2년 이하의 징역 또는 2천만원 이하의 벌금
② 1년 이하의 징역 또는 1천만원 이하의 벌금
③ 2년 이하의 징역 또는 1천만원 이하의 벌금
④ 1년 이하의 징역 또는 2천만원 이하의 벌금

67 **다음은 운행차 수시점검 및 정기검사의 배출허용기준에 관한 설명이다. 이 중 틀린 것은?**

① 적용 대상 자동차를 「휘발유·가스·알코올 사용 자동차」와 「경유 사용 자동차」로 구분하여 적용한다.
② 차종별로 적용하는데 이때 차종은 「경자동차」, 「승용자동차」와 「승합·화물·특수자동차」로 구분한다.
③ 휘발유·가스·알코올 사용 자동차의 경우에는 일산화탄소, 탄화수소, 공기과잉율을 각각 확인한다.
④ 경유 사용 자동차의 경우에는 매연, 공기과잉율을 각각 확인한다.

68 **다음은 운행차 정기검사 기준 및 방법에 관한 설명이다. 이 중 틀린 것은?**

① 원동기가 충분히 예열되어 있을 것
② 냉방장치 등 부속장치는 가동을 정지할 것
③ 변속기는 중립의 위치에 있을 것
④ 수냉식 기관의 경우 계기판 온도가 30°C 이상일 것

정답 ▶ 66.① 67.④ 68.④

CHAPTER 02

자동차의 제원 및 시험

01 **자동차의 길이 · 너비 및 높이의 측정 시 조건으로 잘못된 것은?**

① 공차상태에서 측정한다.

② 직진상태에서 수평면에 있는 상태에서 측정한다.

③ 차체 밖에 부착하는 후사경, 안테나, 밖으로 열리는 창, 긴급자동차의 경광등 및 환기장치 등의 바깥 돌출부분은 이를 제거하거나 닫은 상태에서 측정한다.

④ 적차상태에서 측정한다.

해설 **운행자동차의 제원 측정 조건**

① 자동차는 공차상태로 하고 직진상태로 수평한 수평면(이하 "기준면"이라 한다)에 놓여진 상태로 한다.

② 타이어의 공기압력은 보통의 주행에 필요한 표준 공기압(압력 범위가 있는 경우에는 그 중간 값, 표준 공기압이 없는 경우에는 제작자가 제시한 공기압력)으로 한다.

③ 자동차의 고정 탑재장치는 탑재된 상태로 하며, 접을 수 있는 장치(사다리, 크레인 등을 말한다)는 접은 상태로 한다.

④ 외개식의 창, 환기장치 등은 닫은 상태로 휨식 안테나, 후사경(브래킷을 포함한다) 등은 제거한 상태로 하며 포올 안테나는 최저의 상태로 한다.

⑤ 좌석의 위치가 전 · 후 또는 상 · 하로 이동할 수 있는 구조의 좌석은 각 좌석의 기준위치에 고정한 상태로 한다. 다만, 좌석을 기준위치에 고정할 수 없는 경우에는 상방 또는 전방으로 고정할 수 있는 가장 가까운 위치로 한다.

⑥ 좌석 등받이의 부착각도를 조정할 수 있는 구조의 경우에는 기준위치에 고정 상태로 한다.

⑦ 견인장치를 부착한 경우에는 드로우아이의 중심축이 연직인 상태에서 측정한다.

⑧ 측정단위는 mm로 한다.

⑨ 피견인 자동차의 경우 높이에 관계되는 항목의 측정은 제원표상의 명시된 형식의 연결 트랙터에 연결된 상태로 한다.

⑩ 분리하여 운반할 수 없는 물품을 운송하기 위하여 트레일러 차체의 길이 및 너비를 조절할 수 있거나 적재화물이 트레일러 차체 역할을 하는 가변차체 트레일러의 경우에는 차체의 길이 및 너비가 가장 짧은 공차상태에서 측정한다.

정답 **01.**④

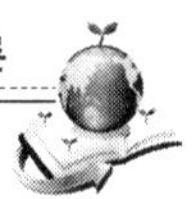

02 자동차의 가장 뒤의 차축중심에서 차체의 뒷부분 끝(범퍼 및 견인장치 등은 제외함)까지의 수평거리를 무엇이라 하는가?

① 옵셋 ② 뒤 오버행
③ 축거 ④ 윤중

03 다음 중 제원측정 항목에 해당하지 않는 것은?

① 조향 윤중 ② 최저 지상고
③ 축간거리 ④ 윤간거리

해설 제원 측정 항목

① 길이 ② 너비 ③ 높이 ④ 돌출부의 돌출거리
⑤ 차체 및 오버행 ⑥ 축간거리 ⑦ 윤간거리
⑧ 하대 옵셋 ⑨ 최저 지상고 ⑩ 상면 지상고
⑪ 물품 적재장치의 치수 ⑫ 객실 내측 치수 ⑬ 승강구
⑭ 비상구 ⑮ 통로의 유효너비 ⑯ 제1단 발판높이
⑰ 운전자 및 승객의 좌석 ⑱ 후사경의 돌출거리

04 그림과 같은 차량에서 차대 및 차체 오버행은 각각 몇 m인가?

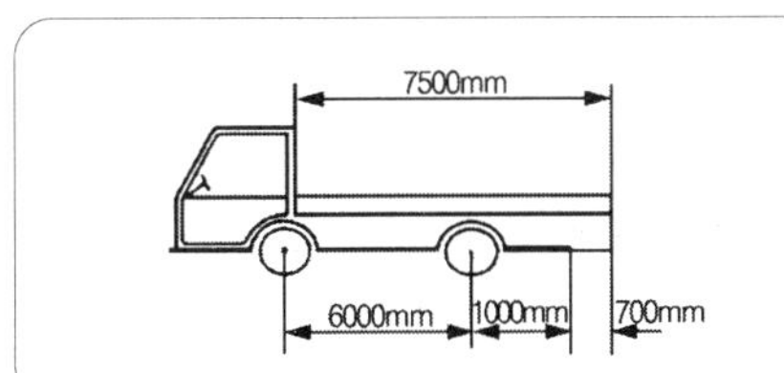

① 0.75, 0.87
② 1.0, 1.7
③ 1.51, 1.63
④ 0.6, 1.7

해설 ① **뒤 차대 오버행** : 제일 뒤차축의 중심에서 차대 후단까지의 거리(1000mm=1.0m)
② **뒤 차체 오버행** : 제일 뒤차축의 중심에서 차체 후단까지의 거리 (1000mm+700mm=1.7m)

정답 02.② 03.① 04.②

05 밴형 화물자동차에서 차체 오버행의 허용 한도로 적합한 것은?(단, L : 축간거리, C : 오버행)

① C/L ≦ 11/20
② C/L ≦ 2/3
③ C/L ≦ 1/2
④ C/L ≦ 3/5

06 공차 시 좌, 우 타이어 접지부 단면 중심 간의 수평거리를 무엇이라 하는가?

① 축거
② 윤거
③ 옵셋
④ 오버행

해설 ① **축거** : 전후 차축 중심간의 수평거리, 3축 이상의 자동차에 있어서는 앞쪽으로부터 제1, 제2 축간거리 등으로 분리하며, 무한궤도형의 자동차에 있어서는 무한궤도의 접지부 길이, 피견인자동차의 경우에는 연결부의 중심에서 뒤차축 중심까지의 수평거리.

② **윤거** : 좌우의 바퀴가 접하는 수평면에서 바퀴의 중심선과 직각인 바퀴 중심간의 거리, 복륜의 경우에는 복륜 중심간의 거리

③ **하대옵셋** : 하대 내측 길이의 중심에서 뒤차축 중심까지의 수평거리.

④ **차체의 오버행** : 제일 앞의 차축의 중심에서 차체 앞 끝까지와 제일 뒤차축의 중심에서 차체 뒤끝까지의 거리

⑤ **차대의 오버행** : 제일 앞의 차축의 중심에서 차대 앞 끝까지와 제일 뒤차축의 중심에서 차대 뒤끝까지의 거리

07 하대 옵셋의 설명으로 맞는 것은?

① 하대 내측 길이의 중심에서 후차축 중심까지의 차량 중심선 방향의 수평거리
② 축거의 중심에서 후차축 중심까지의 차량 중심선 방향의 수평거리
③ 차량 전체의 길이에서 하대 내측 길이의 중심까지의 수평거리
④ 하대 최전방 끝에서 앞바퀴 중심까지의 수평거리

해설 하대 옵셋은 하대 내측길이의 중심에서 후차축의 중심까지의 차량 중심선 방향의 수평거리를 측정한다. 다만, 탱크로리 등의 형상이 복잡한 경우에는 용적중심을, 견인자동차의 경우에는 연결부(오륜)의 중심을 하대 바닥면의 중심으로 한다.

정답 05.② 06.② 07.①

08 **공차시 적재함 중심에서 후차축 중심까지의 수평 거리를 무엇이라 하는가?**

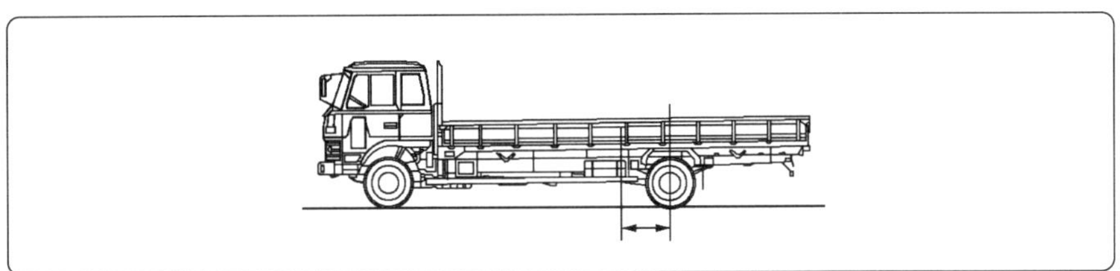

① 오버행　　② 윤간거리
③ 하대옵셋　　④ 축간거리

09 **콘크리트 믹서나 탱크로리와 같은 형상이 복잡한 자동차에 있어서 검사 시 적재함 중심은 어떻게 계산하는가?**

① 운전석 최후단에서 차체 최후단까지 거리를 1/2로 한다.
② 용적 중심을 적재함 중심으로 한다.
③ 탱크의 중심에 오버행을 합친 거리로 한다.
④ 차체 전장에서 오버행을 뺀 치수의 1/2로 한다.

해설 탱크로리 등의 형상이 복잡한 경우는 하대 옵셋(적재함 중심)은 용적중심으로 하며, 연결자동차의 경우에는 연결부(오륜)의 중심을 하대 바닥면의 중심으로 한다.

10 **덤프트럭의 하대 내측 길이가 9000 mm, 오버행 길이가 2300 mm인자동차의 하대 옵셋은?**

① 2000 mm　　② 2100 mm
③ 2200 mm　　④ 2400 mm

해설 하대 옵셋 $= \frac{\text{하대 내측 길이}}{2} - (\text{오버행 길이})$　하대옵셋 $= \frac{9000}{2} - 2300 = 2200mm$

정답 08.③　09.②　10.③

11 **자동차의 제원 측정시 최저지상고를 측정하는 방법으로 맞는 것은?**

① 기준면과 자동차 중앙부분 최하부와의 거리를 측정한다.
② 자동차 타이어 중심부에서 자동차 중앙부분의 최하부 돌출 부위와의 거리를 측정한다.
③ 자동차 앞 범퍼의 제일 하단에서 지면과의 거리를 측정한다.
④ 지면에서부터 자동차 하부의 가장 돌출이 큰 부분의 중심부까지 거리를 측정한다.

해설 최저 지상고는 기준면과 자동차 중앙부분의 최 하부와의 거리를 측정한다. 이 경우 중앙부분이란 차륜 내측 너비의 80%를 포함하는 너비로서 차량 중심선에 좌우가 대칭이 되는 너비를 말한다.

12 **다음은 제원측정 중 객실 내측 치수를 측정하는 방법 중 객실의 너비에 대한 설명으로 맞는 것은?**

① 승용자동차의 객실 너비는 객실 중앙 부분에서 좌석 등받이 뒷면까지의 거리를 측정한다.
② 승용자동차의 객실 너비는 객실 중앙 부분에서 차량중심 면에 직각인 방향의 최대거리를 측정한다.
③ 승합자동차는 창문의 최상단 위치를 기준으로 차량중심 면에 직각인 방향의 최대거리를 측정한다.
④ 승합자동차는 창문의 중앙 부분을 기준으로 차량 중심 면에 직각인 방향의 최대거리를 측정한다.

해설 승용자동차 및 밴형 화물자동차는 객실 중앙부분에서 차량 중심면에 직각인 방향의 최대 거리를, 승합자동차는 창문아래 지점을 기준으로 차량 중심면에 직각 방향의 최대 거리를 측정한다.

정답 **11.①** **12.②**

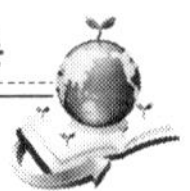

13 물품 적재장치의 치수 측정 방법으로 맞는 것은?

① 적재장치의 내측 길이는 일반형 화물자동차의 경우 차량중심선에 평행한 적재함 내부의 앞·뒤 끝면 사이의 최단거리이다.

② 적재장치의 내측 너비는 밴형 화물자동차의 경우 차량중심선에 직각인 좌우 내측 측면사이의 최단거리를 측정한다.

③ 적재장치의 내측 높이는 일반 화물자동차의 경우 바닥에서 적재함 천정까지의 최대 수직거리를 측정해야 한다.

④ 적재장치의 내측 높이를 측정할 때는 바닥이 파형의 굴곡으로 되어있을 때에는 굴곡 아래 부분을 기준으로 측정하여야 한다.

해설 **물품 적재장치의 치수**

① **적재장치의 내측 길이**

㉮ 일반형 화물자동차 : 차량중심선에 평행한 적재함 내부의 앞·뒤 끝면 사이의 최단거리이다.

㉯ 밴형 자동차 : 격벽 또는 보호 칸막이를 기준점으로 하여 적재함 뒷면과의 거리이다.

② **적재장치의 내측너비**

㉮ 일반형 화물자동차 : 차량중심선에 직각인 좌우 내측 측벽 사이의 최단거리이다.

㉯ 밴형 및 상자형 : 적재장치 내측 높이의 ½의 위치에서 차량중심선에 직각인 가장자리와 연결되는 내측 측면 벽간의 거리이다.

③ **적재장치의 내측높이**

㉮ 일반형 화물자동차 : 적재함 바닥면으로부터 측벽 상단(보조대를 설치한 경우 보조대 상단)까지의 최대 수직거리이다.

㉯ 밴형 또는 상자형 자동차 : 적재함 바닥면으로부터 적재함 천장까지의 최대 수직거리이다.

㉰ 적재함 바닥에 파형의 굴곡이 있는 경우 : 볼록 총면적이 오목 총면적보다 적을 경우에는 파형 굴곡 아래면에서 측정하고, 볼록 총면적이 오목 총면적보다 클 경우에는 파형 굴곡 윗면에서 측정한다.

정답 13.①

14 **물품적재장치의 내측높이 측정시 적재함 바닥에 파형 굴곡이 있는 경우 측정방법이 틀린 것은?**

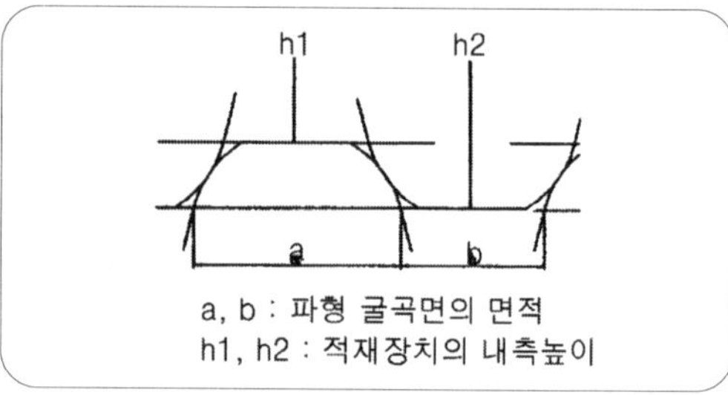

① 그림에서 a부의 총면적이 b부의 총면적보다 적을 때는 파형 굴곡 아래 면에서 측정한다.

② 그림에서 a부와 b부의 면적이 같을 때는 파형 굴곡 윗면에서 측정한다.

③ 그림에서 a부의 면적이 b부면의 면적보다 클 때에는 파형 굴곡 윗면에서 측정한다.

④ 그림에서 a부와 b부의 면적에 관계없이 중앙에서 측정한다.

해설 적재장치의 내측 높이 : 적재함 바닥에 파형의 굴곡이 있는 경우에는 그림에 있어 a부의 총면적이 b부의 총면적보다 적을 때는 파형 굴곡의 아래 면에서 측정하고, a와 b부의 면적이 같거나 a부의 면적이 b부의 면적보다 클 때는 파형 굴곡의 윗면에서 측정한다.

15 **승강구의 제원 측정방법에 대한 설명으로 맞는 것은?**

① 승강구의 높이는 승강구를 최대로 개방한 상태에서 발판 기준면에서 상단의 가장 높은 위치와의 최대 수직거리이다.

② 승강구의 높이는 승강구를 최대로 닫은 상태에서 문의 가장 아랫부분에서 최상단까지의 최대 수직거리이다.

③ 승강구의 너비는 승강구를 최대로 개방한 상태에서 승하차용 손잡이를 제외한 상태로 승강구 높이의 중간부분에서 최단 수평거리이다.

④ 승강구의 너비는 승강구 문을 닫은 상태에서 문의 중간부분에서 측정한 수평거리이다.

해설 **승강구 제원 측정방법**

① 승강구 높이 : 승강구를 최대로 개방한 상태에서 발판의 기준면에서 상단의 요철부분 등을 포함한 상단의 가장 낮은 부분과의 최대 수직거리를 측정한다.

② 승강구 너비 : 승강구를 최대로 개방한 상태에서 승하차용 손잡이를 제외한 상태로 승강구 높이의 중간부분에서 최단 수평거리를 측정한다.

정답 **14.**④ **15.**③

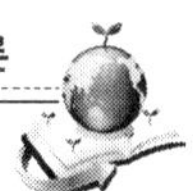

16 후사경의 돌출거리를 측정하는 방법의 설명으로 맞는 것은?

① 후사경의 최외측(A)과 차체 최외측(B) 사이의 거리를 줄자를 이용하여 측정한다.
② 후사경의 중심부에 추를 매달아 기준면과 수직인 점(A)과 차체 최외측에 추를 매달아 기준면과 수직인 점(B) 사이의 거리를 측정한다.
③ 후사경의 내측 끝단에 추를 매달아 기준면과 수직인 점(A)과 차체 최외측에 추를 매달아 기준면과 수직인 점(B) 사이의 거리를 측정한다.
④ 후사경의 최외측 끝단에 추를 매달아 기준면과 수직인 점(A)과 차체 최외측에 추를 매달아 기준면과 수직인 점(B) 사이의 거리를 측정한다.

해설 **후사경의 돌출거리 측정 방법**
① 후사경 최외측 끝단에 추를 매달아 기준면과 수직인 점에 측정지점 A를 정하고 자동차 차체 최외측에 추를 매달아 기준면과 수직인 점을 측정지점 B로 정한 후 차량 중심면에 수직인 선과 평행하게 A와 B를 통과하는 직선의 최대 거리를 측정한다.
② 피견인자동차의 너비가 견인자동차의 너비보다 넓은 경우 그 견인자동차의 후사경에 한하여는 피견인자동차의 가장 바깥쪽으로부터 돌출된 최대 거리를 측정한다.

17 자동차의 승차정원 측정조건으로 틀린 것은?

① 승차정원의 산출은 다음 산식에 의한다. 승차정원 = 좌석인원 + 입석인원 + 승무인원
② 연속좌석의 승차정원은 해당 좌석의 너비를 40cm로 나눈 정수 값으로 한다.(어린이의 경우 27cm)
③ 입석인원은 통로의 유효 폭 30cm와 좌석전방 25cm의 폭을 제외한 총 입석면적을 $0.14m^2$ 로 나눈 정수 값으로 한다.
④ 입석인원은 실내공간이 있는 모든 운행 자동차에 산정할 수 있다.

해설 입석이원은 자동차운수사업법에 의한 운수사업용 자동차와 국토교통부장관이 특별히 인정한 자동차에 한하여 산정할 수 있다.

정답 16.④ 17.④

18 **승차정원 25명인 버스에 어린이 1명과 보호자 1명(1쌍)씩이 함께 승차한다면 몇 쌍이 더 승차할 수 있는가?(단, 운전자와 안내원이 승차해 있음)**

① 13　② 14
③ 15　④ 23

해설 어린이 1명과 보호자 1명이 함께 승차할 때 어린이는 1.5인을 1명으로 규정하고 있으므로 $\frac{1}{1.5}=0.67$, 따라서 1 + 0.67 = 1.67명이 된다. 그리고 운전자와 안내원이 승차하고 있으므로 승차할 수 있는 정원은 23명이다. 따라서 승차인원$=\frac{23}{1.67}=13$명이다.

19 **그림과 같은 승합자동차에서 a, b, c, d 연속좌석 승차 인원의 합은?**

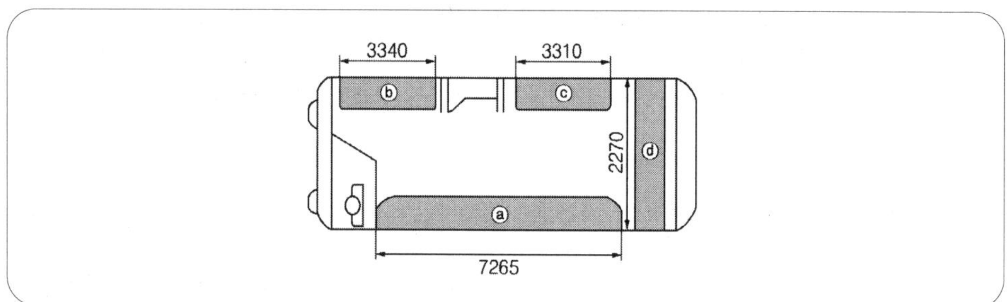

① 18명　② 29명
③ 39명　④ 45명

해설 연속좌석정원 $=\frac{\text{좌석너비(mm)}}{\text{400(mm)}}$

ⓐ의 승차 인원 : $\frac{7265}{400}=18$명　ⓑ의 승차 인원 : $\frac{3340}{400}=8$명

ⓒ의 승차 인원 : $\frac{3310}{400}=8$명　ⓓ의 승차 인원 : $\frac{2270}{400}=5$명

승차 인원 : 18+8+8+5=39명

정답 18.①　19.③

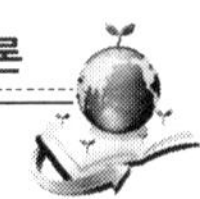

20 **좌석이 앞 방향으로 설치된 자동차에 좌석이 설치되지 않은 부분의 차실 안의 길이가 7200 mm, 너비가 1500 mm 이고 뒤 부분에 연속좌석이 설치되어 있는 경우 입석 정원은?**

① 55명 ② 59명

③ 70명 ④ 77명

해설 $\frac{\text{차실면적}(m^2)}{0.14(m^2)} = \frac{7.2 \times 1.5}{0.14} = 77$

21 **자동차의 중량 및 하중분포 측정에 관한 내용으로 공차상태의 중량분포로서 적차 상태의 중량분포를 산출하기 어려울 때 측정하는 방법으로 틀린 것은?**

① 좌석정원의 인원은 정 위치한 것으로 한다.

② 입석정원의 인원은 입석에 균등하게 승차한 것으로 한다.

③ 공차상태의 중량에 입석정원의 무게를 곱하여 산출한다.

④ 물품은 물품 적재장치에 균등하게 적재한 것으로 한다.

해설 공차 상태의 중량분포로서 적차 상태의 중량분포를 산출하기가 어려울 때에는 공차 상태와 적차 상태를 각각 측정한다. 이 경우 좌석정원의 인원은 정 위치에, 입석정원의 인원은 입석에 균등하게 승차하며, 물품은 물품 적재장치에 균등하게 적재한 것으로 한다.

22 **차량중량 및 공차시 축중을 기초로 한 산식에 의하여 계산하는 방법을 나타낸 것이다. 차량총중량 계산 방법으로 맞는 것은?**

① 차량총중량 = 최대 적재량 + 승차정원 × 65 kg

② 차량총중량 = 차량중량 + 승차정원 × 65 kg

③ 차량총중량 = 차량중량 + 최대 적재량 + 승차정원 × 65 kg

④ 차량총중량 = 최대 적재량 + 전축중 + 승차정원 × 65 kg

정답 **20.**④ **21.**③ **22.**③

23 적재시 전축에 13000kg의 최대 하중이 작용한다. 4개의 타이어를 사용할 경우 1개의 타이어에 걸리는 하중은?

① 2250 kg　② 3250 kg
③ 3050 kg　④ 3500 kg

해설 $\frac{최대하중}{타이어\ 수} = \frac{13000}{4} = 3250kg$

24 전 · 후차축이 각각 1축인 자동차에서 승차정원 2명 최대 적재량 1800kg, 공차시 전축중 790kg, 후축중 520kg, 하대 옵셋이 0인 트럭의 적차시 전축중을 구하면? (단. 하중작용은 전축직상방)

① 700kg　② 800kg
③ 920kg　④ 1000kg

해설 적차시 전축중 = 공차전축중 + 65 × 승차원 = 790 + 62 × 2=920kg

25 적재시 앞축중이 2800kg이고, 앞바퀴의 허용하중이 1500kgf 인 자동차의 전륜타이어 부하율은?

① 91 %　② 93 %
③ 95 %　④ 97 %

해설 $타이어\ 부하율 = \frac{적재시\ 전축중(후축중)}{타이어\ 허용하중 \times 타이어수} = \frac{2800}{1500 \times 2} \times 100 = 93.3\%$

26 적재시 앞축중이 2790kg, 앞바퀴 1개의 허용하중이 1440kg, 접지폭이 14.2cm 이다. 앞바퀴 타이어의 부하율 및 적합여부는?

① 96.87% 적합　② 96.87% 부적합
③ 193.7% 적합　④ 193.7% 부적합

해설 $타이어\ 부하율 = \frac{적차상태의\ 윤하중}{타이어\ 하중의\ 최대값} \times 100 = \frac{2790}{1440 \times 2} \times 100 = 96.87\%$

정답 23.② 24.③ 25.② 26.①

27 다음 그림에서 승차정원의 하중 중심점이 앞축의 수직방향에 위치하고 하대옵셋이 0인 경우 적차시 전·후 축중을 바르게 계산한 것은?(단, 승차정원 : 3명, 최대적재량 : 1400kg, 공차시 전륜하중 : 730kg, 공차시 후륜하중 : 480kg)

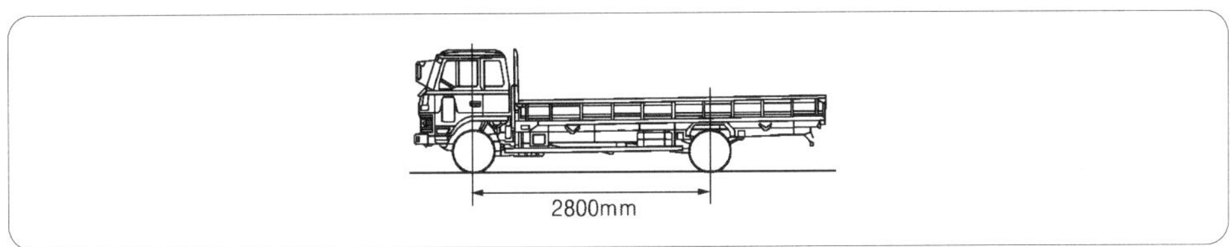

① 전 559kg/후 2183kg
② 전 789kg/후 1900kg
③ 전 925kg/후 1880kg
④ 전 982kg/후 2230kg

해설 ① **적재시 전축중**

$Wf = wf + P_1$

Wf : 적차상태의 전축중(kg) wf : 공차상태의 전륜하중(kg) P_1 : 승차인원 하중(kg)

$Wf = 730 + 65 \times 3 = 925\text{kg}$

② **적재시 총중량**

$W = P_1 + W' + wf + wr$

W : 적재시 차량총중량(kg) P_1 : 승차인원 하중(kg) W' : 최대적재량(kg)

wf : 공차상태의 전륜하중(kg) wr : 공차상태의 후륜하중(kg)

$W = 65 \times 3 + 1400 + 730 + 480 = 2805\text{kg}$

③ **적재시 후축중**

$Wr = W - Wf$

W : 적재시 차량총중량(kg) Wf : 적차상태의 전축중(kg) Wr : 적차상태의 후축중(kg)

$Wr = 2805 - 925 = 1880\text{kg}$

28 적재시 전륜하중이 1450 kg, 후륜하중이 1980 kg, 타이어 최대 허용하중이 전륜 980 kg. 후륜 1025 kg, 승차 정원 3명, 하대 옵셋이 -30cm인 자동차의 적차시 후륜타이어 부하율은 약 얼마인가(단, 후륜은 복륜임)

① 34%
② 48%
③ 58%
④ 64%

해설 $\text{타이어 부하율} = \dfrac{\text{적재시 전축중(후축중)}}{\text{타이어 허용하중} \times \text{타이어 수}} = \dfrac{1980}{1025 \times 4} \times 100 = 48.29\%$

정답 **27.③ 28.②**

29 **적차상태 전륜하중이 1450 kg, 후륜하중이 1980 kg, 타이어 1개당 최대 허용하중이 전륜 980 kg, 후륜 1025 kg, 승차정원 3명 일 때 자동차의 적차상태의 후륜 타이어 부하율은 얼마인가?(단, 후륜은 단축 복륜이다. 승차인원 하중은 전륜 축 상방에 위치함)**

① 46.2% ② 48.3%
③ 58.2% ④ 64.3%

해설 타이어 부하율 $= \dfrac{\text{적차상태의 윤하중}}{\text{타이어 하중의최대값}} \times 100$

$= \dfrac{1980}{4 \times 1025} \times 100 = 48.29\%$

30 **어떤 자동차의 적차시 조향륜 축중이 1068 kg, 후축중이 1200 kg 일 때 이 자동차의 조향륜 윤중은?**

① 534kg ② 600kg
③ 584kg ④ 267kg

해설 $\dfrac{\text{조향륜 축중}}{2} = \dfrac{1068\text{kgf}}{2} = 534\text{kg}$

31 **최대 안전 경사각도 시험방법으로 틀린 것은?**

① 측정단위는 소수 둘째자리까지 측정한다.
② 측정단위는 도(°)로 한다.
③ 자동차는 공차상태로 한다.
④ 창유리 등은 닫은 상태로 한다.

해설 최대 안전 경사각도의 측정 단위는 도(°)로 하고 소수 첫째자리까지 측정한다.

정답 29.② 30.① 31.①

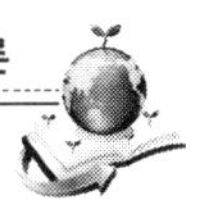

32 다음과 같은 제원을 가진 4륜 트럭에 대하여 공차시와 적차시 조향륜의 하중분포와 판정의 적합여부가 옳은 것은?

[제원]
차량 중량 - 전축 : 3150kg, 후축 : 2760kg
차량총중량 - 전축 : 3860kg, 후축 : 7980kg

① 공차시 : 36.3%≧20%[적합], 적차시 : 38.7%≧20%[적합]
② 공차시 : 26.3%≧20%[적합], 적차시 : 48.7%≧20%[적합]
③ 공차시 : 53.3%≧20%[적합], 적차시 : 32.8%≧20%[적합]
④ 공차시 : 53.3%≧20%[적합], 적차시 : 32.6%≧20%[적합]

해석
- 공차상태 조향륜의 하중분포

$$=\frac{\text{공차시 조향륜의 윤중의 합}}{\text{차량중량}}\times 100=\frac{3150}{3150+2760}\times 100=53.3\%$$

- 적차상태 조향륜의 하중분포

$$=\frac{\text{적차시 조향륜의 윤중의 합}}{\text{차량총중량}}\times 100=\frac{3860}{3860+7980}\times 100=32.6\%$$

조향륜의 윤중의 합은 차량중량 및 차량총중량의 각각에 대하여 20% 이상이어야 한다.

33 승용자동차의 축간거리가 2.5m, 최소회전반경이 5m 이며 바퀴 접지면 중심과 킹핀과의 거리가 21cm 일 때 바깥쪽 앞바퀴의 조향각도는?

① 23°
② 31°
③ 42°
④ 44°

해석 $R=\frac{L}{\sin\alpha}+r$

R : 최소회전반경(m), L : 축거(m)
sinα : 최외측 바퀴의 조향각 r : 킹핀과 타이어 중심거리(m)

$$\sin\alpha=\sin^{-1}\frac{L}{R-r}=\sin^{-1}\frac{2.5}{5-0.21}=31.45$$

정답 32.④ 33.②

34 **어떤 공차상태의 차량을 검사한 결과 중심고 0.81 m, 좌측 안정폭 0.88 m, 우측 안정폭 0.86 m이었다. 이 자동차의 좌, 우 안전경사각도의 판정으로 옳은 것은?**

① 좌측 : 적합, 우측 : 적합
② 좌측 : 부적합, 우측 : 적합
③ 좌측 : 적합, 우측 : 부적합
④ 좌측 : 부적합, 우측 : 부적합

해설 공차 상태의 자동차는 좌우 각각 35도 기울인 상태에서 전복되지 아니하여야 한다.

$$좌측 = \tan^{-1}\cdot\frac{B_r}{H} = \tan^{-1}\cdot\frac{0.88}{0.81} = 51.05$$

$$우측 = \tan^{-1}\cdot\frac{B_r}{H} = \tan^{-1}\cdot\frac{0.86}{0.81} = 50.24$$

35 **공차시 전축중 480kg, 축간거리 2340mm, 공차시 후축중 430kg, 타이어 유효반경 320mm의 제원을 가진 자동차에서 앞바퀴를 0.5m 올렸을 때 후축중이 45kg 증가되었다. 이 자동차의 중심 높이는?**

① 0.53m
② 0.85m
③ 0.88m
④ 1.17m

해설 $H = R + \frac{L(w'r - Wr)\cdot\sqrt{L^2 - h^2}}{Wh}$

H : 차량 중심고(m)
R : 타이어 유효 반경(m)
L : 축간거리(m)
$w'r$: 앞바퀴를 h만큼 올렸을 때 후축중(kg)
Wr : 공차상태의 후축중(kg)
h : 앞바퀴를 들어올렸을 때 높이(m)
W : 차량중량(kg)

$$H = 0.32 + \frac{2.34 \times 45 \times \sqrt{2.34^2 - 0.5^2}}{(480 + 430) \times 0.5} = 0.85m$$

정답 34.④ 35.②

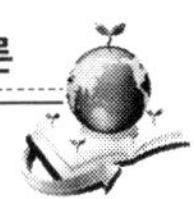

36 자동차 최고속도 측정 조건으로 옳지 않은 것은?

① 자동차는 적차 상태이어야 한다.

② 자동차는 측정 전에 충분한 길들이기 운전을 하여야 한다.

③ 측정도로는 평탄 수평하고 건조한 직선 포장도로이어야 한다.

④ 풍속 3m/sec 이하에어 실시하는 것을 원칙으로 하며, 측정 결과는 3회 왕복 측정 한다.

해설 **최고속도 측정조건**

① 자동차는 적차 상태(연결자동차는 연결된 상태의 적차 상태)이어야 한다.

② 자동차는 측정 전에 충분한 길들이기 운전을 하여야 한다.

③ 자동차는 측정 전 제원에 따라 엔진, 동력전달장치, 조향 장치 및 제동장치 등을 점검 및 정비하고 타이어 공기압을 표준 공기압 상태로 조정하여야 한다.

④ 측정도로는 평탄 수평하고 건조한 직선 포장도로이어야 한다.

⑤ 측정은 풍속 3m/sec 이하에서 실시하는 것을 원칙으로 하며, 측정결과는 왕복 측정하여 평균값을 구한다.

37 덤프형 소형화물자동차의 최대적재량 산출방법으로 맞는 것은? (단, V(하대용적) = A(하대길이) × B(하대너비) × C(하대높이)

① $\frac{\text{최대적재량}}{V} \geq 1.3\text{톤}/m^3$

② $\frac{\text{최대적재량}}{V} \geq 1.5\text{톤}/m^3$

③ $\frac{V}{\text{최대적재량}} \geq 1.3\text{톤}/m^3$

④ $\frac{V}{\text{최대적재량}} \geq 1.3\text{톤}/m^3$

해설 덤프형 화물자동차 최대적재량 산출방법

① 소형자동차 : $\frac{\text{최대적재량}}{V} \geq 1.3\text{톤}/m^3$

② 기타자동차 : $\frac{\text{최대적재량}}{V} \geq 1.5\text{톤}/m^3$

정답 36.④ 37.①

38 축거가 1800 mm, 후륜 타이어 부하 허용한도가 150kg, 승차정원 후축 하중이 5kg, 공차시 후축 하중이 120kg, 하대 옵셋이 20mm를 가진 싱글타이어의 소형특수 화물자동차의 최대 적재량은 약 얼마인가?

① 156kg ② 166kg
③ 176kg ④ 186kg

해설 최대적재량 $= \dfrac{L \times (R_r \times N - M_r - wr)}{L - O_s}$

L : 축간거리(m) R_r : 후륜 허용하중(kg) N : 타이어 수
M_r : 정원 승차시 후륜하중(kg) wr : 공차시 후륜하중(kg)
O_s : 하대 옵셋(m)

최대적재량 $= \dfrac{1.8 \times (150 \times 2 - 5 - 120)}{1.8 - 0.02} = 176.96\text{kg}$

39 경유를 운반하는 탱크로리의 후면에 최대적재량이 5850kg으로 적혀 있다. 이 탱크의 최대 용량은?(단, 경유의 비중은 0.85, 공간 용적은 제외)

① 5058L ② 6500L
③ 7000L ④ 7500L

해설 최대적재량 = 최대용량 × 비중

최대 용량 $= \dfrac{5950\text{kg}}{0.85} = 7000\text{L}$

40 탱크 용적이 8000 L인 콘크리트(비중 2.40) 운반차의 최대 적재량은?

① 19100kg ② 19150kg
③ 19200kg ④ 19250kg

해설 최대 적재량 $= V \times \gamma$

V : 탱크의 용적(ℓ) γ : 비중

최대 적재량 $= 8000 \times 2.4 = 19200\text{kg}$

정답 39.③ 39.③ 40.③

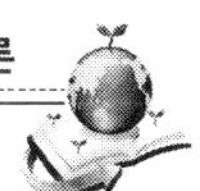

41 자동차 안전기준에서 정한 적재물별 비중 표시로 옳지 않는 것은?

① 경질류 0.80
② 중질류 0.90
③ 물, 우유, 분뇨 1.00
④ 생콘크리트 2.0

해설 생 콘크리트의 비중은 2.40이다.

42 그림과 같은 탱크의 용적 L 과 적재용량은?(단, 유류 적재물의 비중은 0.785 이다)

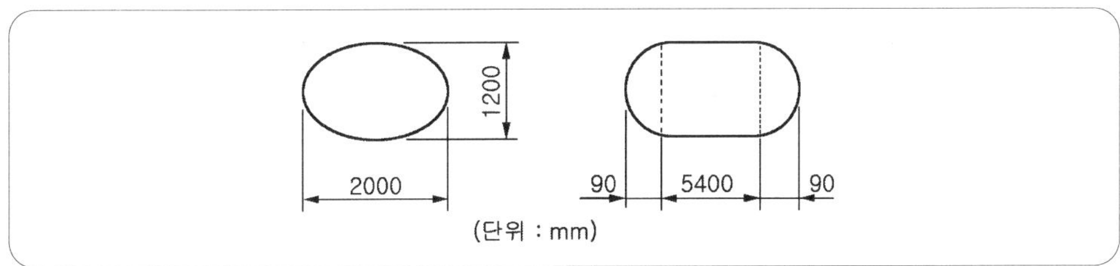

① 17153 L, 13465 kg
② 8078 L, 10291 kg
③ 10291 L, 8078 kg
④ 6175 L, 4847 kg

해설 $W\ell = \frac{\pi \times a \times b}{4} \times \left(\ell + \frac{\ell_1 + \ell_2}{3}\right) = \frac{3.14 \times 1200 \times 2000}{4} \times \left(5400 + \frac{90+90}{3}\right)$

$= 10291859760cc = 10291\ell$

적재용량 $= 10291 \times 0.785 = 8078\text{kg}$

43 다음에서 경유를 연료로 사용하는 자동차의 조속기 봉인 방법으로 모두 맞는 것은?

a. 캡실 봉인 방법　b. 볼트 방법　c. 납 봉인 방법
d. 용접 방법　e. 봉인 캡 방법

① a, c, e
② a, c, d, e
③ c, d, e
④ a, b, c, d

해설 **경유연료 사용 자동차의 조속기 봉인방법**
① 납 봉인 방법
② 캡실(cap seal) 봉인 방법
③ 봉인 캡 방법
④ 용접방법

정답 **41.④　42.③　43.②**

44 다음과 같은 타원형 탱크의 용적은?

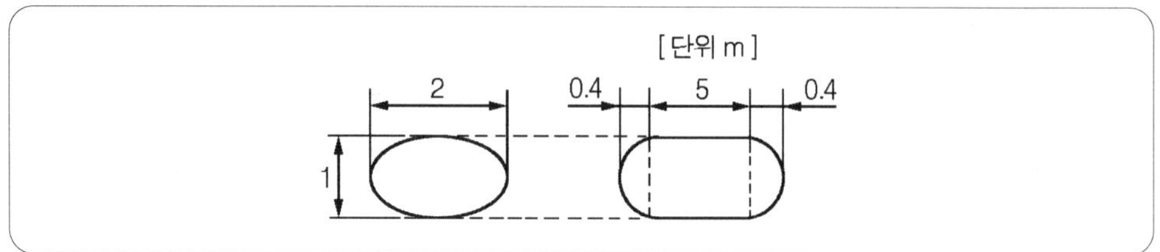

① 약 9106 L ② 약 4186 L
③ 약 6594 L ④ 약 8273 L

해설 $V=\frac{\pi \times a \times b}{4}\times\left(\ell+\frac{\ell_1+\ell_2}{3}\right)=\frac{\pi \times 200 \times 100}{4}\times\left(500+\frac{40+40}{3}\right)$

$=8272865cc=8273\ell$

45 4행정 6기통 엔진이 1 kgf · m 의 토크를 1000rpm 으로 회전할 때 기관의 축출력은 약 얼마인가?

① 0.2kW ② 1kW
③ 2kW ④ 3kW

해설 $BHP=\frac{2\times T\times R}{102\times 60}=\frac{T\times R}{975}$

BHP : 축출력(kW) T : 회전력(kgf-m) R : 회전수(rpm)

$BHP=\frac{1\times 1000}{975}=1.03kW$

46 자동차가 300m를 통과하는데 20s 걸렸다면 이 자동차의 속도는?

① 4.1km/h ② 15 km/h
③ 54 km/h ④ 108 km/h

해설 $\frac{\text{주행거리}}{\text{주행시간}}=\frac{300\times 60\times 60}{20\times 1000}=54\text{km/h}$

정답 44.④ 45.② 46.③

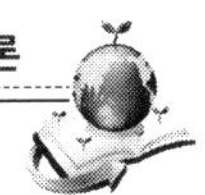

47 **4행정 사이클 가솔린 기관을 동력계로 측정하였더니 2000 rpm에서 회전 토크가 23.8 kgf·m였다면 축 출력(PS)은?**

① 50.6　　② 66.5
③ 70.6　　④ 86.5

해설 $PS=\frac{2\times T\times R}{75\times 60}=\frac{T\times R}{716}$

PS : 축마력　　T : 회전력(kgf-m)　　R : 회전수(rpm)

$PS=\frac{T\times R}{716}=\frac{23.8\times 2000}{716}=66.49$

48 **출력이 80 kW인 엔진을 2000 rpm으로 회전할 경우 기관의 회전력은?**

① 약 29kgf · m　　② 약 34kgf · m
③ 약 39kgf · m　　④ 약 44kgf · m

해설 $H_{KW}=\frac{2\times\pi\times T\times N}{102\times 60}=\frac{T\times N}{974}$

H_{KW} : 전달 동력(KW)　　T : 전달 토크(kgf-m)　　N : 전달축 회전수(rpm)

$T=\frac{80\times 974}{2000}=38.96\ \text{kgf·m}$

49 **어떤 승용자동차의 구동륜에 63 kW의 축력이 필요하다. 클러치효율 99 %, 수동 변속기 효율 94 %, 종감속 차동기어 효율 93 %일 때, 엔진 출력은?**

① 약 63.6kW　　② 약 67.7kW
③ 약 72.8kW　　④ 약 62.4kW

해설 $\eta_w=P\times\eta_c\times\eta_t\times\eta_f$

η_w : 구동륜의 축력(kW)　　P : 엔진의 출력(kW)

η_c : 클러치의 효율　　η_t : 변속기의 효율

η_f : 종감속 차동기어의 효율

$P=\frac{63kW}{0.99\times 0.94\times 0.93}=72.79kW$

정답 **47.**② **48.**③ **49.**③

50 **4행정 사이클 기관의 실린더 내경과 행정이 100mm × 100mm 이고 회전수가 1800rpm 일 때 축 출력은?(단, 기계효율은 80% 이며, 도시평균 유효압력은 9.5kgf/cm² 이고 4기통 기관이다.)**

① 35.2PS
② 39.6PS
③ 43.2PS
④ 47.8PS

해설 $IPS = \frac{P \cdot A \cdot L \cdot R \cdot N}{75 \times 60}$

IPS : 도시마력(PS)　A : 단면적(cm²)　L : 행정(m)

R : 회전수(2사이클 : R, 4사이클 : $\frac{R}{2}$)　N : 실린더 수

$IPS = \frac{9.5 \times \pi \times 10^2 \times 0.1 \times 1800 \times 4 \times 0.8}{75 \times 60 \times 4 \times 2} = 47.8PS$

51 **어떤 자동차의 변속기를 제1속에 넣고 운전을 하였을 때 엔진의 회전토크를 30 m-kgf, 추진축의 회전수가 400 rpm, 제1속의 감속비 6, 최종감속비는 6.5이다. 이 때 후차축에 전달되는 회전토크는 얼마인가? (단. 기계손실은 무시)**

① 1170 m-kgf
② 1280 m-kgf
③ 1360 m-kgf
④ 1420 m-kgf

해설 전달토크 = 엔진회전토크 × 총감속비 = 30m·kgf × 6 × 6.5 =1170m·kgf

52 **자동차 변속기에서 3속의 변속비가 1.25 : 1 이고 종감속비가 4 : 1, 엔진이 2700 rpm일 때 구동륜의 동하중 반경 30 cm인 이 차의 차속은?**

① 53km/h
② 58km/h
③ 61km/h
④ 65km/h

해설 $V = \frac{2 \times \pi \times r \times N \times 60}{T_r \times F_r \times 1000}$

V : 차속(km/h)　r : 타이어 반경(m)　N : 엔진 회전수(rpm)

T_r : 변속비　F_r : 종감속비

$V = \frac{2 \times \pi \times 0.3 \times 2700 \times 60}{1.25 \times 4 \times 1000} = 61.07km/h$

정답 **50.**④　**51.**①　**52.**③

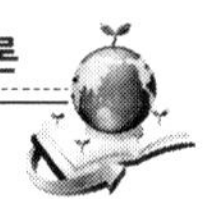

53 **타이어의 반경이 65cm이고 기관의 회전속도가 2500rpm일 때 총 감속비가 6 : 1 이면 이 자동차의 주행속도는?**

① 약 102km/h
② 약 105km/h
③ 약 108km/h
④ 약 112km/h

해설 $H=\frac{\pi \times D \times R \times 60}{Tr \times Fr \times 1000}$

H : 자동차의 속도(km/h) D : 타이어의 지름(m) R : 엔진 회전수(rpm)
T_r : 변속비 F_r : 종감속비

$H=\frac{\pi \times 2 \times 0.65 \times 2500 \times 60}{6 \times 1,000}=102.05km/h$

54 **수동변속기에서 입력축의 회전력이 150kgf · m이고, 회전수가 1000rpm일 때 출력축에서 1000kgf · m 의 토크를 내려면 출력축의 회전수는?**

① 1670 rpm
② 1500 rpm
③ 667 rpm
④ 150 rpm

해설 출력축 회전수 $=\frac{1000 \times 150}{1000}=150$

55 **80 km/h로 주행하던 자동차가 브레이크를 작용하기 시작해서 10초 후에 정지했다면 감속도는?**

① 3.6 m/s²
② 4.8 m/s²
③ 2.2 m/s²
④ 6.4 m/s²

해설 $b=\frac{v_1-v_2}{t}$

b : 감속도(m/s²) v_1 : 최초의 주행속도(m/s)
v_2 : 최후의 감속된 속도(m/s) t : 속도의 변화시간(s)

$b=\frac{80}{3.6 \times 10}=2.2m/s^2$

정답 53.① 54.④ 55.②

56 중량이 1200kg인 자동차가 100km/h의 속도로 주행하다가 10초 후에 50km/h로 감속하였다면 감속력은 얼마나 필요한가?

① 170kgf ② 160kgf
③ 150kgf ④ 140kgf

해설 $F=m\times a,\ m=\frac{W}{g},\ a=\frac{h_2-h_1}{t_2-t_1}$

F : 감속력(kgf), m : 질량(kg), a : 감속도(m/s²)
W: 중량(kg), g : 중력가속도(9.8m/s²) h_2 : 나중속도(m/s),
h_1 : 처음속도(m/s) t_2 : 나중 시간(s), t_1 : 처음 시간(s)

$F=m\times a$

$$F=\frac{1200}{9.8}\times\frac{\frac{50}{3.6}-\frac{100}{3.6}}{10}=170\text{kgf}$$

57 중량 1800 kg의 자동차가 120 km/h의 속도로 주행 중 0.2 분 후 30 km/h로 감속하는데 필요한 감속력은?

① 약 382kgf ② 약 764kgf
③ 약 1775kgf ④ 약 4590kgf

해설 감속력=질량×감속도

$$\text{감속도}=\frac{\text{나중속도}-\text{처음속도}}{\text{나중시간}-\text{처음시간}} \qquad \text{감속도}=\frac{\left(\frac{30}{3.6}\right)-\left(\frac{120}{3.6}\right)}{0.2\times 60}=-2.08m/s^2$$

$$m=\frac{W}{g}$$

m : 질량(kg) W: 중량(kgf) g : 중력가속도(9.8m/s²)

$$m=\frac{1800}{9.8}=183.67\text{kgf}$$

감속력 = 183.67×2.08= 382.03kgf

정답 **56.**① **57.**①

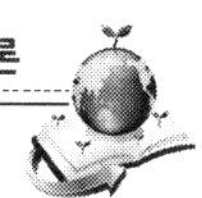

58 주행속도가 80 km/h인 자동차의 브레이크를 작동시켰을 때 제동거리는 약 얼마인가?(단, 차륜과 도로면의 마찰계수는 0.2)

① 2 m　　② 5.7 m
③ 55.6 m　　④ 126 m

해설 $L=\frac{V^2}{2\times\mu\times g}$

L : 제동거리(m)　V : 초속도(m/sec)　μ : 마찰계수　g : 중력가속도(m/sec²)

$L=\frac{\left(\frac{80\times1000}{60\times60}\right)^2}{2\times0.2\times9.8}=125.97m$

59 제동초속도가 50km/h, 자동차의 중량이 2000kg이며, 회전 관성중량이 차량중량의 5%일 때 제동거리는 얼마인가?(단, 제동력은 전륜이 250kgf, 280kgf이고 후륜이 360kgf, 400kgf 이다)

① 12m　　② 16m
③ 20m　　④ 22m

해설 $L=\frac{v^2\times(W+W')}{254\times F}$

L : 제동거리(m)　v : 제동초속도(km/h)　W : 차량중량(kg)
W' : 회전관성중량(kgf)　F : 제동력(kgf)

$L=\frac{50^2\times(2000+2000\times0.05)}{254\times(250+280+360+400)}=\frac{50^2\times2100}{254\times1290}=16m$

60 브레이크 드럼의 지름은 25cm, 마찰계수가 0.28인 상태에서 브레이크 슈가 76kgf의 힘으로 드럼을 밀착하면 브레이크 토크는?

① 8.22kgf · m　　② 1.24kgf · m
③ 2.17kgf · m　　④ 2.66kgf · m

해설 $T=P\times\mu\times r$

T : 토크(kgf-cm)　μ : 마찰계수　r : 브레이크 드럼의 반경(m)

$T=76\text{kgf}\times0.28\times\frac{0.25\text{m}}{2}=2.66\text{kgf}\cdot\text{m}$

정답 58.④　59.②　60.④

61 중량 1350kg의 자동차가 변속기를 중립 상태로 하여 평탄로에서 관성 주행하고 있다. 이때 속도가 30km/h이고, 구동 저항이 20kg/ton이면 정지할 때까지의 주행거리는?(단, 공기저항은 무시하며, 회전부분 상당중량은 0으로 함)

① 약 156 m　　② 약 177 m
③ 약 196 m　　④ 약 270 m

해설 정지할 때까지의 주행거리 $= \frac{W \times v^2}{2 \times g \times R_d}$

W: 차량 중량(kg)　　v : 자동차의 속도(m/s)
g : 중력가속도(9.8m/s²)　　R_d : 구동저항(kg)

주행거리 $= \frac{1350 \times (\frac{30}{3.6})^2}{2 \times 9.8 \times 1.35 \times 20} = 177.15m$

62 차량중량 1000kg, 최고속도 140km/h의 자동차를 브레이크 시험한 결과 주 제동력이 총 720kgf이었다. 이 자동차가 50km/h에서 급제동하였을 때, 정지거리는 몇 m 인가?(단, 공주시간은 0.1초, 회전부분 상당중량은 차량중량의 5% 이다.)

① 1.574m　　② 15.74m
③ 7.87m　　④ 78.7m

해설 $S = \frac{t \times V}{3.6} + \frac{V^2(W + W')}{254F}$

$= \frac{0.1 \times 50}{3.6} + \frac{50^2 \times (1000 + 1000 \times 0.05)}{254 \times 720} = 15.74m$

63 무게 2t 의 자동차가 1000m를 이동하는데 1분 40초 걸렸을 때 동력은?

① 70 kgf · m/s　　② 200 kgf · m/s
③ 2670 kgf · m/s　　④ 20000 kgf · m/s

해설 동력 $= \frac{\text{힘} \times \text{거리}}{\text{시간}}$

$= \frac{2000 \times 1000}{60 + 40} = 20000\text{kgf} \cdot \text{m/s}$

정답 61.② 62.② 63.④

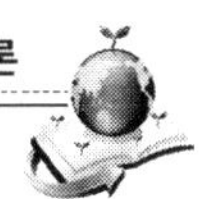

64 **차량 총중량이 3000 kg 인 차량이 80 km/h 로 정속 주행할 때 구름저항(kg)은? (단, 구름저항계수 0.023)**

① 29　　② 69
③ 89　　④ 59

해설 $R_r = \mu_r \times W$
R_r : 구름저항(kg), 　μ_r : 구름 저항계수　W: 하중(kg)
$R_r = 0.023 \times 3000 = 69\,\text{kgf}$

65 **자동차 총중량이 1.5 톤이고 구배가 7 %인 언덕길을 등판할 때 구배저항은?**

① 약 305kg　　② 약 205kg
③ 약 105kg　　④ 약 155kg

해설 $R_g = W \cdot \tan\theta = \frac{W \cdot G}{100}$
R_g : 구배저항(kg)　W: 차량 총중량(kg)　$\tan\theta$: 구배 각도(°)　G: 구배율(%)
$R_g = \frac{1500 \times 7}{100} = 105\,\text{kg}$

66 **추진축의 회전토크 14 kgf · m, 타이어 반경 0.35 , 종감속비 6.5인 자동차에서 타이어에 작용하는 구동력은?(단, 기계 손실은 무시)**

① 250kgf　　② 260kgf
③ 270kgf　　④ 280kgf

해설 $F = \frac{T \times F_r}{r}$
F: 구동력(kgf)　T: 회전 토크(kgf · m)　F_r : 종감속비　r : 타이어 반경(m)
$F = \frac{14 \times 6.5}{0.35} = 260\,\text{kgf}$

정답 64.②　65.③　66.②

67 **차량 총중량 5000kg의 트럭이 구배 20%의 비포장 길을 20km/h의 속도로 올라갈 때 가속저항을 제외한 전주행 저항은?(단, 차의 전면 투영면적 A=5m², 구름저항계수 μ_r=0.035, 공기저항 μ_a=0.005, 총중량과 회전부분 상당중량의 비는 ϵ = 0.08로 한다)**

① 약 176 kg　　② 약 1185 k
③ 약 1453 kg　　④ 약 1547 kg

해설 $R = R_r + R_a + R_g$

$R_r = \mu_r \times W$

R_r : 구름저항(kg)　μ_r : 구름 저항계수　W: 차량종중량(kg)

$R_r = 0.035 \times 5000 = 175\,kg$

$A_r = \mu_a \times A \times V^2$

A_r : 공기저항(kg)　μ_a : 공기 저항계수　A : 전면 투영면적　V: 속도

$A_r = 0.005 \times 5 \times 20^2 = 10\,kg$

$R_g = W \times \frac{G}{100}$　R_g : 구배저항(kg)　W: 차량총중량(kg)　G: 구배(%)

$R_g = 5000 \times \frac{20}{100} = 1000\,kg$

$R = 175\,kgf + 10\,kgf + 1000\,kgf = 1185\,kg$

68 **질량 1000kg의 자동차가 10m의 회전반경을 20m/s속도로 회전한다고 하면 이때 이 자동차가 받는 원심력은?**

① 10kN　　② 20kN
③ 30kN　　④ 40kN

해설 $F = \frac{W \times v^2}{g \times r}$

F : 원심력(kN)　W: 질량(kg)　v : 초속도(m/sec²)　g : 중력가속도(m/sec²)

r : 커브의 평균반경(m)　$1kg = 9.8N$

$F = \frac{1000 \times 20^2 \times 9.8}{9.8 \times 10} = 40000N = 40kN$

정답 ▶ 67.②　68.④

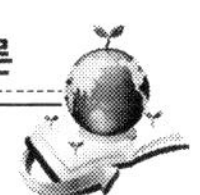

69 **직경이 600 mm인 차륜이 1500 rpm으로 회전할 때 이 차륜의 원주 속도는?**

① 약 37.1 m/s ② 약 47.1 m/s
③ 약 57.1 m/s ④ 약 67.1 m/s

해설 $V=\dfrac{\pi \times D \times N}{1000 \times 60}$

V : 원주속도(m/s) D : 차륜의 지름(mm) N : 회전수(rpm)

$V=\dfrac{\pi \times 600 \times 1500}{1000 \times 60}=47.1m/s$

70 **자동차의 속도계가 40 km/h를 지시할 때 속도계 시험기의 지시는 어느 범위에 있어야 적합한가?**

① 32~44.4 km/h ② 34~44 km/h
③ 36~46 km/h ④ 38~48.8 km/h

해설 $\dfrac{40}{1.25} \sim \dfrac{40}{0.9}=32 \sim 44.4\text{km/h}$

71 **총중량 1톤인 자동차가 72km/h로 주행 중 급제동하였을 때 운동에너지가 모두 브레이크 드럼에 흡수되어 열로 되었다면 그 열량은? (단, 노면의 마찰계수는 1 이다)**

① 47.79 kcal ② 52.30 kcal
③ 54.68 kcal ④ 60.25 kcal

해설 $E=\dfrac{W \times v^2}{2g}$

E : 운동에너지 W : 중량(kg) v : 초속도(m/sec) g : 중력가속도(m/sec²)

$E=\dfrac{1000 \times \left(\dfrac{72}{3.6}\right)^2}{2 \times 9.8}=20408.16$

발생열량 $=\dfrac{20408.16}{427}=47.79kcal$

정답 69.② 70.① 71.①

72 자동차의 속도계 오차 측정방법으로 옳지 않은 것은?

① 자동차를 속도계 시험기에 정면으로 대칭되도록 한다.
② 자동차 속도를 서서히 높여 자동차의 속도계가 45km/h에 안정되도록 한 후 속도계 시험기의 신고 버튼으로 시험기 제어부에 신호를 보내 속도계의 오차를 측정한다.
③ 자동차 속도계의 정오차는 25% 이내이어야 한다.
④ 자동차 속도계의 부오차는 10% 이내이어야 한다.

해설 **속도계 오차 측정방법**

① 자동차를 속도계 시험기에 정면으로 대칭 되도록 한다.
② 구동륜을 시험기에 올려 놓고 구동륜이 롤러 위에서 안정될 때까지 운전한다.
③ 자동차의 속도를 서서히 높여 속도계가 40km/h에 안정되도록 한 후 속도계 시험기의 신고 버튼으로 시험기 제어부에 신호를 보내 속도계의 오차를 측정한다.
④ 자동차 속도계의 정(+) 오차는 25% 이내이어야 한다.
⑤ 자동차 속도계의 부(-) 오차는 10% 이내이어야 한다.

73 1.2kJ을 W · s 단위로 환산한 값은?

① 120 W · s
② 1200 W · s
③ 4320 W · s
④ 72 W · s

해설 1W란 매초 1J의 비율로서 에너지를 내는 일률이며, 1W = 1J · s이다.
따라서 1.2 kJ = 1200W · s 이다.

74 가솔린 기관에서 압축비가 12일 경우 열효율(η_o)은?(단, 비열비(k)= 1.4이다)

① 54%
② 60%
③ 63%
④ 65%

해설 $\eta_o = 1 - \left(\frac{1}{\epsilon}\right)^{k-1}$

η_o : 오토사이클의 이론열효율 ϵ : 압축비, k : 비열비

$\eta_o = 1 - \left(\frac{1}{12}\right)^{1.4-1} = 0.6298(62.98\%)$

정답 72.② 73.② 74.③

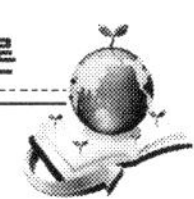

75 **자동차의 속도계가 40 km/h를 지시할 때 속도계 시험기는 32.0 km/h를 지시할 경우 검사결과로 적당한 것은?**

① 정(+)오차 15%, 부적합　　② 정(+)오차 25%, 적합
③ 부(-)오차 15%, 적합　　④ 부(-)오차 25%, 부적합

해설
- 판정 계산 방법의 예(측정 차량의 속도계 40km/h를 기준으로 하였을 때)
  ① 오차(%) = $\dfrac{\text{속도계의 속도(40)} - \text{테스터의 지시값}}{\text{테스터의 지시값}} \times 100$
  ② 합격범위는 정 25%, 부 10% 이하이다.
  ③ 오차 $= \dfrac{40-32}{32} \times 100 = 25\%$
- 판정 계산 방법의 예(테스터의 40 km/h를 기준으로 하였을 때)
  ① 오차(%) = $\dfrac{\text{속도계의 지시값} - \text{테스터의 속도(40)}}{\text{테스터의 속도(40)}} \times 100$
  ② 합격 범위는 36~46 km/h이다.

76 **간극체적 60 cc, 압축비 10일 실린더의 배기량은?**

① 540cc　　② 560cc
③ 580cc　　④ 600cc

해설 $V_2 = (\epsilon - 1) \times V_1$

V_1 : 연소실 체적(cc 또는 cm³) V_2 : 행정체적 또는 배기량(cc 또는 cm³) ϵ : 압축비

$V_2 = (10-1) \times 60cc = 540cc$

77 **어떤 오토사이클 기관의 실린더 간극체적이 행정체적의 15 %일 때 이 기관의 이론열효율은 약 몇 %인가?(단, 비열비 = 1.4)**

① 39.23%　　② 46.23%
③ 51.73%　　④ 55.73%

해설 $\eta_o = 1 - \left(\dfrac{1}{\epsilon}\right)^{k-1}$

η_o : 오토사이클의 이론열효율　ϵ : 압축비,　k : 비열비

$\epsilon = 1 + \dfrac{100}{15} = 7.67$　　$\eta_o = 1 - \left(\dfrac{1}{7.67}\right)^{1.4-1} = 0.5573(55.73\%)$

정답 75.② 76.① 77.④

78 실린더의 지름 × 행정이 100mm × 100mm 일 때 압축비가 17 : 1 이라면 연소실 체적은?

① 29cc ② 49cc
③ 79cc ④ 109cc

해설 $\epsilon = 1 + \frac{V_2}{V_1}$

ϵ : 압축비 V_1 : 연소실 체적(cc 또는 cm³) V_2 : 행정체적 또는 배기량(cc 또는 cm³)

$V_1 = \frac{V_2}{\epsilon - 1} = \frac{\pi \times 10^2 \times 10}{(17-1) \times 4} = 49.08cm^3$

79 피스톤 행정이 90 mm, 기관의 회전수가 3000 rpm일 때, 피스톤의 평균속도는 몇 m/s인가?

① 6.5 m/s ② 7.5 m/s
③ 8.0 m/s ④ 9.0 m/s

해설 $V = \frac{2 \times N \times L}{60}$

V : 피스톤 평균속도(m/sec) N : 엔진 회전수(rpm) L : 피스톤 행정(m)

$V = \frac{2 \times 3000 \times 0.09}{60} = 9.0m/\sec$

80 자동차용 기관의 피스톤 행정이 74 mm, 커넥팅로드의 길이를 크랭크 암의 4 배로 한다면 커넥팅로드의 길이는 얼마인가?

① 298 mm ② 132 mm
③ 74 mm ④ 148 mm

해설 $L = 4 \times R$ L : 커넥팅 로드의 길이(mm) R : 크랭크 암의 길이(mm)

$L = 4 \times \frac{74}{2} = 148mm$

정답 78.② 79.④ 80.④

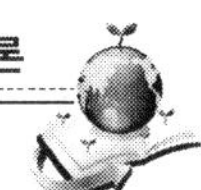

81 실린더 안지름이 120 mm이고, 실린더 내의 연소압력이 55 kgf/cm² 일 때 실린더 벽의 설계 두께는?(단, 실린더 벽의 허용응력은 1200 kgf/cm²)

① 0.275 cm ② 0.565 cm
③ 1.7 cm ④ 10.4 cm

해설 $\sigma_a = \frac{P \times D}{2 \times t}$

σ_a : 실린더 벽의 허용응력(kgf/cm²) P : 폭발압력(kgf/cm²)
D : 실린더 내경(cm) t : 실린더 벽의 두께(cm)

$t = \frac{55 \times 12}{2 \times 1200} = 0.275$cm

82 실린더 내경 95 mm인 2사이클 6실린더 기관의 SAE 마력(HP)는?

① 33.57 HP ② 41.47 HP
③ 50.37 HP ④ 62.57 HP

해설 SAE마력 $= \frac{M^2 \times N}{1613}$

M : 실린더 직경(mm) N : 실린더 수

SAE마력 $= \frac{95^2 \times 6}{1613} = 33.57HP$

83 디젤 기관의 회전속도가 1500 rpm일 때 분사지연과 착화지연시간이 합쳐 1/600 초라고 하면 상사점전 몇 도에서 연료를 분사하여야 가장 적당한가? (단. 최대폭발 압력은 상사점에서 발생한다.)

① 8° ② 10°
③ 12° ④ 15°

해설 크랭크축 회전각도

$= \frac{\text{엔진회전수}}{60} \times 360 \times \text{착화지연시간} = \frac{1500}{60} \times 360 \times \frac{1}{600} = 15$

정답 81.① 82.① 83.④

84 500 PS를 발생하는 디젤기관이 매 시간당 연료 소비량이 108 kg, 연료의 발열량은 10500 kcal라 하면 이 기관의 열효율은?(단, 1마력 1시간당의 일량은 632.3kcal)

① 22.65% ② 25.35%
③ 27.87% ④ 32.35%

해설 $열효율 = \frac{632.3 \times 마력}{연료소비량 \times 저위발열량} \times 100$

$= \frac{632.3 \times 500}{108 \times 10500} \times 100 = 27.87\%$

85 비중이 0.78인 가솔린 2000 cm^3 을 완전 연소시키는데 필요한 공기량(kg)은?(단, 혼합비 15 : 1)

① 5.85 ② 11.70
③ 17.55 ④ 23.40

해설 $공기량 = 0.78 \times 2\ell \times 15 = 23.40\text{kg}$

86 실린더 내경이 73 mm, 행정이 74 mm 인 4행정 사이클 4실린더 기관이 6300 rpm으로 회전하고 있을 때 밸브 구멍을 통과하는 가스의 속도는?(단, 밸브면의 평균 지름은 30 mm이고 밸브 스템의 굵기는 무시한다)

① 62.01 m/s ② 72.01 m/s
③ 82.01 m/s ④ 92.01 m/s

해설 $d = D\sqrt{\frac{S}{V}}$

d : 밸브 지름(mm) D : 실린더 지름(mm) S : 피스톤 평균속도(m/s)
V : 밸브 구멍을 통과하는 가스의 속도(m/s)

$V = \left(\frac{D}{d}\right)^2 \times S = \left(\frac{73}{30}\right)^2 \times \frac{2 \times 6300 \times 0.074}{60} = 92.01$

정답 84.③ 85.④ 86.④

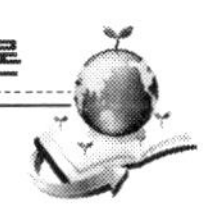

87 **연소가스의 온도가 1600℃, 냉각수의 온도 85℃, 전열면적 1.538 m² 인 실린더를 가진 기관의 발열량은?(단, 열통과율 K=217.4 kcal/m² h℃이다.)**

① 506557.2 kcal/h
② 632520.4 kcal/h
③ 537160.4 kcal/h
④ 823250.2 kcal/h

해설 $Q = K \times A(T_2 - T_1)$
Q : 방열량(kcal/h) K : 열통과율(kcal/m³ h℃) A : 전열면적(m²)
T_1 : 냉각수 온도(℃) T_2 : 연소가스 온도(℃)
$Q = 217.4 \times 1.538(1600 - 85) = 506557.218$

88 **핀틀(pintle)형 노즐의 직경이 1 mm이고 니들 압력스프링 장력이 0.8 kgf 이면 노즐의 압력은?**

① 약 72 kgf/cm²
② 약 82 kgf/cm²
③ 약 92 kgf/cm²
④ 약 102 kgf/cm

해설 $P = \frac{W}{A} = \frac{W \times 4}{\pi \times D^2}$
P : 노즐의 압력(kgf/cm²) A : 노즐의 단면적(cm²) W: 압력 스프링의 장력(kgf)
$P = \frac{0.8 \times 4}{\pi \times 0.1^2} = 101.9\text{kgf/cm}^2$

89 **완전 충전된 축전지를 방전 종지 전압까지 방전하는데 20A로 5시간 걸렸고, 이것을 다시 완전 충전하는데 10A로 12시간 걸렸다면 이 축전지의 효율은?**

① 약 63 %
② 약 73 %
③ 약 83 %
④ 약 93 %

해설 $\text{축전지의 효율} = \frac{\text{방전}}{\text{충전}} \times 100$
$\text{효율} = \frac{20A \times 5H}{10A \times 12H} \times 100 = 83.3\%$

정답 87.① 88.④ 89.③

90 **4행정 사이클 디젤기관의 분사펌프 제어래크를 전부하 상태로 최대 회전수를 2000rpm으로 하여 분사량을 시험하였더니 1 실린더 107cc, 2실린더 115cc, 3실린더 105cc, 4실린더 93cc일 때 수정할 실린더의 수정치 범위는 얼마인가?(단, 전부하시 불균율 4%로 계산한다.)**

① 100.8~109.2 cc　　② 100.1~100.5 cc
③ 96.3~103.6 cc　　④ 89.7~95.8 cc

해설 $+\text{불균율} = \frac{\text{최대분사량} - \text{평균분사량}}{\text{평균분사량}} \times 100$

$-\text{불균율} = \frac{\text{최소분사량} - \text{평균분사량}}{\text{평균분사량}} \times 100$

$\text{평균분사량} = \frac{107+115+105+93}{4} = 105cc$

$-\text{불균율} = 105 - 105 \times 0.04 = 100.8cc$

$+\text{불균율} = 105 + 105 \times 0.04 = 109.2cc$

91 **기동 전동기에 흐르는 전류는 120 A이고, 전압은 12 V 라면 이 기동 전동기의 출력은 몇 PS인가?**

① 0.56 PS　　② 1.22 PS
③ 1.96 PS　　④ 18.2 PS

해설 $PS = P \times 1.36$

PS : 기동전동기의 마력,　P : 전력(kW)

$PS = \frac{12 \times 120}{1000} \times 1.36 = 1.96$

92 **시동장치에서 링기어 잇수가 130, 피니언 잇수 14, 총배기량 1300cc, 기관회전저항 8kgf · m일 때 기동전동기의 최소 회전력은?**

① 약 0.66kgf · m　　② 약 0.76kgf · m
③ 약 0.86kgf · m　　④ 약 0.96kgf · m

해설 $T = \frac{\text{피니언잇수} \times \text{회전저항}}{\text{링기어잇수}} = \frac{14 \times 8}{130} = 0.86$

정답 ▶ 90.① 91.③ 92.③

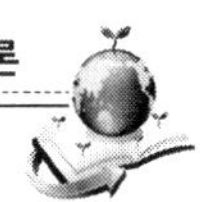

93 시동전동기가 3000 rpm시 전동기에서 발생한 회전력이 5 kgf-m일 때 시동전동기의 출력은 얼마인가?

① 20 ps ② 21 ps
③ 22 ps ④ 23 ps

해설 $BPS = \frac{2 \times \pi \times T \times R}{75 \times 60} = \frac{T \times R}{716}$

BPS : 시동 전동기의 출력 T : 회전력(m · kgf) R : 회전수(rpm)

$BPS = \frac{5 \times 3000}{716} = 20.9\,PS$

94 가솔린 엔진에서 기동 전동기의 소모전류가 90A이고 축전지 전압이 12V일 때 기동 전동기의 마력은?

① 약 0.75 PS ② 약 1.26 PS
③ 약 1.47 PS ④ 약 1.78 PS

해설 $PS = \frac{E \times I}{736}$

PS : 기동 전동기의 마력 E : 배터리 전압(V) I : 소모전류(A)

$PS = \frac{12 \times 90}{736} = 1.47$

95 전압 12 V, 출력전류 50 A인 자동차용 발전기의 출력(용량)은?

① 144 W ② 288 W
③ 450 W ④ 600 W

해설 $P = E \times I$

P : 전력(W), E : 전압(V), I : 전류(A)

$P = 12 \times 50 = 600\,W$

정답 93.② 94.③ 95.④

96 전조등의 광도가 35000 cd일 경우 전방 100 m 지점에서의 조도는?

① 2.5 Lx ② 3.5 Lx
③ 35 Lx ④ 350 Lx

해설 $L=\frac{E}{r^2}$

L : 조도(Lux), E : 광도(cd), r : 거리(m)

$L=\frac{35000}{100^2}=3.5Lux$

97 공차질량이 300kg인 경주용 자동차가 $8m/s^2$의 등가속도로 가속 중일 때의 가속력은?

① 68.75 N ② 68.75kgf
③ 2400 N ④ 2400kgf

해설 1N 이란 1kg에 작용하여 $1m/s^2$ 의 가속도를 생기게 하는 힘으로

$1N=1kg\times 1m/s^2=1kg\cdot m\cdot s^{-2}$

$F=m\times a$ F : 가속력(N), m : 질량(kg), a : 가속도(m/s^2)

$F=300\times 8=2400N$

98 앞바퀴의 옆 미끄럼량 측정조건으로 틀린 것은?

① 자동차는 공차상태에서 운전자 1인이 승차한 상태로 한다.
② 타이어의 공기압은 표준 공기압으로 한다.
③ 사이드슬립 시험기를 이용하여 측정한다.
④ 브레이크 장치의 각부를 검사하여 이상이 없어야 한다.

해설 **옆 미끄러짐량 측정조건**

① 1 자동차는 공차 상태의 자동차에 운전자 1인이 승차한 상태로 한다.
② 타이어의 공기압은 표준 공기압으로 하고 조향 링크의 각부를 점검한다.
③ 측정기기는 사이드슬립 테스터로 하고 지시장치의 표시가 0점에 있는 가를 확인한다.

정답 96.② 97.③ 98.④

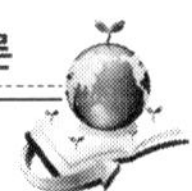

99 주행성능 곡선도에서 알 수 없는 것은?

① 최고 주행속도
② 최소 유해 배출물 속도
③ 여유 구동력
④ 차속에 따른 엔진 회전수

100 자동차의 회전 조작력 측정조건으로 틀린 것은?

① 공차상태의 자동차로서 타이어 공기압은 표준공기압으로 한다.
② 평탄한 노면에서 반경 12m의 원주를 선회하여야 한다.
③ 선회속도는 10km/h로 한다.
④ 풍속은 3m/s 이하에서 측정하는 것을 원칙으로 한다.

해설 자동차 회전 조작력 측정조건

① 적차상태의 자동차로서 타이어의 공기압은 표준 공기압으로 한다.
② 평탄한 노면에서 반경 12m의 원주를 선회하여야 한다.
③ 선회 속도는 10km/h로 한다.
④ 원주궤도에 도착하여 원주궤도와 일치하는 외측 조향륜의 조향시간은 4초 이내 이어야 한다.
⑤ 좌우로 선회하여 조향력을 측정한다.
⑥ 풍속은 3m/s이하에서 측정하는 것을 원칙으로 한다.

101 최소 회전반경의 안전기준 또는 측정조건 및 방법에 대한 설명으로 틀린 것은?

① 측정장소는 평탄하고 건조한 포장도로이어야 한다.
② 자동차의 최소 회전반경은 12 m 를 초과하여서는 아니 된다.
③ 변속기는 전진 최하단에 두고 최대의 조향각도로 서행하며, 측정한다.
④ 좌・우회전에서 구한 회전반경 중 작은 값을 최소 회전반경으로 한다.

해설 측정방법

① 변속기어를 전진 최하단에 두고 최대의 조향각도로 서행하며, 바깥쪽 타이어의 접지면 중심점이 이루는 궤적의 직경을 우회전 및 좌회전시켜 측정한다.
② 측정 중에 타이어가 노면에 대한 미끄러짐 상태와 조향장치의 상태를 관찰한다.
③ 좌 및 우회전에서 구한 반경 중 큰 값을 당해 자동차의 최소회전반경으로 하고 안전기준에 적합한지를 확인한다.

정답 99.② 100.① 101.④

102 **운행 자동차의 타이어 마모량 측정방법 중 옳은 것은?**

① 타이어 접지부의 임의의 한 점에서 180°각도가 되는 지점마다 접지부 중앙의 트레드 홈의 깊이를 측정한다.

② 타이어 접지부의 임의의 한 점에서 120°각도가 되는 지점마다 접지부 중앙의 트레드 홈 깊이를 측정한다.

③ 타이어 접지부의 임의의 한 점에서 180°각도가 되는 지점마다 접지부 1/4 또는 3/4 지점 주위의 트레드 홈의 깊이를 측정한다.

④ 타이어 접지부의 임의의 한 점에서 120°각도가 되는 지점마다 접지부 1/4 또는 3/4 지점 주위의 트레드 홈의 깊이를 측정한다.

해설 **타이어 마모량 측정방법**

① 타이어 접지부의 임의의 한점에서 120°각도가 되는 지점마다 접지부의 ¼ 또는 ¾지점 주위의 트레드 홈 깊이를 측정한다.

② 트레드 마모 표시(1.6mm로 표시된 경우에 한 함)가 되어 있는 경우에는 마모 표시를 확인한다.

③ 각 측정점의 측정값을 산술 평균하여 이를 트레드의 잔여 깊이로 한다.

103 **운행자동차의 주차제동능력 측정방법이 아닌 것은?**

① 자동차를 제동시험기에 정면으로 대칭되도록 한다.

② 측정 자동차의 차축을 제동시험기에 얹혀 축중을 측정하고 롤러를 회전시켜 당해 차축의 주차제동능력을 측정한다.

③ 측정 자동차의 차축을 제동시험기에 얹혀 축중을 측정하고 롤러를 회전시켜 당해 차축의 제동력 복원 상태를 측정한다.

④ 2차축 이상에 주차제동력이 작동되는 구조의 자동차는"②"항의 측정방법에 따라 다음 차축에 대하여 반복 측정한다.

해설 **주차 제동능력 측정방법**

① 자동차를 제동시험기에 정면으로 대칭되도록 한다.

② 측정 자동차의 차축을 제동시험기에 얹혀 축중을 측정하고 롤러를 회전시켜 당해 차축의 주차제동능력을 측정한다.

③ 2차축 이상에 주차 제동능력이 작동되는 구조의 자동차는 ②의 측정방법에 따라 다음 차축에 대하여 반복 측정한다.

정답 **102.④ 103.③**

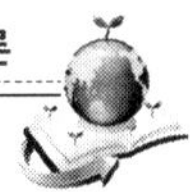

104 **운행자동차의 안전기준 확인방법에서 관성제동장치를 설치한 연결자동차의 제동력 측정조건이 아닌 것은?**

① 연결자동차의 견인자동차에는 적차 상태에 운전자 1명이 승차한 상태이며, 피견인 자동차는 적차 상태로 한다.

② 연결 자동차는 바퀴의 흙·먼지·물 등의 이물질은 제거한 상태로 한다.

③ 타이어 공기압은 표준 공기압으로 한다.

④ 연결 자동차는 적절히 예비운전이 되어있는 상태로 한다.

해설 **관성제동장치의 제동력 측정조건**

① 연결자동차의 견인자동차에는 공차상태에 운전자 1인이 승차한 상태이며, 피견인 자동차는 공차 상태로 한다.
② 연결자동차는 바퀴의 흙, 먼지, 물 등의 이물질은 제거한 상태로 한다.
③ 연결자동차는 적절히 예비운전이 되어 있는 상태로 한다.
④ 타이어의 공기압은 표준 공기압으로 한다.
⑤ 측정 도로는 평탄 수평하고 건조한 직선 포장도로이어야 한다.

105 **제작자동차의 안전기준 확인방법 중 승용자동차의 제동능력시험조건이 아닌 것은?**

① 시험도로의 차선 너비는 2.5m 이내로 한다.

② 제동장치는 어떤 부품도 교환되어서는 안 된다.

③ 엔진의 공회전속도는 제작자의 추천방법에 따라 조정한다.

④ ABS장치를 갖춘 자동차는 ABS장치가 작동하는 상태로 한다.

해설 **승용차의 제동능력 시험조건(제작 자동차)**

① 시험은 너비 3.5m의 차선 이내에서 실시한다.
② 제동장치는 시험시작시 자동차가 제작되었을 때의 상태로 한다. 제동장치의 어떤 부품도 교환되어서는 안되며 브레이크 조정이 허용되지 않는다.
③ 엔진의 공회전속도와 점화시기는 제작자의 추천방법에 따라 조정한다.
④ ABS장치를 갖춘 시험자동차는 시험조건에 따라 별도 규정한 것을 제외하고 시험중 항상 ABS장치가 작동하여야 한다.
⑤ 시험자동차의 연료탱크는 시험시작시 연료를 100%로 하여 어떤 시험중에서도 용량의 75% 이하로 되어서는 아니된다.
⑥ 적차상태의 시험은 시험자동차의 연료를 100%로 하여 규정된 각 축중에 비례한 총중량상태로 시험을 실시한다.

정답 104.① 105.①

106 **운행자동차에서 등화장치의 광도 및 광축 측정조건이 아닌 것은?**

① 자동차는 적절히 예비 운전되어 있는 공차상태의 자동차에 운전자 1인이 승차한 상태로 한다.
② 자동차의 축전지는 충전한 상태로 한다.
③ 자동차의 원동기는 최고회전상태로 한다.
④ 타이어의 공기압은 표준공기압으로 한다.

해설 **등화장치 광도 및 광축 측정조건 및 방법**

① 자동차는 적절히 예비 운전되어 있는 공차상태의 자동차에 운전자 1인이 승차한 상태로 한다.
② 자동차의 축전지는 충전한 상태로 한다.
③ 자동차의 원동기는 공회전 상태로 한다.
④ 타이어의 공기압은 표준 공기압으로 한다.
⑤ 4등식 전조등의 경우 측정하지 아니하는 등화에서 발산하는 빛을 차단한 상태로 한다.
⑥ 전조등 시험기의 형식에 따라 시험기의 수광부와 전조등을 1m(집광식) 내지 3m(스크린식)의 거리에 정면으로 대칭 시킨 상태에서 광도 및 광축을 측정한다.

107 **승용자동차와 차량총중량이 4.5톤 이하인 승합자동차의 조향핸들에 몸체모형을 24.2 km/h의 속도로 충돌시킬 경우 몸체모형에 의하여 조향장치에 전달되는 충격 하중은?**

① 3/1000초 이상 연속적으로 1130kg을 초과하지 아니하는 구조일 것
② 5/1000초 이상 연속적으로 1130kg을 초과하지 아니하는 구조일 것
③ 3/1000초 이상 연속적으로 1150kg을 초과하지 아니하는 구조일 것
④ 5/1000초 이상 연속적으로 1150kg을 초과하지 아니하는 구조일 것

해설 승용자동차와 차량총중량이 4.5톤 이하인 승합자동차 · 화물자동차 및 특수자동차의 조향장치의 충격흡수 능력 기준

① 조향핸들에 몸체모형을 매시 24.2킬로미터의 속도로 충돌시킬 경우 몸체모형에 의하여 조향장치에 전달되는 충격하중이 3/1000초 이상 연속적으로 1130kg을 초과하지 아니하는 구조일 것. 다만, 조향축의 수평면에 대한 설치각도가 35도를 초과하는 조향장치를 설치한 자동차의 경우에는 그러하지 아니하다.
② 자동차(전방조종자동차를 제외한다)를 48.3km/h의 속도로 고정 벽에 정면충돌시킬 경우 조향기둥과 조향핸들 축 위 끝의 후방 변위량이 자동차길이 방향으로 127mm 이하일 것

정답 ▶ 106.③ 107.①

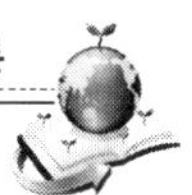

108 자동차의 전자파 내성시험 시 시험조건으로 틀린 것은?

① 전조등은 주행 빔으로 한다.
② 시험자동차는 공차상태에서 시험장비를 적재한 상태로 한다.
③ 좌측 또는 우측의 방향지시등은 작동상태로 한다.
④ 원동기는 50km/h의 정속도로 구동바퀴를 회전시킨다.

해설 전조등은 변환 빔으로 한다.

109 승용자동차 실내에 설치되어 있는 내부 판넬의 연소속도는 얼마 이상을 넘지 않아야 하는가?

① 130 mm/min
② 103 mm/min
③ 120 mm/min
④ 102 mm/min

해설 **차실 내장재의 내인화성**
자동차의 차실 안에 설치되어 있는 다음 각 호의 내장재는 매 분당 102 mm 이상의 속도로 연소가 진행되지 아니하여야 한다.
① 좌석·좌석 등받이 및 안전띠
② 팔걸이·머리 지지대 및 햇빛 가리개
③ 차실 천장·차실 바닥 및 깔판
④ 내부 패널

110 다음 오버행 허용한도 중 올바른 것은 ? 이때 C : 오버행, L : 축간거리를 나타낸다.

① 소형자동차의 경우 $C/L \le 9/20$
② 밴형 화물차의 경우 $C/L \le 11/20$
③ 밴형 승합자동차의 경우 $C/L \le 1/3$
④ 기타의 자동차의 경우 $C/L \le 1/2$

정답 108.① 109.④ 110.④

111 **최저지상고란 기준면과 자동차 중앙부분의 최하부와의 거리를 말한다. 이 경우 중앙 부분이란 차륜내측 너비의 (　)%를 포함하는 너비로서 차량 중심선에 좌우가 대칭이 되는 너비를 말한다. (　)에 적합한 수치는 ?**

① 50%　② 60%
③ 70%　④ 80%

112 **다음 중 승차정원의 산출식으로 맞는 것은?**

① 승차정원 = 좌석인원
② 승차정원 = 좌석인원 + 입석인원 + 승무인원
③ 승차정원 = 좌석인원 + 승무인원
④ 승차정원 = 좌석인원 + 입석인원

113 **차량총중량은 다음 산식에 의한다. (　)에 적합한 수치는?**

차량 총중량 = 차량중량 + 최대적재량 + 승차정원 × (　)kgf [13세 미만의 자인 경우에는 (　)인을 승차정원 1인으로 계산한다.]

① 65, 1.5　② 70, 1.5
③ 65, 2　④ 70, 2

114 **다음은 구름저항 계수가 커지는 경우를 설명한 것이다. 이 중 틀린 것은?**

① 바퀴가 새것일 때　② 공기압력이 낮을 때
③ 주행속도가 증가할 때　④ 바퀴에 걸리는 하중이 커질 때

정답 ▶ 111.④　112.②　113.①　114.④

115 **다음은 자동차의 타이어 마모량의 측정방법에 관한 설명이다. (　)에 적합한 수치는?**

A. 타이어 접지부의 임의의 한 지점에서 (　　) 각도가 되는 지점마다 접지부의 (　　) 또는 (　　)지점 주위의 트레드 홈의 깊이를 측정한다.
B. 트레드 마모표시 〈 (　　)로 표시된 경우에 한한다〉 가 되어 있는 경우에는 마모표시를 확인한다.
C. 각 측정점의 측정값을 산술평균하여 이를 트레이의 잔여 깊이로 한다.

① 120˚, 1/4, 3/4, 1.6mm　　② 100˚, 1/4, 3/4, 1.6mm
③ 90˚, 1/3, 2/3, 2.0mm　　④ 80˚, 1/3, 2/3, 2.0mm

정답 ▶ 115.①

CHAPTER 03

자동차 안전기준

01 운행 자동차의 안전기준에서 길이·너비 및 높이에 관한 기준으로 틀린 것은?

① 길이 : 13미터를 초과할 수 없다.
② 너비 : 2.5미터를 초과할 수 없다.
③ 길이 : 연결자동차의 경우에는 20미터를 초과할 수 없다.
④ 높이 :4미터를 초과할 수 없다.

02 공차상태의 자동차에 있어서 접지부분외의 부분은 지면과의 사이에 몇 cm 이상의 간격이 있어야 하는가?

① 8cm
② 10cm
③ 12cm
④ 15cm

03 차량 중량에 관한 기준으로 올바른 것은?

① 총중량은 20톤, 축중은 10톤을 초과하여서는 아니된다.
② 승합자동차의 총중량은 30톤, 축중은 15톤을 초과하여서는 아니된다.
③ 화물자동차의 총중량은 40톤, 축중은 20톤을 초과하여서는 아니된다.
④ 특수자동차의 총중량은 30톤, 축중은 10톤을 초과하여서는 아니된다.

정답 01.③ 02.② 03.①

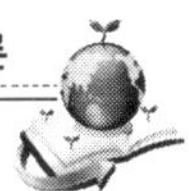

04 **자동차의 최소 회전반경은 바깥쪽 앞바퀴 자국 중심선을 따라 측정할 때 몇 m를 초과하여서는 아니되는가?**

① 10m ② 12m

③ 14m ④ 16m

05 **다음은 자동차의 앞좌석에 머리지지대를 설치하여야 할 자동차를 제시한 것이다. 틀린 것은?**

① 승용자동차

② 초소형 승용자동차

③ 차량총중량 4.5톤 이하의 승합자동차

④ 차량총중량 4.5톤 이하의 특수자동차

06 **타이어를 구성하는 각 부분의 명칭에 대한 설명 중 틀린 것은?**

① 「카커스」란 타이어의 골격을 형성하는 코드층을 말한다.

② 「트레드」란 타이어 접지부분의 고무층으로 노면과 접촉하는 부분을 말한다.

③ 「비드」란 카커스, 벨트 등의 고무층을 구성하도록 짜여진 섬유선 또는 금속선을 말한다.

④ 「사이드 월」이란 트레드와 비드 사이 부분의 고무층을 말한다.

정답 ▶ **04.**② **05.**② **06.**③

CHAPTER 04

친환경 자동차

01 하이브리드 자동차에서 말하는 회생제동이란 무엇인가?

① 제동과정에서 운동에너지일부가 전기에너지로 변환하는 것을 말한다.
② 하이브리드 자동차의 제동 시 제동 효과를 극대화한 시스템이다.
③ 하이브리드 자동차는 모터만으로 브레이가 된다.
④ 제동 시 쓰여진 에너지를 회복시키는 시스템이다.

02 자동차의 고전압 배터로 가장 많이 사용되는 것은?

① 납 배터리
② 니켈카드뮴 배터리
③ 니켈수소 배터리
④ 리튬이온 폴리머 배터리

03 고전압을 12V 직류로 변환시켜 주는 것은?

① BMS(Battery Management System)
② OBC(On Board Charger)
③ LDC(Low voltage DC-DC Converter)
④ PRA(Power Relay Assembly)

정답 01.① 02.④ 03.③

04 리튬이온폴리머 배터리의 셀당 전압은?

① 1.2V ② 2.1V
③ 3.8V ④ 8.3V

05 친환경자동차 중 수소를 연료로 하는 자동차는?

① EV ② HEV
③ PHEV ④ FCEV

06 FCEV의 구성요소가 아닌 것은?

① 연료전지 ② 구동모터
③ 수소탱크 ④ 충전플러그

07 친환경자동차란 무엇인가 틀린 것은?

① 가솔린 대신 수소를 연료로 사용하였다.
② 하이브리드, 플러그인하이브리드, 전기자동차, 수소연료전기차 등이 있다.
③ 친환경 자동차란 휘발유나 경유를 사용하지 않거나 적게 사용하는 자동차다.
④ 수소연료전기차는 수소를 직접 폭발시켜 동력을 얻는다.

08 외부충전도 가능하며 엔진과 모터가 함께 있는 자동차는?

① FCEV ② PHEV
③ IHEV ④ GHEV

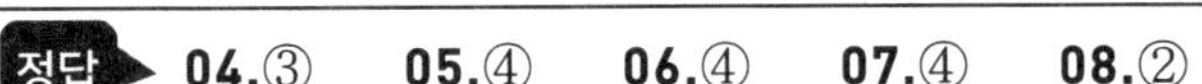
정답 04.③ 05.④ 06.④ 07.④ 08.②

09 **다음 중 '달리는 공기 정화기다' 라고 불리는 자동차는?**

① 하이브리드 자동차　② 전기자동차
③ 전기수소자동차　④ 수소연료전지자동차

10 **회생제동이란 무엇인가?**

① 혼잡한 도심에서 출발 및 제동력을 향상시켰다.
② 브레이크를 밟으면 모터가 발전기로 전환된다.
③ 브레이크를 밟으면 발전기가 모터로 전환된다.
④ 초기 발진 토크는 그다지 높지 않다.

11 **전기자동차에서 구동모터는 무엇에 의해 제어되는가?**

① MCU　② OBC
③ LDC　④ AHB

12 **다음 중 친환경자동차가 아닌 것은?**

① 전기자동차　② GDI자동차
③ 태양광자동차　④ 수소자동차

13 **교류 전기에너지를 직류 전기에너지로 변환하는 장치가 필요한데 이 역할을 하는 소자는?**

① 인버터　② 컨버터
③ 캐패시터　④ 콘덴서

정답 09.④　10.②　11.①　12.②　13.②

14 **전기자동차의 특징을 나열하였다. 틀린 것은?**

① 내연기관에 비해 단순하다.
② 전동기는 고속회전을 자유자재로 할 수 있다.
③ 전동기의 차내 배치가 자유롭다.
④ 내연기관에 비해 구동토크는 낮다.

15 **하이브리드 자동차에서 모터작동을 위한 전기 에너지를 공급하는 것은?**

① 엔진제어기
② 변속기제어기
③ 고전압배터리
④ 컨버터

16 **하이브리드 자동차의 구조적 측면에서 동력전달 순서에 따른 분류를 하였다. 직렬형 전달방식으로 맞는 것은?**

① 기관 - 발전기 - 축전지 - 전동기 - 변속기 - 구동바퀴
② 기관 - 변속기 - 발전기 - 축전지 - 전동기 - 구동바퀴
③ 기관 - 발전기 - 전동기 - 축전지 - 변속기 - 구동바퀴
④ 축전지 -전동기 - 기관 - 변속기 - 전동기 - 구동바퀴

17 **하이브리드 자동차에 대한 설명으로 맞는 것은?**

① 자동차에 2종류 이상의 동력원을 설치한 자동차를 말한다.
② 자동차에 2종류 이상의 내연 기관을 설치한 자동차를 말한다.
③ 자동차에 2종류 이상의 전동기를 설치한 자동차를 말한다.
④ 자동차에 2종류 이상의 외연 기관을 설치한 자동차를 말한다.

해설 하이브리드 자동차란 자동차에 2종류 이상의 동력원을 설치한 자동차를 말한다.

정답 **14.**④ **15.**③ **16.**① **17.**①

18 **하이브리드 자동차의 장점으로 맞는 것은?**

① 연료소비율을 80%정도 감소시킬 수 있고 환경 친화적이다.
② 탄화수소, 일산화탄소, 질소산화물의 배출량이 50% 정도 감소된다.
③ 일산화탄소 배출량이 50% 정도 감소된다.
④ 이산화탄소 배출량이 50% 정도 감소된다.

해설 **하이브리드 자동차의 장점**
① 연료소비율을 50%정도 감소시킬 수 있고 환경 친화적이다.
② 탄화수소, 일산화탄소, 질소산화물의 배출량이 90% 정도 감소된다.
③ 이산화탄소 배출량이 50% 정도 감소된다.

19 **하이브리드 자동차의 단점으로 맞는 것은?**

① 구조가 복잡하지만 정비가 쉽고 수리비용 싸다.
② 고전압 축전지의 수명이 길고 비싸다.
③ 동력전달 계통이 복잡하고 무겁다.
④ 동력전달 계통은 간단하고 가볍다.

해설 **하이브리드 시스템의 단점**
① 구조가 복잡해 정비가 어렵고 수리비용 높고, 가격이 비싸다.
② 고전압 축전지의 수명이 짧고 비싸다.
③ 동력전달 계통이 복잡하고 무겁다.

20 **병렬형 하이브리드 자동차는 기관과 변속기가 직접 연결되어 바퀴를 구동하며 따라서 발전기가 필요 없다. 병렬형의 동력전달순서는 축전지 → (a) → 변속기 → 바퀴로 이어지는 구성과 내연 기관 → (b) → 바퀴의 구성이 병렬적으로 연결된다. ( )안에 알맞은 것은?**

① a : 내연기관, b : 변속기
② a : 내연기관, b : 차동기
③ a : 전동기, b : 변속기
④ a : 전동기, b : 차동기

해설 병렬형은 기관과 변속기가 직접 연결되어 바퀴를 구동한다. 따라서 발전기가 필요 없다. 병렬형의 동력전달은 축전지 → 전동기 → 변속기 → 바퀴로 이어지는 전기적 구성과 기관 → 변속기 → 바퀴의 내연기관 구성이 변속기를 중심으로 병렬적으로 연결된다.

정답 **18.**④ **19.**③ **20.**③

21 **내연 기관을 가동하여 얻은 전기를 배터리에 저장하고, 차체는 순수하게 전동기의 힘만으로 구동하는 방식으로 전동기는 변속기를 통해 동력을 구동바퀴로 전달한다. 내연 기관은 바퀴를 구동하기 위한 것이 아니라 배터리를 충전하기 위한 것으로 동력전달과정은 기관 → 발전기 → 축전지 → 전동기 → 변속기 → 구동바퀴 순으로 전달되는 하이브리드 자동차의 형식은?**

① 단일형　　② 병렬형
③ 복합형　　④ 직렬형

해설 직렬형 하이브리드 자동차는 내연 기관을 가동하여 얻은 전기를 축전지에 저장하고, 차체는 순수하게 전동기의 힘만으로 구동하는 방식으로 전동기는 변속기를 통해 동력을 구동바퀴로 전달한다. 전동기로 공급하는 전기를 저장하는 축전지가 설치되어 있으며, 기관은 바퀴를 구동하기 위한 것이 아니라 축전지를 충전하기 위한 것이다. 따라서 기관에는 발전기가 연결되고, 이 발전기에서 발생되는 전기는 축전지에 저장된다. 동력전달 과정은 기관 → 발전기 → 축전지 → 전동기 → 변속기 → 구동바퀴이다.

22 **전기 에너지를 사용하는 전기 자동차(Electric Vehicle)에 대한 설명으로 틀린 것은?**

① 기존 내연기관 차량과는 다르게 화석 에너지를 사용하지 않는다.
② 주로 저전압 배터리에 저장되어 있는 전기에너지를 사용한다.
③ 주로 고전압 배터리에 저장되어 있는 전기에너지를 사용한다.
④ 배기가스가 배출되지 않는 장점을 갖는 진정한 의미의 친환경차이다.

해설 전기자동차(Electric Vehicle, EV)는 전기에너지를 이용하여 주행하는 차량을 의미한다. 즉, 기존 내연기관 차량과는 다르게 화석에너지를 사용하여 동력을 발생시키지 않고 차량에 탑재되어 있는 고전압 배터리에 저장되어 있는 전기에너지를 사용하여 차량을 구동시키는 자동차로 내연기관 자동차에서 발생하게 되는 배기가스가 배출되지 않는 장점을 갖는 진정한 의미의 친환경차라고 할 수 있다.

정답 ▶ 21.④　22.②

23 **그림과 같이 통상적인 주행에서는 기관과 전동기가 함께 사용되며 가속, 앞지르기, 등판할 때 등 큰 동력이 필요할 때에는 축전지로부터 전력을 공급받아 전동기의 구동력을 증가시키는 형식은?**

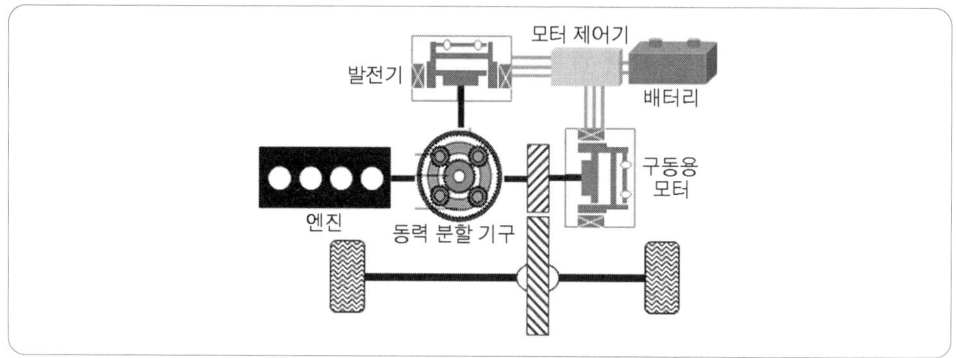

① 직렬형　　② 병렬형
③ 직·병렬형　　④ 단일형

해설 직병렬형은 출발할 때와 경부하 영역에서는 축전지로부터의 전력으로 전동기를 구동하여 주행하고, 통상적인 주행에서는 기관과 전동기가 함께 구동된다. 그리고 가속, 앞지르기, 등판할 때 등 큰 동력이 필요한 경우, 통상주행에 추가하여 축전지로부터 전력을 공급하여 전동기의 구동력을 증가시킨다. 감속할 때에는 전동기를 발전기로 변환시켜 감속에너지로 발전하여 축전지에 충전하여 재생한다.

24 **전기자동차는 적은 부품 수에 높은 에너지 효율의 큰 장점을 갖고 있는데, 그 특징이 아닌 것은?**

① 내연기관 자동차의 복잡한 구동시스템에 비하여 전기자동차는 전동기와 축전지로 구성되어 있다.
② 전동기는 고속회전을 자유자재로 할 수 없어 별도의 변속장치가 필요하다.
③ 전동기는 특별한 구동장치 없이 직접 구동이 가능하기 때문에 전동기의 차내 배치를 자유롭게 할 수 있다.
④ 전기 자동차의 부품 수는 가솔린차 대비 적으며 구조도 매우 단순하기 때문에 가솔린차 대비 가격이 저렴할 가능성이 높다.

정답 23.③　24.②

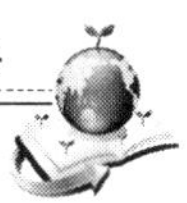

해설 **전기자동차의 주요 특징**은 다음과 같다.

① 내연기관 자동차의 복잡한 구동시스템에 비하여 전기자동차는 전동기와 축전지로 구성되어 있다.

② 가솔린 엔진은 최저와 최고 회전수의 차이가 10배에 달해 복잡한 변속 장치가 필요하지만 전동기는 고속회전을 자유자재로 할 수 있어 별도의 변속장치가 필요 없다.

③ 전동기는 특별한 구동장치 없이 직접 구동이 가능하기 때문에 전동기의 차내 배치를 자유롭게 할 수 있다.

④ 전기 자동차의 부품 수는 가솔린차 대비 60% 수준에 불과하며 그 구조도 매우 단순하기 때문에 가솔린차 대비 가격이 저렴할 가능성이 높다.

⑤ 에너지 효율도 내연기관 자동차보다 탁월한 것으로 나타나고 있다.

25 **전기 자동차는 주행속도와 안전성 등에 따라 다양하게 분류되고 있는데, 그 종류에 포함되지 않는 것은?**

① 저속 전기 자동차　　② 중속 전기 자동차

③ 고속 전기 자동차　　④ 도시형 전기 자동차

해설 **전기 자동차의 종류**

① **저속 전기 자동차** : 최고속도 60km 이하의 전용 도로를 최고 속도 32~40km 이하로 주행할 수 있는 자동차이며 골프 카트보다 한 등급 위의 자동차라 할 수 있다.

② **중속 전기 자동차** : 최고 속도 56km로 주행할 수 있으며 전기 자동차 전용도로에서만 주행했던 저속 전기차와 달리 대부분의 지방 도로에서 주행이 가능하다. 국내 중소기업에서 생산된 중속 전기 자동차는 미국, 유럽 및 중국 등에 수출하고 국내시장에도 시판하고 있어 기술력을 인정받고 있다.

③ **도시형 전기 자동차** : 60km의 속도를 가지고 1회 충전으로 80km의 거리를 주행할 수 있는 자동차를 의미하며 가솔린차와 동등한 안전기준이 적용되는 일반적인 소형 승용차를 의미한다.

현재 대부분의 전기 자동차는 저속 전기 자동차의 수준에 머물러 있기 때문에 특정 목적 즉 통학, 쇼핑, 공공기관 내부사용 등으로 제한적으로 사용되고 있다. 최근 자동차업체들이 중속 전기 자동차를 비롯해 도시형 전기 자동차의 개발에 박차를 가하고 있어 가솔린 자동차 대비 성능이 떨어지지 않는 보통 전기 자동차(full-size electric vehicle)가 출시가 되었다. 국내 완성차 업체들도 2009년 하이브리드 자동차 판매를 본격 시작하였고 2010년 이후 미국 일본 EU 등에 수출을 통해 생산물량을 늘려갈 계획으로 있어 국내 관련 전기자동차 부품업체들도 양산화를 통해 점차 원가를 낮추어 갈 수 있을 것으로 전망 되고 기술력도 축적할 수 있다.

정답 ▶ 25.③

26 전기 자동차(EV)의 구성 요소가 아닌 것은?

① 축전기 조절장치 ② 인버터
③ 컨버터 ④ 자동차 제어기

해설 전기 자동차(EV)는 공통적으로 전동기로 구동되고, 전기를 저장하는 축전지, 축전지 조절장치(BMS), 전동기 구동용 AC를 생성하는 인버터, 자동차 전장용 저압DC로 전환하는 컨버터, 전체 자동차의 시스템을 제어하는 자동차제어기 등이 구성되어 있다.

27 전기 자동차의 구성품 중에서 에너지 저장을 위하여 필요한 것은?

① 인버터 ② 전기 축전지와 전동기
③ 제어기 ④ 컨버터

해설 전기 자동차는 에너지 저장을 위한 전기 축전지와 전동기, 제어기, 각종 전기장치, 동력전달 시스템으로 구성되어 있다. 전력계통으로부터 축전지를 충전하기 위해서는 보통 자동차에 탑재되어 있거나 충전소에 설치된 충전장치를 사용한다. 제어기는 전동기로 공급되는 전력을 제어하므로 전후방향으로 자동차의 속도를 제어할 수 있다.

28 전기 자동차의 가장 핵심 기술은 성능이 우수한 배터리인데, 현재 전기 자동차용으로 개발되고 있는 배터리는 다양한 성능요건을 충족시켜야 하는데 배터리 성능을 결정하는 가장 중요한 부분은?

① 충전과 방전 상태 ② 에너지 밀도와 출력
③ 화학 및 자기 작용 ④ 질량과 휴대 성능

해설 전기 자동차의 가장 핵심기술은 성능이 우수한 배터리의 개발이라고 할 수 있으며 현재 전기 자동차용으로 개발되고 있는 배터리는 다양한 성능요건을 충족시켜야 하며 배터리 성능을 결정하는 가장 중요한 부분으로는 에너지 밀도와 출력을 들 수 있으며, 이외에도 안정성, 수명, 충전 용이성, 충전효율, 충전시간, 저온성능 등 다양한 요구를 만족하여야 한다.

정답 26.① 27.② 28.②

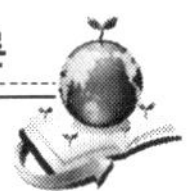

29 **모터로 공급되는 전류량을 제어함으로서 출력과 동력성능을 제어하고 또한 교류 모터를 사용함으로 배터리의 직류 전원을 교류 전원으로 변환시키는 인버터의 기능과 자동차의 주행 중 제동 또는 감속 시에 발생하는 여유에너지를 모터에서 발전기로 전환하여 배터리로 충전을 하는 기능도 동시에 수행하는 것은?**

① 고전압 배터리　　② 공기공급장치
③ 제어기　　④ 저전압 배터리

해설 제어기의 경우 주로 모터 제어를 위한 컴퓨터이며, 모터로 공급되는 전류량을 제어함으로서 출력과 동력성능을 제어하고 또한 교류 모터를 사용함으로 배터리의 직류 전원을 교류 전원으로 변환시키는 인버터의 기능과 자동차의 주행 중 제동 또는 감속 시에 발생하는 여유 에너지를 모터에서 발전기로 전환하여 배터리로 충전을 하는 기능도 동시에 수행한다.

30 **전기 자동차의 주행 기능 및 작동 원리에 대한 설명으로 틀린 것은?**

① 출발/가속 : 배터리에 저장된 전기에너지를 이용하여 구동모터에서 구동력을 발생시키는 것
② 감속 : 회생제동이란 감속시에 발생하는 운동에너지를 버리지 않고 구동모터를 발전기로 사용하여 배터리를 재충전하는 것
③ 완속 충전 : 220V의 전압을 이용하여 배터리 충전하는 방법으로 0~100% 충전까지 10시간 소요
④ 급속 충전 : 별도로 설치된 급속 충전기를 이용하여 충전하는 방법으로 0~80% 충전까지 25분 소요

해설 **전기 자동차의 주행기능 및 작동원리(주행모드)**
① **출발/가속** : 배터리에 저장된 전기에너지를 이용하여 구동모터에서 구동력을 발생시키는 것
② **감속** : 회생제동이란 감속시에 발생하는 운동에너지를 버리지 않고 구동모터를 발전기로 사용하여 배터리를 재충전하는 것
③ **완속 충전** : 완속충전은 220V의 전압을 이용하여 배터리 충전하는 방법. 0~100% 충전까지 6시간 소요
④ **급속 충전** : 외부에 별도로 설치된 급속 충전기를 이용하여 충전하는 방법. 0~80% 충전까지 25분 소요

정답 **29.**③　**30.**③

31 **전기자동차는 브레이크에서 발을 뗀 후 출발하기까지 제동력 공백이 발생하여 경사로에서는 차량이 밀리는 현상이 발생할 수 있다. 이를 방지하기 위한 장치는?**

① HAC(Hill-Start Assist Control)
② PSS(Power Steering System)
③ SBC(Servo Brake Control)
④ SRS(Supplemental Restraint System)

해설 전기자동차는 브레이크에서 발을 뗀 후 출발하기까지 제동력 공백이 발생하게 된다. 이 때문에 경사로에서는 차량이 밀리는 현상이 발생할 수 있다. 이를 방지하기 위해 HAC(Hill-Start Assist Control)를 장착하여 경사도 8도 이상의 오르막길 또는 내리막길에서 브레이크 페달에서 발을 떼어도 약 3초간 제동력을 유지하는 기능이다.

32 **연료전지 자동차에서 스택에서 발생된 전기 및 회생 제동 에너지(전기) 저장, 시스템 내 고전압 장치에 전원을 공급하는 것은?**

① 고전압 배터리
② 공기공급장치(APS)
③ 모터 & 감속기
④ 저전압 배터리

해설 **연료전지자동차의 고전압 배터리 역할**
- 스택에서 발생된 전기 저장
- 회생제동 에너지(전기) 저장
- 시스템 내 고전압 장치에 전원 공급

33 **연료전지 자동차에서 발생된 직류 전기를 모터에 필요한 3상 교류전기로 변환하는 것은?**

① 컨버터/인버터
② 스택
③ 저전압 배터리
④ 고전압 배터리

해설 컨버터/인버터는 스택에서 발생된 직류 전기를 모터가 필요한 3상 교류전기로 변환한다.

정답 31.① 32.① 33.①

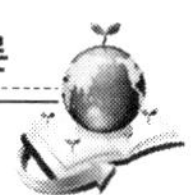

34 연료전지 시스템 어셈블리의 기능이 아닌 것은?

① 공기를 흡입하여 스택 내부로 불어 넣을 수 있는 공기 공급
② 스택의 온도 조절을 위한 냉각
③ 스택을 중심으로 산소공급시스템과 저전압회로 분배
④ 스택을 중심으로 수소공급시스템과 고전압회로 분배

해설 **연료전지 시스템 어셈블리**
- 연료전지 룸 내부에는 스택을 중심으로 수소공급시스템과 고전압회로 분배
- 공기를 흡입하여 스택 내부로 불어 넣을 수 있는 공기 공급
- 스택의 온도조절을 위한 냉각

35 연료전지 자동차에서 공기공급장치(APS)의 기능으로 맞는 것은?

① 스택 내에서 산소와 결합해 물(H_2O)을 생성한다.
② 스택 내에서 수소와 결합해 물(H_2O)을 생성한다.
③ 대기공기를 스택으로부터 공급 받는다.
④ 수소를 스택으로 부터 공급 받는다.

해설 **공기공급장치(APS)**
- 스택 내에서 수소와 결합해 물(H_2O) 생성
- 순수 산소형태가 아니며 대기공기로 스택으로 공급

36 연료전지의 셀(cell)을 전체적으로 볼 때 '양극판 → 촉매 → PEM → 촉매 → 양극판'의 순으로 PEM을 중심으로 구성 요소들이 대칭으로 배열되어 있다. 이 셀을 여러 개 직렬로 연결하여 일체로 만든 것은?

① 고전압 배터리 ② 공기공급장치(APS)
③ 수소저장탱크 ④ 스택(STACK)

해설 연료전지의 셀(cell) 즉, 단전지(單電池)는 전체적으로 볼 때, '양극판 → 촉매 → PEM → 촉매 → 양극판'의 순으로 즉, PEM을 중심으로 구성 요소들이 대칭으로 배열되어 있다. 이 셀을 여러 개 직렬로 연결하여 일체로 만든 것을 스택(stack)이라고 한다.

정답 34.③ 35.② 36.④

03

과년도 기출문제

자동차진단평가사 1급
자동차진단평가사 2급

※ 2020년 말에 자동차진단평가사 검정교재(이론편)가 일부 변경되었[illegible]
기출문제는 참고용으로만 사용해 주십시오.
(특히, 진단평가원론 및 도장결함 부분의 세칙, 용어 등이 변경됨)

자동차진단평가사 1급

2021년 제26회

제1과목 자동차진단평가론

01 중고자동차 점검원의 휴대품 중 보기에서 설명하는 것은?

> [보기]
> 사고 차량의 경우 외부의 조립된 상태로는 확인이나 판단이 어려울 경우, 내부 부품 교환의 확인을 필요로 할 때 사용한다.

① 목장갑
② 펜전등
③ 반사경
④ 드라이버(+, −)

02 자동차매매업자가 자동차를 매도 또는 매매 알선을 하는 경우에 자동차 매수인에게 서면으로 고지해야 하는 것이 아닌 것은?

① 압류 및 저당권의 등록 여부
② 자동차보험 가입, 과태료 체납 내용
③ 국토교통부령으로 정하는 자의 성능 상태 점검 내용
④ 매수인이 원하는 경우 자동차 가격을 조사 산정한 내용

03 자동차 제동장치 중 디스크 브레이크의 특징으로 옳지 않은 것은?

① 방열성이 우수하다.
② 페달 밟는 힘이 커야 한다.
③ 패드의 강도가 작아도 된다.
④ 한쪽만 브레이크 되는 경우가 적다.

04 아래 그림은 어떤 현가장치의 종류인가?

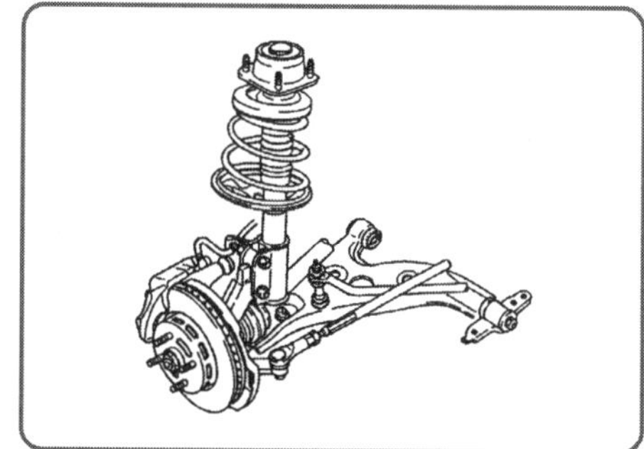

① S.L.A 형식
② 위시본 형식
③ 맥퍼슨 형식
④ 스윙차축 형식

05 자동차등록증의 기재 사항이 아닌 것은?

① 제원
② 자동차 출고 가격
③ 계속검사 유효기간
④ 의무보험 가입사항

정답 01.④ 02.② 03.③ 04.③ 05.④

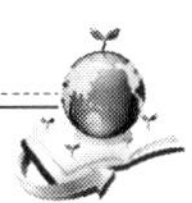

06 SPOT 용접에 의한 조립 부위 중 크로스멤버(후)에 해당하지 않는 부위는?

① 리어엔드패널
② 트렁크플로어
③ 사이드멤버(후)
④ 플로어사이드멤버

07 도장할 때 발생되는 결함 중 새깅(Sagging) 현상에 대한 원인으로 틀린 것은?

① 도료의 점도가 낮을 때
② 스프레이 건 분사 패턴이 불량할 때
③ 증발이 빠른 시너를 과다 사용했을 때
④ 스프레이 작업 시 도장 면과의 거리가 너무 가까울 때

08 가스 용접 부분이나 찌그러짐·휨·녹 등의 유무를 확인해야 하는 패널 부위는 어디인가?

① 필러 패널
② 사이드 실 패널
③ 리어 엔드 패널
④ 프런트 휠 하우스

09 자동차 전차륜 정렬 중 토인의 역할로 옳은 것은?

① 시미 방지
② 앞차축 휨 방지
③ 바퀴의 슬립 방지
④ 핸들 복원성 부여

10 패널의 교환 및 수리 여부 확인방법으로 틀린 것은?

① 도어 손잡이 부분의 뚜껑이 드라이버로 열린 흔적이 있는지를 확인한다.
② 도어 사이드 부분에 실링이 되어 있지 않으면 100% 교환된 것으로 본다.
③ 펜더 패널은 고정볼트의 머리부분의 마모나 페인트 벗겨짐 등으로 확인한다.
④ 차량 1대에 2개 이상의 상이(相異)한 키를 사용하는 경우는 도어 패널의 교환을 의심할 수 있다.

11 아래 그림은 한국유리제품의 표시 방법이다. 제조 연월로 맞는 것은?

① 2010년 3월 ② 2013년 10월
③ 2014년 1월 ④ 2015년 9월

12 사고 자동차 식별방법 중 유리 교환 여부 판정방법에 대한 사항으로 잘못된 것은?

① 자동차의 각 유리의 제조 연월을 확인한다.
② 유리는 동일 제작사 제품으로 되어 있는지 확인한다.
③ 1대의 자동차는 각각의 유리 제조 연월이 동일해야 한다.
④ 자동차 제조 연월 및 등록 연월과 유리 제조 연월을 비교한다.

정답 06.④ 07.③ 08.② 09.③ 10.③ 11.② 12.③

13 **1차 충격과 2차 충격에 대한 설명으로 맞지 않는 것은?**

① 2차 충격은 1차 충격에 의해서 야기된다.
② 충돌 사고로 받는 최초의 충격을 1차 충격이라 한다.
③ 2차 충격은 1차 충격과는 완전히 반대 방향으로 작용한다.
④ 손상된 차를 관찰하여 가장 큰 손상부위를 찾아냄으로써 2차 충격의 방향을 알 수 있다.

14 **자동차의 주행거리 평가 방법이 아닌 것은?**

① 주행거리는 주행거리 표시기에 표시된 수치를 실 주행거리로 한다.
② 주행거리의 단위는 km를 사용하고, mile 단위의 경우는 km 단위로 환산하여 적용한다.
③ 주행거리 표시기가 고장인 경우, 조작 흔적이 있는 경우는 기준 가격의 50%를 감점한다.
④ 주행거리 표시기를 교환하였을 경우 자동차등록증상 검사 유효기간란의 마지막 검사일에 기록된 주행거리와 현재 주행거리 표시기의 수치를 합하여 평가한다.

15 **스톨 테스트(stall test)에 대한 설명으로 틀린 것은?**

① 가속페달을 5초 이상 밟아 유지한다.
② 자동변속기의 경우 테스트를 실시할 수 있다.
③ 변속레버 "D"와 "R"레인지에서 테스트한다.
④ 파킹 브레이크를 최대한 당기고, 왼발로 브레이크 페달을 밟은 상태에서 실시한다.

16 **자동차 기계식 클러치 페달 유격 규정값으로 옳은 것은?**

① 10~15mm ② 17mm 이상
③ 20~30mm ④ 30mm 이상

17 **차량의 점검 중 후방 범퍼의 상태를 확인하는 방법으로 틀린 것은?**

① 인크루트 각도와 셋백의 치수 여부를 확인한다.
② 등록번호판의 심한 찌그러짐 등이 있는지 확인한다.
③ 범퍼의 긁힘, 깨짐, 재도장, 교환 여부 등을 확인한다.
④ 범퍼를 손으로 몇 군데 위에서 밑으로, 앞에서 뒤로 밀어 보면서 상태나 수리 흔적 여부를 확인한다.

18 **현재 승용차에 적용되는 공기 항력 계수(Cd) 수치값으로 옳은 것은?**

① 0.15~0.2 정도
② 0.25~0.3 정도
③ 0.35~0.4 정도
④ 0.45~0.5 정도

19 **자동차에 사용하는 방향지시등 릴레이의 종류로 옳지 않은 것은?**

① 수은식 ② 바이메탈식
③ 전자 열선식 ④ 축전기 전류형

정답 13.④ 14.③ 15.① 16.① 17.① 18.③ 19.②

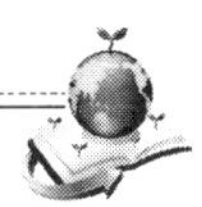

20 차량 사방 점검에서 루프 면의 확인 방법으로 틀린 것은?

① 루프 패널의 드립 레일 부분을 접합하는 경우가 많다.
② 적용 부위는 루프 패널 및 연결 접합된 필러 패널까지 확인한다.
③ 패널 간 접합 부위의 고무 몰딩을 탈착해 보면 수리 흔적 여부를 알 수 있다.
④ 루프 패널의 드립 레일 부분은 접합이 불가능하므로 레일 몰딩은 점검하지 않아도 된다.

21 자동차 현가장치 중 스프링 아래 진동에 해당하지 않는 것은?

① 요잉 ② 휠홉
③ 윈드 업 ④ 휠 트램프

22 중고자동차 점검원의 자세에서 출품자가 개인일 경우 직접 확인하는 사항으로 틀린 것은?

① 고객의 취미
② 고객의 업종
③ 고객의 사용용도
④ 고객의 나이 및 성별

23 열역학적 사이클에 의한 분류에서 일정 압력하에서 연료가 연소되는 사이클로 옳은 것은?

① 오토사이클
② 정적사이클
③ 디젤사이클
④ 사바테사이클

24 자동차 윤활유의 구비조건으로 옳지 않은 것은?

① 점도가 낮을 것
② 응고점이 낮을 것
③ 인화점이 높을 것
④ 열과 산에 안정성이 있을 것

25 중고자동차 측방 자세 점검 시 로드 클리어런스에 대한 설명으로 맞는 것은?

① 차체 하부와 노면 사이의 거리
② 차량 루프 면과 노면 사이의 거리
③ 앞 범퍼와 뒤 범퍼 사이의 끝단 거리
④ 앞바퀴 중심에서 뒷바퀴 중심 사이의 거리

26 도장 작업 후 약간의 기간이 경과되었을 때 발생되는 결함이 아닌 것은?

① 초킹(Chalking)
② 황변(Yellowing)
③ 블러싱(Blushing)
④ 물 자국(Water marks)

27 수리 내용에 기재되는 용어가 올바른 것은?

① 점검 (A)
② 조정 (X)
③ 수정 (I)
④ 분해, 점검 조립(W)

정답 20.④ 21.① 22.④ 23.③ 24.① 25.① 26.③ 27.④

28 **운전석 실내의 장비품 확인 사항으로 맞는 것은?**

① 매트의 이상 유무(청결상태)를 확인한다.
② 연료 주입구 개방 스위치의 작동 상태를 확인한다.
③ 에어컨 작동상태 및 통풍장치를 확인한다.
④ 브레이크 페달을 밟아 페달의 유격 및 작동 상태를 점검한다.

29 **자동차 내외장 재료 중에서 비철금속의 재료로 옳지 않은 것은?**

① 플라스틱 ② 티타늄 합금
③ 알루미늄 합금 ④ 아연·니켈 합금

30 **가솔린 엔진 어셈블리의 구성품이 아닌 것은?**

① 워터 펌프 ② 연료 펌프
③ 오일 여과기 ④ 연료 분사 노즐

31 **다음의 타이어 호칭 기호 중 최대하중지수를 나타내는 것으로 옳은 것은?**

175 / 70 R 13 82 S

① R ② 13
③ 82 ④ S

32 **자동차가격 조사·산정 교육 내용에 포함되어야 할 사항이 아닌 것은?**

① 직무 능력
② 자동차가격 조사·산정 방법
③ 자동차가격 조사·산정 법령
④ 자동차가격 조사·산정 실무

33 **자동차의 가격조사·산정 절차가 아닌 것은?**

① 자동차의 기본 정보 등 확인
② 자동차 매매 이력 점검 및 가격 산정
③ 자동차의 종합 상태 점검 및 가격 산정
④ 사고·교환·수리 등 이력 점검 및 가격 산정

34 **독립 현가장치 위시본 형식 어셈블리가 아닌 것은?**

① 볼 이음
② 판 스프링
③ 현가 스프링
④ 위 및 아래 컨트롤 암

35 **완전 충전 상태인 90Ah 배터리를 30A의 전류로 사용을 할 경우 사용할 수 있는 시간으로 옳은 것은?**

① 180분 ② 200분
③ 220분 ④ 240분

36 **수리 자동차의 부위별 진단법에서 프런트 휠 하우스 패널 검사 방법으로 옳은 것은?**

① 대시 패널의 부착 상태가 양호한지 검사한다.
② 카울 패널의 인슐레이터의 부착 상태가 양호한지 검사한다.
③ 실링 작업이 청결하고 자연스럽게 되었는지를 검사한다.
④ 카울 탑 좌우 부분의 실링 작업이 청결하고 자연스럽게 되었는지를 검사한다.

정답 28.③ 29.① 30.④ 31.③ 32.① 33.② 34.② 35.① 36.③

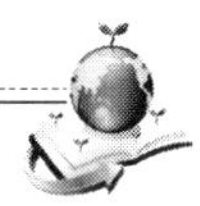

37 사고 차량의 견적서를 기재하는 순서에 대한 설명으로 옳지 않은 것은?

① 기점을 결정하여 차량을 한 번 순회하는 방법
② 작업 내용에 따라서 부위별, 기능별로 구분하는 방법
③ 차의 전반부에서 후반부, 후반부에서 전반부로 이동하는 방법
④ 간접 충격을 받는 부분부터 시작하여 충격의 진행 방향에 따르는 방법

38 자동차의 충돌 과정 3단계가 아닌 것은?

① 분리 이탈
② 후기 접촉 상태
③ 초기 접촉 자세
④ 최대 맞물림 상태

39 사일런스 패드 보는 법에서 메이커와 일반 공장의 차이점 중 메이커 작업상태로 맞는 것은?

① 틈이 없다.
② 두께가 두껍다.
③ 절단면이 직각이다.
④ 주름이 있는 것이 많다.

40 자동차용 신소재에서 현재 경량화 대체 재료로 옳지 않은 것은?

① 알루미늄
② 플라스틱
③ 마그네슘
④ 내열 중금속

41 강판의 모양을 바로잡고 이너 패널을 적당히 용접하는 작업을 무엇이라 하는가?

① 용접
② 마무리
③ 평면내기
④ 대충 맞춤

42 자동차 성능점검 제도의 입법 취지의 설명으로 옳지 않은 것은?

① 보상의 근거가 되어 소비자 보호와 투명한 거래로 신뢰 사회를 구축하는 데 있다.
② 성능기록부로 자동차의 성능 상태를 파악할 수 없으므로 보험회사에서 보증을 받도록 되어 있다.
③ 매매사업자가 중고차를 판매할 때 성능점검을 실시하여 해당 점검기록부를 소비자에게 의무적으로 고지토록 하는 제도이다.
④ 중고차 거래 시 거래 차량에 대한 성능에 대한 내용을 고지함으로써 소비자의 알 권리를 충족시켜 가치판단에 중요한 자료로 쓰이도록 한다.

43 사고 수리 자동차의 부위별 진단법 중 차체 전면부 부위에 해당하지 않는 부분은?

① 도어 패널
② 대시 패널
③ 라디에이터 서포트
④ 프런트 사이드 멤버

정답 37.④ 38.② 39.② 40.④ 41.③ 42.② 43.①

44 속도 $V_1(m/s)$으로 주행 중인 자동차를 t초(sec) 동안 가속하여 자동차의 속도가 $V_2(m/s)$로 된 경우 가속도(a)를 구하는 식은?

① $a=\frac{(V_2-V_1)}{t}$

② $a=\frac{(V_1-V_2)}{t}$

③ $a=(\frac{t}{V_2-V_1})$

④ $a=(\frac{t}{V_1-V_2})$

45 트렁크 리드 패널의 교환 및 수리 여부 식별 방법 중 틀린 것은?

① 콤비네이션 램프와 패널 간에 틈새의 균일 여부를 확인한다.
② 실링이 없으면 원래의 상태가 유지된 것으로 판단한다.
③ 안쪽 테두리 부분에 실링 작업의 주름진 상태 유무를 확인한다.
④ 트렁크 리드 힌지 고정볼트 머리부분의 페인트 벗겨짐으로 교환 여부를 확인한다.

46 성능 · 상태 점검자가 시설·장비 기준 등을 갖추어 성능 · 상태 점검을 하고자 하는 경우 어디에 신고를 해야 하는가?

① 경찰서　　② 도지사
③ 국토교통부　　④ 시군구청장

47 윤활장치에서 윤활유의 작용에 대한 내용으로 옳지 않은 것은?

① 마멸 방지　　② 냉각 작용
③ 밀봉 작용　　④ 응력 집중 작용

48 에너지는 결코 소멸하지 않고 영구 보존한다. 이러한 법칙을 물리학에서는 무슨 법칙이라 하는가?

① 열역학 제3법칙
② 질량 보존의 법칙
③ 운동량 보존의 법칙
④ 에너지 보존의 법칙

49 부위별 수리차 판별에서 라디에이터 서포트 및 보닛의 사고 여부를 점검하는 사항이 아닌 것은?

① 웨더 스트립의 부착상태가 청결한지 확인한다.
② 각종 램프류의 파손 및 부착상태를 확인한다.
③ 차량의 정면에서 차량 전면을 보고 전체의 밸런스를 확인한다.
④ 엔진룸 내의 부품 수리 시 도장의 벗겨짐 유무 및 주름의 덮인 상태를 확인한다.

50 차량 점검 순서에서 차량 우측 전방 점검 포인트로 맞는 것은?

① 운전석 주변, 내장, 장비품 등
② 보닛, 앞 범퍼, 전면 유리, 램프류
③ 사이드 실 패널, 펜더 패널, 도어 패널, 필러 패널 등
④ 트렁크 내·외부, 스페어타이어, 후면 유리, 뒤 범퍼 등

정답 44.① 45.② 46.④ 47.④ 48.④ 49.① 50.③

51 측정용 공구 중 프레임의 한쪽에서 다른 한쪽이나 측정하고 싶은 점과 점 사이에 장애물이 있을 때 사용하는 게이지는?

① 트램 게이지 ② 토인 게이지
③ 센터링 게이지 ④ 프레임 게이지

52 자동차가 측면으로 회전하면서 생기는 자동차 손상의 호칭을 무엇이라 하는가?

① 롤 오버 (roll over)
② 헤드 온(head on) 손상
③ 사이드 스웝 (side swap)
④ 리어 앤드(rear end) 손상

53 자동차 동력전달장치 확인 사항으로 맞는 것은?

① 휠 실린더의 누유를 확인한다.
② 주행 시 핸들 쏠림 현상을 확인한다.
③ 파워 스티어링 오일 누유를 확인한다.
④ 클러치 릴리스 실린더의 오일 누유를 확인한다.

54 섀시 관련 용어에서 클러치 접촉 시 회전 충격을 흡수하는 것으로 옳은 것은?

① 쿠션 스프링
② 리트랙팅 스프링
③ 비틀림 코일스프링
④ 다이어프램 스프링

55 손상된 자동차를 정비업소까지 자력으로 이동할 수 있도록 하기 위해 필요한 수리비는 무엇인가?

① 직접 수리비 ② 추정 수리비
③ 임시 수리비 ④ 간접 수리비

56 근로시간의 구성에서 손상된 자동차의 실제 수리작업을 하는 시간으로 작업의 준비시간을 포함하는 것으로 다음 중 어디에 해당하는 시간을 말하는가?

① 공장 정비시간
② 정미 작업시간
③ 작업 대기시간
④ 자동차 정비시간

57 유리 부품 손상의 종류로 맞는 것은?

① 균열, 파단 ② 비틀림, 깨짐
③ 긁힘, 찌그러짐 ④ 찌그러짐, 균열

58 다음 중 전자제어 연료분사장치에서 체크밸브의 역할로 옳지 않은 것은?

① 배출가스 저감
② 연료 잔압유지
③ 재시동성 향상
④ 베이퍼 록 방지

59 작업자가 실제로 근무하는 시간이 8시간, 직접 작업시간이 4시간일 때 가동률(%)은?

① 4 % ② 12 %
③ 32 % ④ 50 %

60 자동차 매매 업자가 받을 수 있는 수수료 및 관리비용이 아닌 것은?

① 자동차 성능 점검비
② 자동차 매매 알선 수수료
③ 자동차 등록 신청 대행 수수료
④ 자동차 가격 조사산정 수수료

정답 51.① 52.① 53.④ 54.③ 55.③ 56.② 57.① 58.① 59.④ 60.①

제2과목 성능공학

61 다음 중 자동차의 제원 측정 방법으로 틀린 것은?

① 측정단위는 m로 한다.
② 자동차는 공차상태로 측정 한다.
③ 견인장치를 부착한 경우에는 드로우아이의 중심축이 연직인 상태에서 측정한다.
④ 좌석 등받이의 부착 각도를 조정할 수 있는 구조의 경우에는 기준위치에 고정 상태로 한다.

62 "표준정비시간"에 해당되는 내용으로 옳은 것은?

① 국토교통부 장관이 정하여 공개하고 사용하는 정비작업별 평균 정비시간
② 대통령이 특별법으로 정하여 공개하고 사용하는 정비작업별 평균 정비시간
③ 시·도 지자체 자동차관리사업 담당자가 정하여 공개하고 사용하는 정비작업별 평균 정비시간
④ 자동차정비사업자 단체가 정하여 공개하고 사용하는 정비작업별 평균 정비시간

63 자동차의 승차정원 측정 시 산출식으로 맞는 것은?

① 승차정원 = 좌석인원 + 입석인원 + 승무인원
② 승차정원 = (좌석인원 × 승무인원) − 입석인원
③ 승차정원 = (좌석인원 − 입석인원) + 승무인원
④ 승차정원 = (좌석인원 − 입석인원) ÷ 승무인원

64 운행차 배출가스 정밀검사 면제 대상에 해당하는 내용으로 옳은 것은?

① 저공해자동차 중 대통령령으로 정하는 자동차
② 인구 50만 명 이상의 도시지역 중 대통령령으로 정하는 지역
③ 「수도권 대기환경개선에 관한 특별법」 제40조 제2항에 따라 검사를 받은 특정경유자동차
④ 「수도권 대기환경개선에 관한 특별법」 제25조 제4항에 따른 조치를 한 날부터 3년 이내인 특정경유자동차

65 자동차의 최고 속도 측정 방법에 대한 설명 중 틀린 것은?

① 측정구간에는 100m마다 표시점을 설정한다.
② 측정도로 중앙에 200m를 측정 구간으로 설정한다.
③ 시험은 3회 반복하여 왕복 측정을 실시한다.
④ 두 구간에서 구한 최고속도의 평균값을 최고속도로 인정한다.

정답 61.① 62.④ 63.① 64.④ 65.④

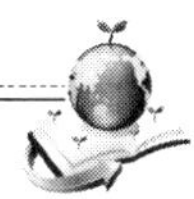

66 자동차의 주행저항 중 공기 저항의 종류에 대한 설명으로 틀린 것은?

① 표면 저항 : 차체 표면에 있는 요철이나 돌기 등에 의해 발생된다.
② 형상 저항 : 고속이 되면 차체를 들어 올리려는 힘이 발생한다.
③ 마찰 저항 : 공기의 점성 때문에 차에 표면과 공기 사이에 발생한다.
④ 내부 저항 : 엔진 냉각 및 차량 실내 환기를 위해 들어오는 공기 흐름에 발생한다.

67 운행자동차의 안전기준 중 조향핸들의 유격은 당해 자동차의 조향핸들지름의 몇 퍼센트(%) 이내이어야 하는가?

① 12%　② 12.5%
③ 13%　④ 13.5%

68 운행자동차의 안전기준 중 자동차의 앞좌석에 머리지지대를 설치해야 하는 자동차가 아닌 것은?

① 초소형승용자동차
② 차량총중량 4.5톤 이하의 승합자동차
③ 차량총중량 4.5톤 이하의 화물자동차
④ 차량총중량 4.5톤 이하의 특수자동차

69 자동차관리법에 의한 자동차 유형별 세부기준에서 화물자동차 유형에 포함되는 내용으로 옳지 않은 것은?

① 밴 형
② 일반형
③ 다목적형
④ 특수용도형

70 하이브리드 자동차를 하이브리드화 정도에 따라 분류한 것으로 틀린 것은?

① 풀 하이브리드 (Full hybrid)
② 마일드 하이브리드 (Mild hybrid)
③ 스트롱 하이브리드 (Strong hybrid)
④ 플러그 인 하이 브리드 (Plug in hybrid)

71 전기 자동차의 구동 계통의 구성요소로 옳은 것은?

① 모터, 인버터, 감속기, 휠
② 모터, 엔진, 인버터, 감속기, 휠
③ 엔진, 변속기, 인버터, 감속기, 휠
④ 모터, 변속기, 인버터, 감속기, 휠

72 전력 통합 제어 장치 중 고전압의 직류를 전기자동차의 통합 제어기인 차량 제어 유닛 및 구동 모터에 적합한 교류로 변환하는 장치는?

① 인버터 (Inverter)
② 컨버터 (Converter)
③ LDC (Low Voltage DC-DC Converter)
④ BMS (Battery Management System)

73 자동차의 타이어 마모량 측정방법 중 타이어 접지부의 임의의 한 점에서 몇 도 되는 지점마다 트레드 홈의 깊이를 측정하는가?

① 120°
② 140°
③ 160°
④ 180°

정답 66.② 67.② 68.① 69.③ 70.④ 71.① 72.① 73.①

74 자동차 정비기구에서 정밀도 검사를 받아야 하는 기계 · 기구에 해당하는 장비로 옳지 않은 것은?

① 제동 시험기 ② 속도계 시험기
③ 혼 음량 시험기 ④ 가스누출 탐지기

75 자동차 관리법상 승합자동차에 대한 설명으로 옳지 않은 것은?

① 캠핑용 자동차 또는 캠핑용 트레일러
② 9인 이상을 운송하기 적합하게 제작된 자동차
③ 경형자동차로서 승차인원이 10인 이하인 전방 조종 자동차
④ 내부의 특수한 설비로 인하여 승차인원이 10인 이하로 된 자동차

76 자동차의 구조·장치 중 국토교통부령으로 정한 튜닝 승인 대상 및 승인기준에 해당하는 내용을 아래에서 모두 고르시오.

㉠ 등화장치	㉡ 소음방지장치
㉢ 차대	㉣ 범퍼의 외관
㉤ 동력전달장치	

① ㉠, ㉡, ㉢
② ㉠, ㉢, ㉣
③ ㉠, ㉡, ㉢, ㉤
④ ㉠, ㉢, ㉣, ㉤

77 전기자동차의 주행모드 중 감속 시에 발생하는 운동에너지를 버리지 않고 구동모터를 발전기로 사용하여 배터리를 재충전하는 것을 무엇이라 하는가?

① 구동 제동 ② 회생 제동
③ 충전 제동 ④ 모터 제동

78 자동차 제원이란 자동차 또는 기계장치 등에 관한 전반적인 치수, 무게, 기계적인 구조, 성능 등을 일정한 기준에 의거하여 수치로 나타낸 것을 말한다. 그림에서 ⓒ를 말하는 용어는?

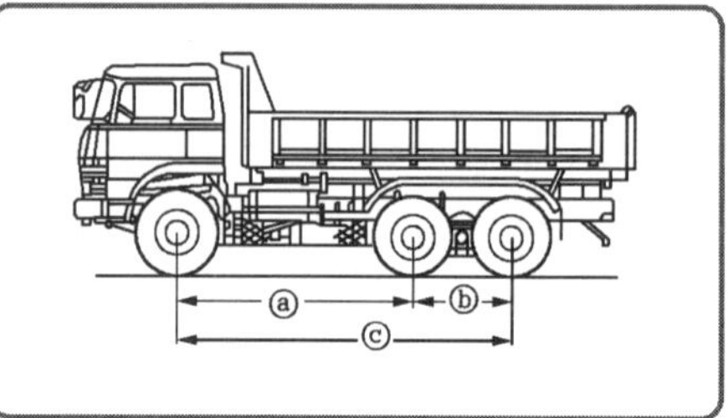

① 축간거리
② 제1 축간거리
③ 제2 축간거리
④ 제3 축간거리

79 수소연료전지 자동차(FCEV : Fuel Cell Electronic Vehicle)의 구성품에 해당되지 않는 것은?

① 스택(STACK)
② 수소저장탱크
③ 공기공급장치(APS)
④ 배기가스 재순환장치(EGR)

80 자동차관리법에 의한 자동차라 할 수 있는 것은?

① 군수품 관리법에 의한 차량
② 궤도에 의하여 운행되는 차량
③ 건설기계관리법에 따른 건설기계
④ 외국에서 수입하여 운행하는 차량

정답 74.③ 75.② 76.③ 77.② 78.① 79.④ 80.④

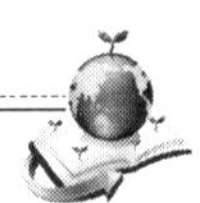

자동차진단평가사 2급

2021년 제26회

제1과목 자동차진단평가론

01 중고자동차 점검기초에서 점검원이 외부 패널의 상처(긁힘) 여부를 확인하기 위해 필요한 휴대품은 무엇인가?

① 목장갑 ② 반사경
③ 도막 측정기 ④ 드라이버(+, -)

02 차축과 프레임을 연결하고 주행 중 노면에서 받는 진동이나 충격을 흡수하여 승차감과 안전성을 향상시키는 장치를 무엇이라 하는가?

① 제동장치 ② 현가장치
③ 조향장치 ④ 동력전달장치

03 자동차 내장재의 사일런스 패드에 대한 설명으로 틀린 것은?

① 메이커는 신조차 조립 라인에서 사용하고 있다.
② 일반 공장에서는 대부분 가위로 재단하여 사용한다.
③ 방음·방진·단열 등의 효과가 높아 대부분 의 차에 사용된다.
④ 사일런스 패드의 품질은 비슷하고 설치 시 차이가 없어 교환 여부를 분별하기 어렵다.

04 중고 자동차를 점검할 때 차량의 자세 중 전체적인 차량의 자세는 각 면으로부터 몇 m 정도 떨어져서 점검하여야 하는가?

① 1 ~ 2m
② 3 ~ 5m
③ 6 ~ 8m
④ 9 ~ 10m

05 자동차를 도장할 때 발생하는 결함 중 블러싱(Blushing)의 원인으로 틀린 것은?

① 도장 부스의 높은 습도
② 도료의 점도가 높을 때
③ 증발이 빠른 시너의 사용
④ 스프레이 건 사용 압력이 높을 때

06 도장 건조 직후 발생되는 결함 중 보기에 대한 설명으로 맞는 것은?

> [보기]
> 퍼티를 작업한 후 단차가 생겨 상도면으로 퍼티 도포 모양이 나타나 보이는 현상

① 퍼티 기공(putty hole)
② 테이프 박리(tape peel)
③ 퍼티 자국(putty marks)
④ 연마 자국(sanding marks)

정답 01.① 02.② 03.④ 04.② 05.② 06.③

07 **자동차 가격 조사·산정자의 자격 요건으로 맞는 것은?**

① 자동차 정비 기사 또는 자동차 진단 평가사
② 기계분야 차량기술사 또는 자동차 진단 평가사
③ 기계분야 차량기술사 또는 자동차 정비 기능장
④ 대통령령으로 정하는 자동차가격 조사산정 교육을 이수한 차량기술사 또는 자동차 진 단평가사로서 자동차 정비 기능사 이상의 자격을 취득한 자

08 **2행정 사이클 기관의 1사이클을 이루기 위해서 크랭크축의 회전 각도로 옳은 것은?**

① 180°　② 360°
③ 540°　④ 720°

09 **트랜지스터식 점화장치의 특징으로 옳지 않은 것은?**

① 점화장치의 신뢰성이 있다.
② 고속성능에만 안정성이 있다.
③ 점화시기를 정확하게 제어한다.
④ 접점이 없어 역기전류에 안정성이 있다.

10 **자동차에 사람이 승차하지 아니하고 물품(예비부분품 및 공구 기타 휴대물품을 포함한다)을 적재하지 아니한 상태로서 연료·냉각수 및 윤활유 등을 규정량으로 주입하고 예비타이어(예비타이어를 장착한 자동차만 해당한다)를 설치하여 운행할 수 있는 상태의 중량으로 옳은 것은?**

① 배분 중량
② 섀시 중량
③ 자동차 중량
④ 자동차 총중량

11 **아래 그림은 자동차에서 사용되는 유리제품의 표시방법이다. 제조연월은 언제인가?**

① 2014년 7월　② 2013년 10월
③ 2017년 5월　④ 2017년 7월

12 **자동차 상호 간에 발생되는 충돌의 종류에 속하지 않는 것은?**

① 추돌　② 측면 충돌
③ 정면 충돌　④ 롤오버 충돌

13 **수리 내용으로 기재되는 내용 중 부품의 일부를 절단하거나 잘라내는 작업을 무엇이라 하는가?**

① 용접　② 절개
③ 판금　④ 탈착

14 **자동차관리법 제3조에 명시된 자동차가 아닌 것은?**

① 승용자동차　② 특수자동차
③ 화물자동차　④ 원동기자동차

정답 07.④ 08.② 09.② 10.③ 11.② 12.④ 13.② 14.④

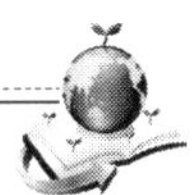

15 중고자동차 차량 점검 순서 중 엔진 룸 점검 포인트로 맞는 것은?

① 사이드 실 패널
② 프런트 펜더 패널
③ 리어 휠 하우스 패널
④ 인사이드 측면의 패널류

16 자동차에 사용하는 방향지시등 릴레이의 종류로 옳지 않은 것은?

① 수은식
② 바이메탈식
③ 전자 열선식
④ 축전기 전류형

17 도장 작업 후 약간의 기간이 경과되었을 때 발생되는 결함 중 황변(yellowing)의 원인이 아닌 것은?

① 강한 자외선과 산성비
② 열에 오랫동안 노출되었을 때
③ 내후성이 나쁜 도료를 사용하였을 때
④ 주제에 비하여 경화제의 혼합비가 상대적으로 부족한 경우

18 자동차 계기판에 브레이크 경고등이 점등되는 경우가 아닌 것은?

① 마스터 실린더의 오일 레벨이 낮을 때 발생한다.
② 파킹 브레이크를 파킹 위치로 놓았을 때 점등된다.
③ 엔진 정지상태에서 점화스위치 "ON" 위치 일 때 점등된다.
④ ABS[Anti lock Breaking System]가 작동 중일 때 점등된다.

19 소비자가 매매계약을 체결함에 있어 중고차 가격의 적절성 판단에 참고할 수 있도록 법령에 의한 절차와 기준에 따라 전문 가격 조사·산정인이 객관적으로 제시한 가액을 무엇이라 하는가?

① 자동차 표준 가액
② 자동차 진단 평가액
③ 중고차 성능 점검비
④ 자동차 가격조사 산정금액

20 가솔린 엔진 어셈블리에 포함되는 것은?

① 추진축 ② 토션 댐퍼
③ 점화 플러그 ④ 예열 플러그

21 견적에 사용되는 수리 용어의 의미가 틀린 것은?

① A: 작동상의 기능에 대하여 조정하는 작업
② X: 부품을 단순하게 떼어내고 부착하는 작업
③ I: 부품의 불량, 파손된 곳을 외부에서 점검하는 작업
④ R: 부품의 구부러짐, 면의 찌그러짐 등에 대한 수정, 절단, 연마 등의 작업

22 다음 기초 전기·전자에 대한 용어설명 중에서 옳지 않은 것은?

① P(전력) = E(전압) × I(전류)
② 옴의 법칙 : I(전류) = E(전압) × R(저항)
③ 전류의 3대 작용은 자기작용, 발열작용, 화학작용이다.
④ 도체 내의 임의의 한 점을 매초 1쿨롱의 전류가 통과할 때 1A라 한다.

정답 15.④ 16.② 17.④ 18.④ 19.④ 20.③ 21.② 22.②

23 수리 자동차의 부위별 진단법 중 사이드 실 패널의 확인사항으로 맞는 것은?

① 가스 용접 부분이나 찌그러짐 · 휨 · 녹등의 유무를 확인한다.
② 필러 및 스템 웨더 스트립의 부착상태가 청결한지를 확인한다.
③ 손으로 각 면을 문질러 보고 감촉이 다른 부분이 있는지 확인한다.
④ 긁힘 · 찍힘 · 물결침 · 도장의 상태(발광, 이색, 표면상태) 등을 확인한다.

24 LPG 엔진의 주요 구성 부품으로 옳지 않은 것은?

① 봄베 ② 믹서
③ 연료펌프 ④ 베이퍼라이저

25 다음 ㉮와 ㉯에 들어갈 내용으로 옳은 것을 선택하시오.

> 중고 자동차의 구조·장치 등의 성능·상태의 점검내용을 고지하지 아니한 자, 구조·장치 등의 성능·상태를 거짓으로 점검하거나 거짓 고지한 자는 「자동차관리법」제80조 제6호 및 제80조 제7호에 따라 (㉮)의 징역 또는 (㉯) 벌금에 처합니다.

① ㉮ 2년 이하, ㉯ 2천만원 이하
② ㉮ 2년 이상, ㉯ 2천만원 이상
③ ㉮ 3년 이하, ㉯ 3천만원 이하
④ ㉮ 3년 이상, ㉯ 3천만원 이상

26 패널을 교환하는 방법이 아닌 것은?

① 손상이 발생한 패널을 전체 교환한다.
② 큰 부분으로 구분하여 패널을 교환한다.
③ 작은 부분으로 구분하여 패널의 대부분을 교환한다.
④ 패널을 절반 또는 25% 정도를 잘라 그 중의 한 부분을 차에 부착하는 부분적 패널 교 환 방법이다.

27 다음 중 성능 · 상태점검자의 자격으로 옳은 것은?

① 「국가기술법자격법」 에 따른 자동차 정비 기사 이상의 자격이 있는 사람
② 「국가기술법자격법」 에 따른 자동차 정비 산업기사 이상의 자격이 있는 사람
③ 「국가기술법자격법」 에 따른 자동차 정비기능사 이상의 자격을 취득한 후 동일 직종 2년 이상의 종사한 경력이 있는 사람
④ 「국가기술법자격법」 에 따른 자동차 정비산업기사 이상의 자격을 취득한 후 동일 직종 3년 이상의 종사한 경력이 있는 사람

28 메이커의 스폿(SPOT) 용접에 대한 설명으로 틀린 것은?

① SPOT 면적은 용접 용해 흔적이 작다.
② 패널과 패널 사이에 틈새가 없는 상태에서 조립한다.
③ SPOT 면적은 외부 패널의 경우 5mm 이상이 보통이다.
④ 용접 부위 주변은 굴곡 없이 접촉면을 겹 쳐서 작업한다.

정답 23.① 24.③ 25.① 26.② 27.② 28.①

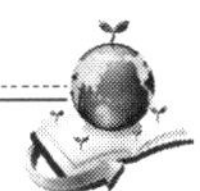

29 전자제어 가솔린 분사장치의 공기유량 센서 중 공기의 밀도를 간접 계측하는 방식으로 옳은 것은?

① 맵 센서 방식 ② 핫 필름 방식
③ 핫 와이어 방식 ④ 칼만 와류 방식

30 손상된 도어를 수리하는 방법이 아닌 것은?

① 도어 전체를 교환하는 방법
② 이너와 아웃 양 패널을 판금하는 방법
③ 이너와 아웃 양 패널을 용접하는 방법
④ 아웃 패널을 교환하고 이너 패널을 판금하 는 방법

31 중고차 성능 상태 점검자가 갖추어야 할 시설 및 장비 기준으로 옳지 않은 장비는?

① 청진기
② 배기가스 측정기
③ 배터리 전압측정기
④ 벨트 장력 테스트기

32 냉각수 교환 시 냉각수 표면의 높이가 라디에이터 주입 목의 밑 부분에서 어느 정도까지 보충 후 일정 시간 공회전하여 재점검하는 것이 옳은가?

① 주입 목까지
② 위쪽으로 5mm
③ 아래쪽으로 10mm
④ 아래쪽으로 20mm

33 사고 수리 자동차 판별 시 주안점이 아닌 것은?

① 범퍼 도장 흔적
② 자연스러운 도장
③ 패널 구멍의 변형
④ 실링 작업의 유무

34 튜브리스 타이어의 특징으로 옳지 않은 것은?

① 펑크 수리가 간단하다.
② 고속 주행 시 발열이 적다.
③ 림 변형 시 공기 누출이 적다.
④ 못에 박혀도 공기가 잘 새지 않는다.

35 A정비공장은 표준 작업시간이 4시간, 직접 작업시간은 3시간이고 B정비공장은 표준 작업시간이 4시간, 직접 작업시간이 5시간일 때, 비교·설명으로 맞는 것은?

① B정비공장의 작업능률은 20%이다
② A정비공장의 작업능률은 75%이다
③ A정비공장의 작업능률은 B정비공장보다 높다
④ A정비공장의 작업능률이 B정비공장보다 낮다

36 차량의 점검 중 후방 범퍼의 상태를 확인하는 방법으로 틀린 것은?

① 인크루트 각도와 셋백의 치수 여부를 확인 한다.
② 등록번호판의 심한 찌그러짐 등이 있는지 확인한다.
③ 범퍼의 긁힘, 깨짐, 재도장, 교환 여부 등을 확인한다.
④ 범퍼를 손으로 몇 군데 위에서 밑으로, 앞 에서 뒤로 밀어 보면서 상태나 수리 흔적 여부를 확인한다.

정답 29.① 30.③ 31.④ 32.③ 33.② 34.③ 35.③ 36.①

37 전륜 구동(FF방식)의 점검 포인트로 맞는 것은?

① 프로펠러 샤프트
② 리어 액슬 하우징
③ 추진축의 자재이음
④ 등속 자재이음 튜브

38 성능·상태 점검자는 국토부 장관이 정하여 고시한 자동차 인도일로부터 매수인에 대하여 며칠 이상 또는 주행거리 몇 km 이상 보증하여야 하는가?

① 30일, 2000km
② 40일, 4000km
③ 50일, 3000km
④ 60일, 2000km

39 측면 충돌의 경우 자동차의 좌우 측면부 각 방향에서의 충돌이 있지만, 충돌 형태를 입력 방향에 따라 유형화하면 자동차 무게 중심을 향한 향심 충돌과 무게 중심을 벗어난 (　)로 분류된다. 괄호 안에 알맞은 것은?

① 편심 충돌　② 편형 충돌
③ 측방 충돌　④ 반력 충돌

40 다음 중 자동차의 상태 표시 기호로 옳지 않은 것은?

① 부품 교환 없이 판금 및 용접 수리한 경우 : W
② 부품 교환으로 제작 시 용접 흔적과 상이 한 경우 : W
③ 도어 볼트가 전부 풀린 흔적이 있고 실링 이 없는 경우 : X
④ 펜더 볼트가 전부 풀린 흔적이 있고 명확한 교환의 근거가 있는 경우 : X

41 다음 중 가솔린 엔진 노킹 방지책으로 옳지 않은 것은?

① 엔진의 온도를 낮춘다.
② 점화시기를 빠르게 한다.
③ 고옥탄가 연료를 사용한다.
④ 혼합기를 농후하게 제어한다.

42 다음 중 성능점검기록부의 내용에 포함되지 않는 것은?

① 차의 주요 장비
② 차의 주요 옵션
③ 주요 부품의 성능
④ 사고에 따른 외판 교환 이력

43 충격력 공식은?

F : 충격력($kg \cdot m/s^2$)
m : 질량(kg)
d : 이동거리(m)
v : 속도(m/s)
a : 가속도(m/s^2)

① F = md　② F = mv
③ F = ma　④ F = mt

44 다음 중 전자제어 연료분사장치에서 체크 밸브의 역할로 옳지 않은 것은?

① 배출가스 저감
② 연료 잔압 유지
③ 재 시동성 향상
④ 베이퍼 록 방지

정답 37.④ 38.① 39.① 40.② 41.② 42.② 43.③ 44.①

45 자동차 식별방법 중 볼트에 의한 조립 부위가 아닌 것은?

① 보닛
② 루프 패널
③ 트렁크 리드
④ 프런트 펜더(좌, 우)

46 열역학적 사이클에 의한 분류 중 다른 하나는?

① 정적 사이클
② 합성 사이클
③ 복합 사이클
④ 사바테 사이클

47 중고자동차의 필수 점검사항 중 자동차등록증 확인사항으로 틀린 것은?

① 출고 시 자동차 장비품(옵션) 사항을 확인 한다.
② 자동차등록증의 주소지 변경사항을 확인한다.
③ 자동차등록증과 차대번호 일치 여부를 확인한다.
④ 자동차등록증의 원동기형식 및 연식 일치 여부를 확인한다.

48 자동차 수리 견적의 의의에 대한 설명으로 옳지 않은 것은?

① 자동차 사고 내용의 분석 자료
② 자동차의 수리를 위한 작업지시
③ 고객과의 수리비용에 대한 합의서
④ 공장의 매출·매입을 알려 주는 경영자료

49 디젤 연료분무의 3대 조건으로 옳지 않은 것은?

① 무화 ② 속도
③ 분포 ④ 관통력

50 스트럿 맥퍼슨 현가장치 어셈블리가 아닌 것은?

① 볼 이음
② 토션 바
③ 스태빌라이저
④ 아래 컨트롤 암

51 강판 수리 순서로 맞는 것은?

① 대충 맞춤 - 마무리 - 평면내기
② 마무리 - 대충 맞춤 - 평면내기
③ 대충 맞춤 - 평면내기 - 마무리
④ 대충 맞춤 - 마무리 - 대충 맞춤

52 자동차 손상 발생의 원인에 따른 분류가 아닌 것은?

① 부품 윤활에 의한 손상
② 정비 결함에 의한 손상
③ 자연 마모에 의한 손상
④ 제조 회사의 결함에 의한 손상

53 축중을 그 자동차에 부착된 바퀴의 수로 나눈 값을 나타내는 자동차 용어로 옳은 것은?

① 중량
② 윤거
③ 윤하중
④ 접지 압력

정답 45.② 46.① 47.① 48.① 49.② 50.② 51.③ 52.① 53.③

54 강판의 모양을 바로잡고 이너 패널을 적당히 용접하는 작업을 무엇이라 하는가?

① 용접
② 마무리
③ 평면내기
④ 대충 맞춤

55 성능·상태 점검자가 시설·장비 기준 등을 갖추어 성능·상태 점검을 하고자 하는 경우 어디에 신고를 해야 하는가?

① 경찰서
② 시도지사
③ 국토교통부
④ 관할 행정관청

56 자동차 손상에 영향을 주는 요소가 아닌 것은?

① 자동차 속도
② 충돌 자동차의 무게
③ 충돌 자동차의 구조
④ 충돌 자동차의 사양

57 보디 강도 재료 멤버, 필러의 손상이 아닌 것은?

① 휨
② 파단
③ 늘어짐
④ 구부러짐

58 자동차가 주행 중 다른 자동차 또는 물체와 접촉되는 현상을 무엇이라 하는가?

① 추돌
② 충돌
③ 충격
④ 사고

59 중고 자동차 성능·상태 점검 보증 범위로 옳지 않은 것은?

① 클러치판
② 스티어링 펌프
③ 연료호스 및 파이프
④ 자동변속기 토크컨버터

60 현재 승용차에 적용되는 공기 항력 계수(Cd) 수치값으로 옳은 것은?

① 0.15~0.2 정도
② 0.25~0.3 정도
③ 0.35~0.4 정도
④ 0.45~0.5 정도

정답 54.③ 55.④ 56.④ 57.② 58.② 59.① 60.③

자동차진단평가사 1급

2021년 제27회

제1과목 자동차진단평가론

01 수리 필요 판단 기준에 사용되는 평가 기호와 적용기준에 대한 설명이 맞는 것은?

① A : 기능에 이상 없음
② T : 외판의 깨짐, 찢어짐, 균열상태
③ C : 찌그러짐 등에 의한 금속 형질이 변형된 상태
④ X : 깨짐, 균열, 손상, 부식으로 교환이 필요한 경우

02 다음의 차체의 명칭 중 프런트 보디의 설명으로 맞는 것은?

① 엔진을 비롯한 프런트 서스펜션, 스티어링 장치 등을 지지하는 곳이다.
② 엔진을 비롯한 프런트 플로어 판, 프런트 보디 필러 등을 지지하는 곳이다.
③ 엔진을 비롯한 센터 보디 필러, 프런트 크로스 멤버 등을 지지하는 곳이다.
④ 엔진을 비롯한 센터 보디 필러, 프런트 보디 필러 등을 지지하는 곳이다.

03 외판 패널(Panel)의 요철(찌그러짐)로 상품의 가치가 떨어지는 경우 체크시트(Check Sheet)에 기록하는 규정 기호는?

① AR(Abrasion Reduction)
② BR(Bending Reduction)
③ WR(Welding Reduction)
④ UR(Unevenness Reduction)

04 자동차 패널 일부분만을 도장할 경우 나머지 부분은 마스킹하고, 패널, 몰딩 등의 이음부 경계에서 도장 처리 방법으로 맞는 것은?

① 부분 보수
② SPOT 도장
③ 다시 칠하기
④ 프라이머 도장

05 사일런스 패드(Silence Pad) 작업상태는 메이커와 일반공장 차이점이 있다. 일반공장의 작업상태로 맞는 것은?

① 두께가 두껍다.
② 절단면이 둥글다.
③ 틈이 있는 것이 있다.
④ 커브의 재단 상태가 울퉁불퉁하다.

정답 01.④ 02.① 03.④ 04.① 05.④

06 **자동차 보디 실링(Body Sealing)의 메이커와 일반 공장의 작업 시 차이점으로 맞는 것은?**

① 일반 공장의 작업 상태는 일정하다.
② 메이커에서 작업한 실링의 두께가 얇다.
③ 메이커 작업은 무늬의 방향이 대각선으로 되어 있다.
④ 일반 공장 작업은 무늬의 방향이 세로로 되어 있다.

07 **자동차를 도장작업 후 약간의 시간이 경과되었을 때 발생하는 결함으로 맞는 것은?**

> ㉮ 퍼티 자국(Putty Marks)
> ㉯ 부착 불량(Poor Adhesion)
> ㉰ 초킹(Chalking)
> ㉱ 황변(Yellowing)

① ㉮, ㉯, ㉰, ㉱
② ㉮, ㉯, ㉰
③ ㉯, ㉰, ㉱
④ ㉯, ㉰

08 **자동차 상호 간에 발생되는 충돌의 종류가 아닌 것은?**

① 추돌 ② 고의 충돌
③ 정면 충돌 ④ 측면 충돌

09 **디젤엔진 어셈블리에 해당하지 않는 부분은?**

① 과급기 ② 라디에이터
③ 예열 플러그 ④ 연료분사펌프

10 **자동차 시험주행 중 엔진 부위 점검 사항으로 적합한 것은?**

① 노크 현상이 발생한 경우 연료를 교환하면 된다.
② 냉각수 수준은 무시하고 냉각수 오염 상태를 확인한다.
③ 엔진 시동 후 노크 발생이나 이상음 발생을 점검한다.
④ 자동차를 일정 시간 주행하면서 하부 지면에 오일 또는 냉각수의 유출을 확인한다.

11 **다음 내용은 무엇에 대한 설명인가?**

> 평가대상 자동차와 표준적인 점검과 정비를 완료한 상태(이하 "표준상태"라 함)의 자동차를 이 기준서의 점검 항목별로 비교, 경제적 가치 차이를 산출하여 평가대상 자동차의 가격을 산출하는 것을 말한다.

① 자동차 가치감가
② 자동차 부품 등급비용
③ 자동차 대차 평가비용
④ 자동차 가격조사 · 산정

12 **중고자동차 성능 · 상태점검기록부 주요 장치 중 전기 주요 부품 점검사항에 속하지 않는 것은?**

① 발전기 출력
② 오디오 작동상태
③ 와이퍼 모터 기능
④ 라디에이터 팬 모터

정답 06.④ 07.③ 08.② 09.② 10.③ 11.④ 12.②

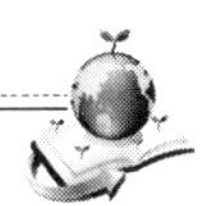

13 차량의 사방점검 방법 중에서 차량 점검 방법으로 맞는 것은?

① 차량의 정면으로부터 2~5m 정도 떨어져 사방으로 시행한다.
② 차량의 좌측방으로부터 시계방향으로 전방, 우측방, 후방의 순서에 따른다.
③ 차량의 우측방으로부터 시계방향으로 후방, 우측방, 전방의 순서에 따른다.
④ 외판상태의 점검은 차량을 최소한 2회전 하면서 점검하는 것을 원칙으로 한다

14 해외에서 구입 후 사용한 자동차를 국내로 반입 시 이를 이사물품으로 인정받기 위한 요건이 맞는 것은?

① 이사자의 입국일로부터 1개월 이내 도착 된 자동차
② 이사자의 입국일로부터 3개월 이내 도착 된 자동차
③ 이사자의 입국일로부터 6개월 이내 도착 된 자동차
④ 이사자의 입국일로부터 12개월 이내 도착 된 자동차

15 자동차가 침수된 경우 전기 계통에 나타나는 현상인 것은?

> ㉮ 라디오, 히터, 중앙집중 잠금장치의 성능이 저하된다.
> ㉯ 램프류에 오물 또는 녹이 발생한다.
> ㉰ 라디에이터 코어에 이물질이 끼어 있다.
> ㉱ 등화장치, 경음기 등의 작동을 점검한다.

① ㉮, ㉯, ㉰　　② ㉮, ㉯, ㉱
③ ㉮, ㉰, ㉱　　④ ㉯, ㉰, ㉱

16 다음에서 설명하는 견적 수리 내용의 용어로 맞는 것은?

> 부품을 단순하게 떼어내고 부착하는 작업으로 별도로 정하지 않는 한 다른 작업을 포함하지 않는다.

① 수정 (R : Repair)
② 조정 (A : Adjustment)
③ 점검 (I : Inspection)
④ 탈착 (R/I : Remove and Install)

17 차량 점검에서 오감에 의한 점검 중 후각에 의해 점검할 수 있는 것은?

① 오일이나 냉각수의 누수 현상
② 요철 도로 주행 시 차체 떨림 현상
③ 변속기 오일을 변속기에 주입할 때
④ 브레이크 라이닝 마찰로 인해 발생되는 것

18 자동차 축전지 상태 점검 방법 중 잘못된 사항은?

① 견고하게 축전지가 장착되어 있는지 확인 한다.
② 프리즘 지시계를 통해 전해액의 상태를 확인한다.
③ MF(Maintenance Free) 축전지는 무보수 배터리이다.
④ 프리즘 지시계가 파란색을 보이면 충전이 부족한 상태이다.

정답 13.② 14.③ 15.② 16.④ 17.④ 18.④

19 **전체적인 차량의 자세를 확인하는 항목 중 로드 클리어런스(Road Clearance)에 대해서 올바르게 설명한 것은?**

① 차체 상부와 노면 사이의 거리
② 차체 하부와 노면 사이의 거리
③ 차체 상부와 하부 사이의 거리
④ 차체 상부와 중심부 사이의 거리

20 **강판의 수리 순서로 틀린 것은?**

① 마무리　② 측면 내기
③ 평면 내기　④ 대충 맞춤

21 **기계분야 자동차기술사가 자동차 가격조사 · 산정을 하려는 경우 자동차관리법시행령 제13조의 4제1항의 교육내용을 몇 시간 이상의 교육을 받아야 하는가?**

① 8　② 12
③ 16　④ 20

22 **근로 시간 구성에서 직접 작업시간이 아닌 것은?**

① 부품대기　② 작업여유
③ 정미작업　④ 피로여유

23 **자동차관리법제58조의4(자동차성능·상태점검자의 보증책임)의 내용으로 맞지 않은 것은?**

① 제2항에 따른 보험의 종류, 보장범위, 절차 등 필요한 사항은 대통령령으로 정한다.
② 자동차성능·상태점검자는 제1항에 따른 보증에 책임을 지는 보험에 가입하여야 한다.
③ 자동차성능·상태점검자는 매수 전 차량의 성능·상태점검에 전반적인 책임에 모두 보증하여야 한다.
④ 자동차성능·상태점검자는 국토교통부령으로 정하는 바에 따라 성능·상태점검 내용에 대하여 보증하여야 한다.

24 **수리 항목 부품비에서 중고, 재생 부품을 사용하는 경우로 맞는 것은?**

① 신제품 구입이 편한 경우
② 수리시간 단축에 효과가 적을 경우
③ 신품 교환에 따른 부담이 적을 경우
④ 파손된 부품이 원래 중고, 재생 부품인 경우

25 **실제 근로 시간이 8시간인 공장에서 작업자의 직접 작업시간이 7시간이라면 가동률은 몇 % 인가?**

① 62.5　② 75
③ 87.5　④ 114.2

26 **다음 내용이 설명하는 공정 방법으로 맞는 것은?**

> 약알칼리성 용액을 사용하여 강판표면에 부착된 기름, 분진, 금속분말 등을 제거하고 표면을 활성화시켜 화성처리에 적합한 표면 상태로 만들어 주는 공정이다.

① 상부 도장
② 중부 도장
③ 하부 도장
④ 전처리 도장

정답 19.② 20.② 21.③ 22.① 23.③ 24.④ 25.③ 26.④

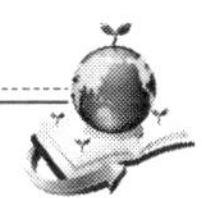

27 **자동변속기 오일 레벨을 점검하는 방법을 설명한 것으로 맞는 것은?**

① 차량의 주차브레이크를 작동시키고 엔진의 회전수를 2000rpm으로 유지시킨다.
② 엔진의 냉각수 온도를 80~90℃로 유지 시키고 차량을 경사진 곳에 주차한다.
③ 변속레버를 각 레인지에 2~3회 작동시킨 후 R레인지(R Range)에 위치시킨다.
④ 변속레버를 각 레인지에 2~3회 작동시킨 후 P레인지(P Range)에 위치시킨다.

28 **자동차 차대번호의 표시는 아라비아 숫자 및 알파벳 문자로서 표시한다. 다음 중 알파벳 문자 중 제외되는 것을 옳게 나열한 것은?**

① I, O, Q　　② I, Q, R
③ O, P, R　　④ O, Q, R

29 **보닛 패널의 교환 및 수리 여부 확인 방법으로 틀린 것은?**

① 보닛 패널을 손으로 들어 올렸을 때 유 연성을 보고 판단한다.
② 보닛의 힌지 고정볼트 머리부분의 마모나 페인트 벗겨짐을 보고 판단한다.
③ 사이드 부분에 실링 작업의 주름진 상태 및 실링 작업의 유무로 판단한다.
④ 전조등과 방향지시등의 패널 간의 조립된 상태를 보아 틈새가 균일한가로 판단한다.

30 **자동차 루프 패널에 대한 점검 사항으로 옳은 것은?**

① 광택제의 사용 유무를 점검한다.
② 루프 패널과 필러 패널 간의 간극을 확인한다.
③ 루프 패널의 드립 레일 부분의 두께를 확인한다.
④ 루프 패널의 긁힘, 요철, 부식, 녹, 재도장 등을 확인한다.

31 **자동차 패널을 교환하는 방법으로 틀린 것은?**

① 작은 부분으로 구분하여 교환한다.
② 손상이 발생한 패널을 전체 교환한다.
③ 패널 교환의 경우 방해가 되는 부품은 모두 교환한다.
④ 패널을 절반 또는 25% 정도를 잘라 부분적 패널 교환한다.

32 **윤활유의 구비조건으로 맞지 않은 것은?**

① 청정력이 클 것
② 응고점이 높을 것
③ 적당한 점도와 비중일 것
④ 열과 산에 대하여 안정성이 있을 것

33 **중고자동차 성능·상태점검에서 성능 점검자의 시설요건을 맞게 나열한 것은?**

① 전류시험기, 압력측정기, 타이어게이지, 오일교환기
② 리프트, 청진기, 비중계, 도막측정기, 타이어딥게이지
③ 자기진단기, 오일교환기, 리프트, 휠밸런서, 전류시험기
④ 리프트, 자기진단기, 매연측정기, 오일교환기, 전류시험기

정답 27.④ 28.① 29.① 30.④ 31.③ 32.② 33.②

34 **주행거리 조작 판별을 위해 주행거리의 되돌림을 발견하는 방법이 아닌 것은?**

① 정기점검 기록부로부터 판단한다.
② 타이어의 마모상태 및 교환시기로 판단 한다.
③ 엔진 및 각종 오일 관련 부품의 교환시기로 판단한다.
④ 각종 오일 교환 시 정비업소에서 자체적 으로 부착해두는 라벨로부터 판단한다.

35 **차량의 점검 요령에서 차량 측방 자세의 확인 사항으로 옳은 것은?**

① 루프 면, 범퍼, 지면과의 각각 평행 여부를 확인한다.
② 루프 면, 사이드 실 패널이 지면과의 평행 여부를 확인한다.
③ 보닛과 라디에이터 그릴 간의 틈새 간격이 일정한지 확인한다.
④ 임의의 포인트를 잡아 상호 대칭을 비교 하여 기울임이 있는가를 확인한다.

36 **냉각장치의 구성품으로 맞지 않은 것은?**

① 방열기 ② 물펌프
③ 수온조절기 ④ 에어컴프레서

37 **중고자동차 점검원의 자세에 대한 설명으로 틀린 것은?**

① 자신의 차량을 구입한다는 입장에서 점검한다.
② 고객이 지루하더라도 천천히 정확한 평가를 한다.
③ 적정한 가격과 평가 기준 및 평가 기술로 신뢰받는 평가점을 산출한다.
④ 출품자가 개인일 경우, 차량의 운행이나 관리 상태에 대해서 물어보면서 점검한다.

38 **사이드 스웝(side swap) 손상으로 맞는 것은?**

① 자동차의 앞부분에 나타나는 손상
② 자동차의 후미 끝부분에 나타나는 손상
③ 자동차 측면끼리 스치고 지나가는 손상
④ 자동차 측면에 정 직각으로 발생되는 손상

39 **차체 외부 명칭 설명 중에서 프런트 보디의 뒤쪽에 연결되어 차 실내와 트렁크 룸의 바닥 역할을 하는 곳의 명칭은?**

① 리어 보디
② 메인 보디
③ 언더 보디
④ 프런트 보디

40 **패널 교환용 공구가 아닌 것은?**

① 절단 공구
② 저항 SPOT 용접기
③ 전기 아크 용접기
④ CO_2반자동 용접기

41 **손상된 자동차의 수리 공임 항목이 아닌 것은?**

① 도금
② 분해
③ 운송
④ 판금

정답 34.③ 35.② 36.④ 37.② 38.③ 39.③ 40.③ 41.③

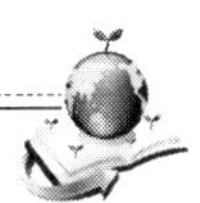

42 다음 설명 중 ( ) 안의 내용으로 맞는 것은?

> 외부에서 직접 충격이 가해짐으로써 패널 면에 어떤 흔적을 남기는 손상이 ( )이다. 우그러짐, 긁힘, 균열 등은 ( )이라는 것을 알 수 있다.

① 1차 충격 ② 2차 충격
③ 간접 손상 ④ 직접 손상

43 주요장치 성능평가에서 상태별 감점계수표의 구분 표시 방법이 아닌 것은?

① 점검 ② 불량
③ 보통 ④ 양호

44 성능·상태점검 기준 및 방법에서 전기 장치의 점검항목으로 맞지 않은 것은?

① 발전기 전압
② 실내 송풍모터
③ 와이퍼 블레이드
④ 와이퍼 모터 기능

45 공기유량 센서의 종류로 맞지 않은 것은?

① MPI방식
② 카르만 와류식
③ 메저링 프레이트식
④ 핫 와이어 및 핫 필름방식

46 사고와 손상 진단의 구성요소로 맞는 것은?

① 정면 충돌 ② 충돌 속도
③ 충돌 무게 ④ 충돌 방향

47 언더 보디(Under Body) 측정 기기에서 트램 게이지의 사용 용도로 맞는 것은?

① 프레임의 대각을 측정할 때
② 차량의 중심선을 측정할 때
③ 측정자를 사용하여 측정할 때
④ 측정하려는 두 지점 사이에 장애물이 없을 때

48 자동차에 관한 전반적인 치수, 무게, 기계적인 구조, 성능 등을 일정한 기준에 의거하여 수치로 나타낸 것을 무엇이라 하는가?

① 전장 ② 전폭
③ 전고 ④ 제원

49 전차륜 정렬 시 점검사항으로 맞지 않은 것은?

① 공차 상태의 타이어 공기압
② 조향 링키지 체결 상태 및 마모
③ 주차브레이크 체결된 상태 확인
④ 허브 베어링, 볼 조인트 타이로드 등의 헐거움

50 강선에 고무를 피복하여 타이어가 림에 장착될 때 고정되는 부위는?

① 비드부 ② 숄더부
③ 카커스부 ④ 트레이드부

51 MF 축전지의 설명으로 맞지 않은 것은?

① 증류수 보충이 필요 없다.
② 벤트 플러그 사용이 용이하다.
③ 충전상태를 색깔로 판독할 수 있다.
④ 자기 방전량이 적어 장기간 보관이 용이하다.

정답 42.④ 43.① 44.③ 45.① 46.② 47.① 48.④ 49.③ 50.① 51.②

52 자동차의 최전단과 최후단을 기준면에 투영시켜 자동차의 중심선에 평행한 방향의 최대 거리로서 부속물을 포함한 최대 길이를 나타내는 것은?

① 전폭
② 전고
③ 전장
④ 축거

53 중고자동차 성능·상태점검의 보증에서 자동차 인도일을 기준으로 보증기간이 맞는 것은?

① 최소 20일 이상 또는 주행거리 2,000Km 이상
② 최소 20일 이상 또는 주행거리 3,000Km 이상
③ 최소 30일 이상 또는 주행거리 2,000Km 이상
④ 최소 30일 이상 또는 주행거리 3,000Km 이상

54 차대번호 표기에서 차체 형상별 표기부호가 옳은 것은?

① 쿠페형(Coupe Type): C
② 세단형(Sedan Type) : S
③ 왜건형(Wagon Type) : W
④ 해치백형(Hatchback Type) : H

55 다음 중 차량의 상태 평가하는 곳에서, 주요 내장품 평가에 포함 되지 않는 곳은?

① 대쉬보드 ② 기어 트림
③ 바닥 내부 ④ 천정 내부

56 추진축의 어셈블리에 해당하지 않는 부분은?

① 추진축 ② 차동기어
③ 토션 댐퍼 ④ 중심 베어링

57 좌·우 타이어 접촉면의 중심에서 중심 까지의 거리를 나타내는 용어는?

① 윤거
② 중심 높이
③ 최저 지상고
④ 하대 오프셋

58 가솔린 엔진의 어셈블리에 포함되지 않는 부분은?

① 배전기
② 배터리
③ 엔진 본체
④ 기동전동기

59 가솔린 기관의 단점으로 맞지 않은 것은?

① 전기 점화장치의 고장이 많다.
② 연료소비율이 높아 연료비가 많다.
③ 인하점이 낮아 화재 위험성이 작다.
④ 배기가스 중 CO, HC, NOx 등 유해 성분이 많이 포함되어있다.

60 뒤 차축의 중심과 하대 바닥면의 중심과의 수평 거리를 무엇이라고 하는가?

① 앞 오버행
② 뒤 오버행
③ 최저 지상고
④ 하대 오프셋

정답 52.③ 53.③ 54.① 55.② 56.② 57.① 58.② 59.③ 60.④

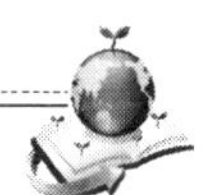

제2과목 성능공학

61 화물자동차에서 유형별 내용 중 틀린 것은?

① 일반형 – 보통의 화물 운송용인 것
② 벤형 – 고장·사고 등으로 운행이 곤란한 자동차를 구난, 견인용인 것
③ 덤프형 – 적재함을 원동기의 힘으로 기울여 적재물을 중력에 의하여 쉽게 미끄러뜨리는 구조의 화물 운송용인 것
④ 특수용도형 – 특정한 용도를 위하여 특수한 구조로 하거나 기구를 장치한 것 (다른 유형에 속하지 않는 것)

62 자동차관리법 시행규칙에서 정밀도검사를 받아야 하는 기계·기구가 아닌 것은?

① 제동시험기
② 전조등시험기
③ 사이드슬립 측정기
④ 휠얼라인먼트 측정기

63 다음 중 ( ) 맞은 것을 선택하시오.

> 중고자동차의 구조·장치 등의 성능·상태를 고지하지 아니한 자, 거짓으로 점검하거나 거짓 고지한 자는 「자동차관리법」제80조 제6호 및 제80조 제7호에 따라(㉮)의 징역 또는 (㉯) 벌금에 처합니다.

① ㉮ 2년 이하, ㉯ 2천만원 이하
② ㉮ 2년 이상, ㉯ 2천만원 이상
③ ㉮ 3년 이하, ㉯ 3천만원 이하
④ ㉮ 3년 이상, ㉯ 3천만원 이상

64 하이브리드 자동차의 도입 배경이 아닌 것은?

① 이산화탄소 배출량 저감
② 주행 역동성 및 주행 안락성의 개선
③ 전기자동차로 가는 중간 단계로서의 자동차
④ 수소를 연료로 사용하기 때문에 주행 효율성 개선

65 전기자동차의 특징으로 옳은 것은?

① 성능 좋은 변속장치가 필요하다.
② 전동기와 축전지로 구성되어 있다.
③ 부품 수는 가솔린 자동차 대비 40% 수준에 불과하다.
④ 에너지 효율도 외연기관 자동차보다 탁월한 것으로 나타나고 있다.

66 적차시 전륜하중이 1,450kg, 후륜하중이 1,980kg, 타이어 최대 허용하중이 전륜 980kg. 후륜 1,025kg, 승차 정원 3명, 하대 옵셋(Offset)이 –30cm인 자동차의 적차 시 후륜타이어 부하율(%)은 약 얼마인가?(단, 후륜은 복륜임)

① 34.29
② 48.29
③ 58.29
④ 64.29

67 자동차관리법에서 정비책임자의 직무가 아닌 것은?

① 자동차의 점검·정비 총괄
② 자동차 정비기술에 관한 교육
③ 정비공장의 공임 산출과 장비 보수
④ 정비요원의 업무에 관한 지휘·감독

정답 61.② 62.④ 63.① 64.④ 65.② 66.② 67.③

68 콘크리트 믹서나 탱크로리와 같은 형상이 복잡한 자동차에 있어서 검사 시 하대 옵셋은 어떻게 계산하는가?

① 용적 중심으로 한다.
② 탱크의 중심에 오버행을 합친 거리로 한다.
③ 차체 전장에서 오버행을 뺀 치수의 1/2로 한다.
④ 운전석 최후단에서 차체 최후단까지 거리를 1/2로 한다.

69 공차 바퀴가 접하는 수평면에서 좌·우 바퀴의 중심선 간의 수평거리를 무엇이라 하는가?

① 옵셋
② 윤거
③ 축거
④ 오버행

70 운행 자동차의 안전기준에 속하는 장치 항목으로 틀린 것은?

① 배기가스 발산 장치
② 원동기 및 동력전달장치
③ 자동차 안전성 제어장치
④ 타이어 공기압 경고장치

71 자동차가 300m를 통과하는데 20초(s)가 걸렸다면 이 자동차의 속도(km/h)는?

① 4.1 ② 15
③ 54 ④ 108

72 자동차의 뒷면에 안개등을 설치하는 기준으로 맞는 것은?

① 등광색은 적색일 것
② 안개등 등화 장치는 점등 후 점멸되는 구조일 것
③ 자동차(피견인자동차 제외) 뒷면에 4개 이상 설치할 것
④ 작동 스위치는 뒷면 안개등에서 50cm 이내에 설치할 것

73 자동차의 제원 측정 시 승차정원 산출방법으로 맞는 것은?

① 승차정원 = 좌석인원 + 입석인원 + 표준인원
② 승차정원 = 좌석인원 + 입석인원 + 승무인원
③ 승차정원 = 좌석인원 + 입석인원 + 잉여인원
④ 승차정원 = 좌석인원 + 입석인원 + 기준인원

74 승용 자동차에서 주차 제동장치의 주차 제동력을 측정할 때 조작력으로 맞는 것은? (단, 공차상태의 자동차에서 운전자 1인이 승차한 상태에서 측정한다.)

① 손 조작식의 경우 40 kg 이하
② 손 조작식의 경우 60 kg 이상
③ 발 조작식의 경우 50 kg 이하
④ 발 조작식의 경우 50 kg 이상

정답 68.① 69.② 70.① 71.③ 72.① 73.② 74.①

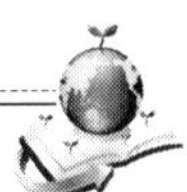

75 다음 그림의 명칭으로 맞는 것은?

① 뒷면 창유리 서리제거 장치
② 뒷면 유리 와이퍼 작동 장치
③ 앞면 창유리 세정액 분사 장치
④ 앞면 창유리 레인센서 작동 장치

76 자동차관리법 및 시행규칙에서 자동차의 충돌 등 국토교통부령으로 정하는 사고 전 후 일정한 시간 동안 자동차의 운행정보를 저장하고 저장된 정보를 확인할 수 있는 장치는?

① 블랙박스
② 운행기록계
③ 사고기록장치
④ 충돌감지장치

77 연료전지 자동차의 스택(Stack)에서 발생된 직류 전기를 모터에 필요한 3상 교류 전기로 변환하는 것은?

① 스택(Stack)
② 저전압 배터리(Low Voltage Battery)
③ 고전압 배터리(High Voltage Battery)
④ 컨버터/인버터(Converter/Inverter)

78 전기자동차에서 구동 모터는 무엇에 의해 제어되는가?

① OBC(On Board Charger)
② MCU(Motor Control Unit)
③ PRA(Power Relay Assembly)
④ LDC(Low Voltage DC-DC Converter)

79 등록된 자동차를 양수받은 자는 대통령령으로 정하는 바에 따라서 시·도지사에게 자동차의 소유권의 (　　)을 신청하여야 한다. 괄호에 맞는 것은?

① 변경등록
② 신규등록
③ 이전등록
④ 압류등록

80 차량 총중량이 3,000kgf인 차량이 80 km/h로 정속 주행할 때 구름저항(kgf)은? (단, 구름저항계수 0.023)

① 29
② 59
③ 69
④ 89

정답 75.③ 76.③ 77.④ 78.② 79.③ 80.③

자동차진단평가사 1급

2021년 제27회

제1과목 자동차진단평가론

01 사고 자동차의 수리 감가에 적용하는 평가 방법 중 랭크 분류 기준에 의한 1랭크(&)가 아닌 것은?

① 후드 (hood)
② 프론트 펜더 (front fender)
③ 라디에이터 서포트 (radiator support)
④ 트렁크 플로어 패널 (trunk floor panel)

02 다음 설명 중에서 ( ) 안에 들어갈 내용으로 맞는 것은?

> 등급평가는 차량의 성능과 상태에 따라 ( )개 등급을 정하여 소비자가 직관적으로 차량 전체를 간편하게 확인할 수 있도록 하기 위한 평가 방법이다.

① 5
② 10
③ 15
④ 20

03 자동차가 최대 조향각으로 저속 회전할 때 가장 바깥쪽 바퀴의 접지면 중심이 그리는 원의 반지름을 나타내는 용어는?

① 앞 오버행 ② 뒤 오버행
③ 자동차 중량 ④ 최소 회전반경

04 자동차용 축전지를 급속 충전할 때 주의사항으로 틀린 것은?

① 밀폐된 곳에서 충전한다.
② 충전시간은 1시간 이내로 한다.
③ 배터리 용량의 1/2의 전류로 충전한다.
④ 전해액의 온도가 45℃를 넘지 않게 한다.

05 가솔린 엔진의 노킹 방지 방법으로 적절하지 않은 것은?

① 혼합기 농후
② 점화시기를 늦춤
③ 엔진의 온도 높임
④ 고옥탄가 연료 사용

06 디젤기관의 연료분무 3대 조건으로 틀린 것은?

① 무화 ② 비중
③ 분포 ④ 관통력

정답 01.④ 02.② 03.④ 04.① 05.③ 06.②

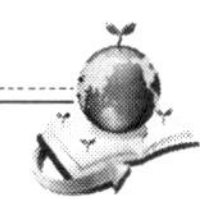

07 다음 중 견적 용어의 설명으로 맞는 것은?

> 부품의 불량, 파손 또는 마모된 곳을 외부에서 점검하는 작업, 특별한 지시가 없는 한 다른 작업을 포함하지 않는다.

① 수정 (R : Repair)
② 조정 (A : Adjustment)
③ 점검 (I : Inspection)
④ 탈착 (R/I : Remove and Install)

08 자동차 패널에 요철(찌그러짐)의 상태를 체크시트에 기록하는 규정기호는?

① T (Tear)
② A (Abrasion)
③ C (Corrosion)
④ U (Unevenness)

09 자동차 전기장치에서 사용되는 장치가 아닌 것은?

① 기동장치
② 등화장치
③ 연료장치
④ 충전장치

10 자동차 도장 건조 직후에 발생하는 결함은?

① 새깅(Sagging)
② 핀 홀(Pin Hole)
③ 링클링(Wrinkling)
④ 오렌지 필(Orange Peel)

11 해외에서 구입 후 사용한 자동차를 이사물품으로 국내 반입 시 승용자동차의 세액 산출방법으로 옳은 것은?

① 배기량 2,000cc 초과 시 세액은 과세가격 × 34.24%
② 배기량 2,000cc 초과 시 세액은 과세가격 × 25.52%
③ 배기량 2,000cc 이하 시 세액은 과세가격 × 34.24%
④ 배기량 2,000cc 이하 시 세액은 과세가격 × 25.52%

12 다음은 무엇에 대한 설명인가?

> 부품의 일부를 절단하거나 잘라내는 작업

① 절단
② 절개
③ 부분교환
④ 부분탈착

13 자동차 시험주행 중 엔진 부위 점검 사항으로 적합한 것은?

① 노크 현상이 발생한 경우 연료를 교환하면 된다.
② 냉각수 수준은 관계없이 냉각수 오염 상태를 확인한다.
③ 엔진 시동 후 노크(Knock) 발생이나 이상음 발생을 점검한다.
④ 자동차를 일정 거리 주행하면서 하부 지면에 오일 또는 냉각수의 유출을 확인한다.

정답 07.③ 08.④ 09.③ 10.② 11.① 12.② 13.③

14 다음 설명을 읽고 맞는 것은?

> ㉮ 차의 센터 위치를 결정한다.
> ㉯ 비틀린 상태를 보기 위해 사용된다.
> ㉰ 게이지의 높이가 조정 가능한 경우 데이텀 라인을 보기 위해 사용된다.

① 직각자 ② 수평 게이지
③ 트램 게이지 ④ 센터링 게이지

15 다음 설명 중에서 ( ) 안에 들어갈 내용으로 맞는 것은?

> 라디에이터는 과열된 냉각수를 냉각시켜 기관에 다시 공급시키는 장치로 코어 막힘이 ( ) % 이상 시 교환한다.

① 10 ② 15
③ 20 ④ 25

16 피스톤 구조에서 피스톤 헤드부 고열이 스커트부로 전달되는 것을 차단하는 기능을 하는 부품의 명칭으로 맞는 것은?

① 피스톤 링 홈
② 피스톤 히트댐
③ 피스톤 랜드부
④ 피스톤 보스

17 엔진오일에 냉각수가 혼입되어 섞이면 어떤 색으로 변하는가?

① 검정색 ② 노란색
③ 붉은색 ④ 우유색

18 다음 내용은 무엇에 대한 설명인가?

> 기능에 영향이 없고 통상 수리가 필요하지 않는 경미한 긁힘 또는 손상에 대하여 적용하는 감가를 말한다.

① 교환
② 수리
③ 가치감가
④ 자동차 가격조사 · 산정

19 차량 측면부 수리 흔적 식별 범위로 맞는 것은?

① 대시 패널(Dash Panel)
② 필러 패널(Pillar Panel)
③ 리어 엔드 패널(Rear End Panel)
④ 프런트 휠 하우스 패널(Front Wheel House Panel)

20 자동차용 유리 제조 연월 확인 방법으로 맞는 것은?

① 생산연도의 마지막 자리만 표시하고 있다.
② KS 표시가 없어도 순정품으로 간주해야 한다.
③ 국내 생산 차량은 크게 5종류로 나누어 확인할 수 있다.
④ 판 유리 사용 업체별로 자체 규정을 정하여 마킹 내에 제조 연월을 표시한다.

정답 14.④ 15.③ 16.② 17.④ 18.③ 19.② 20.①

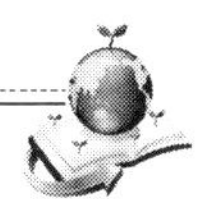

21 타이어의 ISO 승용차용 규격 호칭법 중 ( )안에 맞은 것은?

165/80	R	15	76	U
편평비	( )	림 호칭 직경	하중 인덱스	속도 제한

① 마모한계 ② 레이디얼
③ 타이어폭 ④ 플라이 수

22 전체적인 자동차의 자세를 확인하는 항목 중 로드 클리어런스(Road clearance)에 대해서 올바르게 나타낸 것은?

① 차체 상부와 노면 사이의 간극
② 차체 하부와 노면 사이의 간극
③ 차체 상부와 하부 사이의 간극
④ 차체 상부와 중심부 사이의 간극

23 다음 내용은 무엇에 대한 설명인가?

> 교차로 등지에서 나타나는 직각 충돌에서 나타나는 형상이다. 이때의 손상은 자동차의 충돌시 속도와 무게에 의해 즉, 운동량에 의해 자동차의 패널만 손상되는 경우, 패널 내부 부속장치들의 손상이 동반되는 경우, 프레임의 변형과 함께 차체의 비틀림이 발생되는 경우까지 손상이 다양하다.

① 롤 오버 손상
② 리어 엔드 손상
③ 사이드 스윕 손상
④ 브로드 사이드 손상

24 차대번호 표기에서 차체 형상별 표기부호에서 세단형의 부호로 맞는 것은?

① A ② B
③ C ④ D

25 점검자가 중고자동차의 성능을 점검하기 전에 항상 휴대하고 있어야 하는 것이 아닌 것은?

① 목장갑
② 반사경
③ 펜(Pen)전등
④ 스패너(Spanner)

26 자동차 점검 시 10대 준수사항으로 맞는 것은?

① 점검자 주관에 의한 감각적으로 평가한다.
② 자동차와 주시거리를 최대한 가깝게 실시한다.
③ 자동차 점검 순서를 수시로 변경하면서 점검한다.
④ 점검하고자 하는 부분에 기준점을 두고 비교 점검한다.

27 자동차 특별이력 평가항목에서 가격 결정 감점에 영향을 주는 요인으로 맞는 것은?

① 침수, 도난 ② 도난, 화재
③ 화재, 절손 ④ 침수, 화재

28 산업재해 통계 및 분석에서 산업 재해의 발생 빈도를 나타내는 명칭은?

① 강도율 ② 건수율
③ 도수율 ④ 천인률

정답 21.② 22.② 23.④ 24.① 25.④ 26.④ 27.④ 28.③

29 손상된 도어를 수리하는 방법이 아닌 것은?

① 도어 전체를 교환하는 방법
② 아웃 패널을 교환하는 방법
③ 이너와 아웃 양 패널을 판금하는 방법
④ 아웃 패널을 판금하고 이너 패널을 교환하는 방법

30 중고자동차 성능·상태점검 기록부에서 차량의 주요 골격부위는?

① 후드 ② 대쉬 패널
③ 트렁크 리드 ④ 프런트 펜더

31 다음 내용은 무엇에 대한 설명인가?

> 외관을 보호하고 미려하게 하는 2가지 역할이 있으며, 고객은 이외의 역할인 차체 보호 측면에는 거의 무시하는 것이 보통이다.

① 교환 ② 도장
③ 세척 ④ 판금

32 다음 내용은 무엇에 대한 설명인가?

> a) 타이어 트레드 부 홈의 깊이가 50% 이상 남아 있어야 한다.
> b) 외판과 주요 골격은 사고수리 이력 및 개조 등이 없는 것으로 한다.

① 가치감가 ② 기준가격
③ 표준가격 ④ 표준상태

33 자동차 상호 간의 충돌에서 두 대의 자동차가 동일 차축 상에 있다면, 두 자동차의 진행 방향이 모두 동일한 방향의 충돌은?

① 추돌 ② 정면 충돌
③ 측면 충돌 ④ 다중 충돌

34 브레이크 페달에 일정한 압력을 가했을 때 페달이 푹 들어갈 때의 원인은?

① 브레이크 오일의 누유
② 브레이크 패드의 이상 마모
③ 브레이크 드럼의 이상 마모
④ 브레이크 라이닝의 이상 마모

35 중고 자동차 점검 시 접합 자동차 식별방법이 아닌 것은?

① 각 부분의 실리콘 작업 상태를 확인한다.
② 실내 매트를 걷어내고 산소용접의 흔적이 있는지 확인한다.
③ 웨더 스트립(Weather Strip) 탈거 후 SPOT 용접부를 확인한다.
④ 차동기어 및 리어 패널(Rear Panel)에 산소용접의 흔적을 확인한다.

36 중고자동차 성능·상태점검기록부에서 차량의 외판 부위에 해당하지 않는 것은?

① 도어
② 사이드 멤버
③ 트렁크 리드
④ 프런트 펜더

정답 29.④ 30.② 31.② 32.④ 33.① 34.① 35.④ 36.②

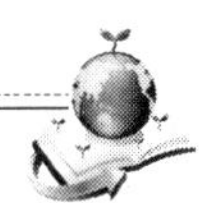

37 다음 설명을 읽고 맞는 것은?

> 도로 시설물, 전주, 수목, 담 등과의 충돌에 의한 것으로 같은 충돌 속도와 충돌 부위에서도 상대물의 크기, 형태, 강도 및 자동차와의 충돌 각도, 충돌 부위의 압력을 받는 면적 등의 요소에 따라 손상 형태에 차이가 발생한다.

① 다중 충돌
② 정면 충돌
③ 측면 충돌
④ 고정물과의 충돌

38 철강재료의 종류에서 실린더 블록에 많이 사용되는 재료로 알맞은 것은?

① 강관 ② 강판
③ 구조용강 ④ 주철재료

39 LPG 기관의 구성요소로 맞지 않은 것은?

① 봄베 ② 예열플러그
③ 베이퍼라이저 ④ 솔레노이드 밸브

40 자동차 공차 중량에 대한 설명으로 틀린 것은?

① 연료, 냉각수, 윤활유 등은 규정량을 넣은 상태
② 자동차에 사람이 승차하지 않은 상태의 차량중량
③ 자동차에 물품을 적재하지 않은 상태의 차량중량
④ 예비부분품, 공구, 기타 휴대물품 포함 차량중량

41 기동전동기의 작동 원리에 적용되는 법칙으로 맞는 것은?

① 렌츠의 법칙
② 앙페르의 법칙
③ 플레밍의 왼손 법칙
④ 플레밍의 오른손 법칙

42 견적의 원칙으로 맞는 것은?

① 개인의 경험에 의해 작성한다.
② 다른 곳의 견적을 참고로 한다.
③ 견적은 정확함이 첫째로 요구된다.
④ 작업 부위의 축소 견적도 가능하다.

43 자동차 등록증 확인 사항이 아닌 것은?

① 보증 및 보험 가입 여부를 확인한다.
② 자동차검사 유효기간 등을 확인한다.
③ 자동차등록증의 주소지 변경사항을 확인한다.
④ 차량번호, 차대 번호, 차량등록사항 등을 확인한다.

44 A 정비공장은 표준 작업시간이 4시간, 직접 작업시간은 3시간이고, B 정비공장은 표준 작업시간이 4시간, 직접 작업시간이 5시간 일 때, 작업능률에 대한 설명으로 맞는 것은?

① A 정비공장의 작업능률은 75%이다.
② B 정비공장의 작업능률은 20%이다.
③ A 정비공장의 작업능률은 B 정비공장보다 낮다.
④ A 정비공장의 작업능률은 B 정비공장보다 높다.

정답 37.④ 38.④ 39.② 40.④ 41.③ 42.③ 43.① 44.④

45 자동변속기의 스톨 시험(Stall Test) 방법으로 맞는 것은?

① 변속 레버를 P 혹은 N 위치에서 한다.
② 파킹 브레이크를 풀고 한다.
③ 5초 이상 유지하거나 연속적인 시험은 절대로 하지 않는다.
④ 가속페달을 최대한 밟아 RPM이 1,500이하이면 정상으로 판단한다.

46 엔진을 비롯한 프런트 서스펜션(Front Suspension), 스티어링(Steering) 장치 등을 지지하는 곳은 어느 부위인가?

① 리어 보디(Rear Body)
② 언더 보디(Under Body)
③ 사이드 보디(Side Body)
④ 프런트 보디(Front Body)

47 중고자동차 성능·상태점검기록부 중에서 튜닝 점검사항에 속하는 것은?

① 에어컨 ② 타이어
③ 등화장치 ④ 오디오 장치

48 다음 사고와 손상 진단에 대한 설명으로 맞는 것은?

> 자동차의 손상된 부위 정도와 범위를 보고, 충돌 물체의 구조, 무게 등을 알게 되면 어느 정도의 속도에서 손상이 발생하였는가를 가늠하게 된다.

① 정면 충돌 ② 충돌 속도
③ 충돌 무게 ④ 충돌 방향

49 중고자동차 성능·상태점검 보증범위에서 자기진단사항 중 엔진에서 보증하는 범위로 틀린 것은?

① 흡기온도센서
② 인히비터스위치
③ 스로틀위치센서
④ 크랭크위치센서

50 각종 센서 중 냉각수 수온센서로 맞은 것은?

① AFS ② ATS
③ BPS ④ WTS

51 다음 중 견적에 사용되는 수리 용어의 의미가 틀린 것은?

① A : 작동 상의 기능에 대하여 조정하는 작업
② X : 부품을 단순하게 떼어내고 부착하는 작업
③ I : 부품의 불량, 파손된 곳을 외부에서 점검하는 작업
④ R : 부품 구부러짐, 면의 찌그러짐 등에 대한 수정, 절단, 연마 등의 작업

52 인체의 감각(오감)에 의한 자동차 진단 방법이 아닌 것은?

① 배기가스 색깔 점검
② 자동차 계기판의 계기 확인
③ 기관의 이상음 발생 여부 확인
④ 게이지(Gauge)로 타이어 공기압 점검

정답 45.③ 46.④ 47.③ 48.② 49.② 50.④ 51.② 52.④

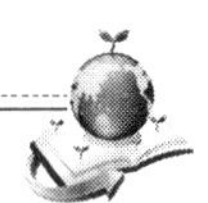

53 자동차 수리 견적의 의의에 대한 설명으로 틀린 것은?

① 자동차 사고 내용의 분석 자료
② 자동차의 수리를 위한 작업지시서
③ 고객과의 수리비용에 대한 합의서
④ 공장의 매출·매입을 알려주는 경영자료

54 강판 수리에서 평면 내기 작업의 설명으로 틀린 것은?

① 미세한 변형을 없애는 작업이다.
② 아웃 패널을 결합하여 용접한다.
③ 해머와 돌리를 이용하는 작업이 많이 있다.
④ 손이 들어가지 않는 곳은 슬라이드 해머를 사용하여 작업을 한다.

55 수리 자동차의 후면부 진단 부위가 아닌 것은?

① 리어 엔드 패널(Rear End Panel)
② 트렁크 플로어 패널(Trunk Floor Panel)
③ 리어 휠 하우스 패널(Rear Wheel House Panel)
④ 트렁크 플로어 사일런스(Trunk Floor Silence)

56 자동차 장비품 점검 사항 중 장비품에 해당한 것은?

① AV시스템, 블랙박스, 에어컨
② AV시스템, 내비게이션, 전조등
③ 내비게이션, 에어컨, 전조등
④ 내비게이션, 블랙박스, 비상등

57 성능·상태점검 장비로 틀린 것은?

① 청진기
② 도막측정기
③ 자기 진단기
④ 그로울러 테스터기

58 축전지 용량을 구하는 공식으로 맞은 것은?

① 용량(Vh)= 전압(V)×시간(h)
② 용량(Ah)= 전류(A)×시간(h)
③ 용량(Rh)= 저항(R)×시간(h)
④ 용량(Ph)= 전력(P)×시간(h)

59 패널 교환용 공구로 사용하지 않는 것은?

① 스터드
② 절단 공구
③ 저항 SPOT 용접기
④ CO_2반자동 용접기

60 배기가스에서 발생하는 유해가스로 틀린 것은?

① 탄화수소 ② 이산화탄소
③ 일산화탄소 ④ 질소산화물

정답 53.① 54.② 55.③ 56.① 57.④ 58.② 59.① 60.②

자동차진단평가사 2급

2022년 제28회

제1과목 자동차진단평가론

01 자동차진단평가 가·감점 점수 운용에 대한 설명으로 틀린 것은?

① 소수점 이하는 올림 한다.
② 가·감점 1점은 1만원으로 계산한다.
③ 실비 견적의 80%를 기본로 설정한다.
④ 차종별로 구분하여 평가항목에 따라 가·감점 평균치를 점수화한 것이다.

02 축전지의 용량을 나타내는 단위는?

① A ② Ω
③ V ④ AH

03 자동차관리법 시행규칙 제120조에 의해 매매업자는 중고자동차성능 · 상태점검기록부를 매수인에게 발급하고 그 사본을 보관하여야 한다. 보관 기간으로 옳은 것은?

① 등록일로부터 1년
② 발급일로부터 1년
③ 인도일로부터 1년
④ 등록이전일로부터 1년

04 피스톤 링의 기능이 아닌 것은?

① 기밀 작용 ② 방음 작용
③ 열전도 작용 ④ 오일 제어 작용

05 4 행정 사이클 기관의 장점은?

① 밸브장치 간단하다.
② 각 행정이 완전히 구분된다.
③ 마력당 중량이 적고 값이 저렴하다.
④ 실린더 수가 적어도 회전 원활하다.

06 중고자동차 점검의 10대 준수사항으로 맞는 것은?

① 점검원의 주관적인 감각으로 점검한다.
② 자동차와 주시거리를 최대한 가깝게 두고 점검한다.
③ 자동차 점검 순서를 수시로 변경하면서점검한다.
④ 점검하고자 하는 부분에 기준점을 두고 비교 점검한다.

07 메이커의 작업 중 SPOT 용접 특징으로 맞는 것은?

① 용접 용해 흔적이 작다.
② 한 곳에 2번씩 용접을 한다.
③ 내부 패널 부분은 6mm 이상이 보통이다.
④ 외부 패널의 경우 3mm 이상이 보통이다.

정답 01.③ 02.④ 03.② 04.② 05.② 06.④ 07.③

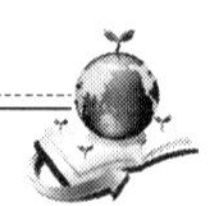

08 **자동차에 사용하는 방향지시등 릴레이의 종류로 옳지 않은 것은?**

① 수은식 ② 바이메탈식
③ 전자 열선식 ④ 축전기 전류형

09 **자동차 유리 교환 여부 판정으로 틀린 것은?**

① 차량 한 대의 각각의 유리 별 제조일이 5 ~ 6 개월 정도 다를 수 있다.
② 좌·우측이 동일 규격일 경우는 좌·우측의 제조연월이 같은지 확인한다.
③ 차량 한 대의 유리는 기본적으로 동일 메이 커 제품으로 되어 있음에 유의한다.
④ 차량의 제조연월 및 등록연월과 유리 제조 연월을 비교하여 교환 여부를 판별한다.

10 **도장면 오렌지 필 현상의 원인으로 틀린 것은?**

① 도료의 점도가 높을 때
② 증발이 빠른 시너의 사용
③ 공기의 압축 압력이 너무 높을 때
④ 스프레이건 분사 시 도장면과 거리가 너무 가까울 때

11 **자동차의 전기 장치에 해당되지 않는 것은?**

① 기동장치 ② 등화장치
③ 연료장치 ④ 충전장치

12 **브레이크 페달에 일정한 압력을 가했을 때 페달이 푹 들어갈 때의 원인은?**

① 브레이크 오일의 누유
② 브레이크 드럼의 이상 마모
③ 브레이크 패드의 이상 마모
④ 브레이크 라이닝의 이상 마모

13 **뒤쪽에 손이 들어가지 않는 실 패널과 같은 곳의 변형 수정에 적합한 공구로 맞는 것은?**

① 돌리 ② 해머
③ 스터드 ④ 보디 필러

14 **전자제어 기관의 센서 중에서 대기의 고도를 측정하여 연료 분사량 및 점화시기를 보정하는 센서는?**

① 공기유량센서(AFS)
② 대기압 센서(BPS)
③ 흡기온도 센서(ATS)
④ 냉각수 수온센서(WTS)

15 **자동차관리법 시행규칙에서 규정하고 있는 매매알선수수료 등에 대한 내용 중 틀린 것은?**

① 등록신청대행수수료: 등록신청대행에 소요 되는 실제비용
② 매매알선수수료: 자동차 소유자와 자동차 구매자 간의 자동차 매매를 알선하는 데에 소요되는 실제비용
③ 관리비용: 매매용자동차의 보관·관리에 소요되는 실제비용(다만, 그 금액은 자동차가 판매되는 시점까지 정산할 수 있다.)
④ 자동차 가격조사·산정 수수료: 자동차 가격 조사·산정에 소요되는 실제비용(자동차 가격 조사·산정 내용을 고지한 경우만 해당한다.)

정답 08.② 09.① 10.④ 11.③ 12.① 13.③ 14.② 15.③

16 자동차 견적의 원칙으로 맞는 것은?

① 개인의 경험에 의해 작성한다.
② 다른 곳의 견적을 참고로 한다.
③ 견적은 정확함이 첫째로 요구된다.
④ 작업 부위의 축소 견적도 가능하다.

17 자동차가 방향을 바꿀 때 조향 바퀴의 스핀들이 선회하는 각도를 무엇이라 하는가?

① 조향각
② 회전각
③ 앞 오버행 각
④ 뒤 오버행 각

18 중고자동차를 점검할 때 전체적인 차량의 자세는 각 면으로부터 몇 m 정도 떨어져서 점검하여야 하는가?

① 1 ~ 2　② 3 ~ 5
③ 6 ~ 8　④ 9 ~ 10

19 자동차 가격조사·산정기준에서 배기량에 의한 승용형 자동차의 등급으로 틀린 것은?

① 경　② Ⅳ
③ 특A　④ 특C

20 타이어의 호칭에 포함되는 것은?

[예] 175 / 70 R 13 82 S

① 표준 공기압
② 표준 허용속도
③ 편평비
④ 카카스(Carcass)직경

21 중고자동차 필수 점검 사항 중 차량의 자세에 해당되지 않는 것은?

① 전방 자세
② 후방 자세
③ 우측방 자세
④ 하체 점검 자세

22 패널 변형의 종류 중 패널 면에 화살표 모양으로 나타나는 변형을 무엇이라 하는가?

① 보조개　② 단순꺾임
③ 찌그러짐　④ 단순한 요철

23 사고 수리 자동차 판별 시 주안점에 대한 설명 중 틀린 것은?

① 범퍼 도장 흔적
② 패널 구멍의 변형
③ 패널의 절단 및 접합 흔적
④ 브레이크 패드의 교환 여부

24 표준작업시간과 공임율의 적산 방식에 의하여 산출되는 금액으로 옳은 것은?

① 기준 공임　② 도장 금액
③ 수리 공임　④ 표준 공임

25 자동차의 외관 도장 작업 중 탈지, 방청, 밀착성 향상을 위하여 연속 침전 방식으로 하는 공법으로 맞는 것은?

① 전처리
② 하부 도장
③ 중부 도장
④ 상부 도장

정답 16.③ 17.① 18.② 19.② 20.③ 21.④ 22.① 23.④ 24.③ 25.①

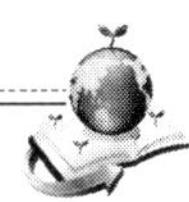

26 중고자동차 점검원의 자세로 틀린 것은?

① 오감 이상의 육감으로 평가한다.
② 자신의 차량을 구입한다는 입장에서 점검 한다.
③ 많은 시간을 가지고 정확한 평가로 고객 에게 지루함을 준다.
④ 적정한 가격과 평가기준 및 평가기술로 신뢰받는 평가점을 산출한다.

27 중고자동차 성능 · 상태점검기록부에 포함되지 않는 것은?

① 중고자동차 시세
② 차량의 주요 장비
③ 주요 부품의 성능
④ 사고에 따른 외판 교환 및 수리 여부

28 사고자동차의 수리 이력 부위에서 차체 전면 부위로 틀린 것은?

① 대시 패널
② 프론트 패널
③ 인사이드 패널
④ 트렁크 플로어 패널

29 산업재해로 인한 근로손실의 정도를 나타내는 통계로서 1,000시간당 근로손실 일수를 나타낸 것은?

① 강도율　　② 건수율
③ 도수율　　④ 천인율

30 기준가격에 대한 정의로 옳은 것은?

① 표준상태의 자동차 가격
② 연도별 보정 또는 특성값을 보정한 가격
③ 당월 중에 판매된 중고차 가격의 평균치
④ 보험연구원에서 분기별로 발표하는 기준가액

31 점검원이 중고자동차의 성능을 점검하기 전에 항상 휴대하고 있어야 하는 휴대품이 아닌 것은?

① 목장갑　　② 반사경
③ 스패너　　④ 펜전등

32 자동차 도장 건조 직후 발생되는 결함으로 맞는 것은?

① 균열　　② 변색
③ 핀홀　　④ 초킹

33 사고 시 자동차의 손상에 영향을 미치는 인자가 아닌 것은?

① 자동차의 속도
② 충돌 자동차의 무게
③ 충돌 자동차의 구조
④ 충돌 시 노면의 상태

34 차대번호 표기 중에서 밑줄 친 부분이 의미하는 것은?

[예] KMHEF11ND2U123456

① 제작국가
② 제작공장
③ 차종구분
④ 원동기 형식

정답 26.③ 27.① 28.④ 29.① 30.① 31.③ 32.③ 33.④ 34.③

35 자동차등록증 확인 사항으로 틀린 것은?

① 보증 및 보험가입 여부를 확인한다.
② 자동차검사 유효기간 등을 확인한다.
③ 자동차등록증의 주소지 변경사항을 확인 한다.
④ 차량번호, 차대 번호, 차량등록사항 등을 확인한다.

36 외판의 찌그러진 상태에 대한 규정기호로 옳은 것은?

① B(bending) ② R(reduction)
③ U(unevenness) ④ X(exchange)

37 보수 도장의 종류에서 SPOT 도장에 대한 설명으로 맞는 것은?

① 패널의 일부분만의 도장이다.
② 판금 수리한 패널의 도장이다.
③ 오리지널 컬러를 바르거나, 퇴색한 페인트를 원상태로 하기 위해 칠하는 보수도장이다.
④ 자동차의 패널 일부분만을 보수 도장하는 경우로 도장의 경계는 엣지에서 마무리한다.

38 자동차 정비사업자는 자동차점검·정비명세서를 교부한 날로부터 몇 년간 보관하여야 하는가?

① 1 ② 2
③ 3 ④ 4

39 판금 수정에 사용하는 공구는?

① 스터드 ② 핸드 커터
③ 핸드 니블러 ④ 패널 클램프

40 중고자동차 점검요령 중 운전석에서 각 부의 기능을 확인할 수 있는 사항이 아닌 것은?

① 핸들의 지름이 규정품인지 확인한다.
② 전조등 및 안개등의 평행 여부를 확인한다.
③ 경음기 작동 여부 및 소리가 적합한가 확인 한다.
④ 콤비네이션 스위치 및 계기판의 게이지 작동 상태를 확인한다.

41 전자제어 연료분사 장치의 특징이 아닌 것은?

① 가속 시 응답성이 좋다.
② 연료의 소비율이 향상된다.
③ 연료의 유해 성분이 감소한다.
④ 최적의 혼합기 공급이 원활하다.

42 손상 자동차의 데이텀 라인을 보기 위해 사용되는 게이지는?

① 직각자 ② 블록 게이지
③ 수평 게이지 ④ 센터링 게이지

43 자동차진단평가 기준서에서 사용하는 가치감가 용어의 의미로 옳은 것은?

① 부품을 교환할 필요는 없지만 원래의 상태 로 되돌릴 수 있는 손상을 말한다.
② 기능에 영향이 없고 통상 수리가 필요하지 않는 경미한 긁힘 또는 손상에 대하여 적용하는 감가를 말한다.
③ 기준서의 점검 항목별로 비교, 경제적 가치 차이를 산출하여 평가대상 자동차의 가격을 산출하는 것을 말한다.
④ 부품을 수리하기에는 비용이 너무 많이 들거나 손상이 커서 수리로서는 원래의 상태로 되돌릴 수 없는 손상을 말한다.

정답 35.① 36.③ 37.① 38.① 39.① 40.② 41.③ 42.④ 43.②

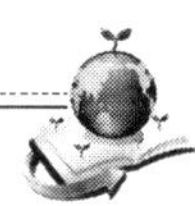

44 손상상태의 분류 중 충격력의 작용에 의한 분류로 맞는 것은?

① 구부러짐 ② 직접손상
③ 소성변형 ④ 탄성변형

45 자동차 계기장치 중 경고등이 아닌 것은?

① TPMS등
② 안개등
③ 도어 열림등
④ 엔진 점검등

46 전륜 구동(FF방식)방식의 점검 포인트에 대한 설명 중 틀린 것은?

① 등속 자재이음의 튜브 찢어짐 점검
② 선회 시"뚝뚝"소리를 통해 이상 유무 점검
③ 변속기 후부와 프로펠러 샤프트의 연결 부 분의 오일 누유 점검
④ 트랜스액슬에서 좌·우 드라이브 샤프트 연결 부분의 오일 누유 점검

47 자동차 등급평가 기준 중 용접으로 조립된 외판이 교환된 경우에 해당되는 등급은?

① 2 ② 4
③ 6 ④ 8

48 자동차의 브레이크 장치에서 브레이크 패드(라이닝)의 마모 정도를 판단할 수 있는 것은?

① 엔진의 오일량
② 엔진의 냉각수량
③ 브레이크 오일량
④ 파워핸들 오일량

49 자동차 도장 공정에서 전착 도장 공정을 설명한 것은?

① 방진성을 목적으로 하는 도장
② 방청성을 목적으로 하는 도장
③ 평활성을 목적으로 하는 도장
④ 외관을 미려하게 하기 위한 도장

50 자동차의 현가장치 구성 부품은?

① 쇽업쇼버 ② 등속조인트
③ 디스크 패드 ④ 토크 컨버터

51 자동차가 최대 조향각으로 저속 회전할 때 가장 바깥쪽 바퀴의 접지면 중심이 그리는 원의 반지름을 나타내는 용어는?

① 앞 오버행
② 뒤 오버행
③ 자동차 중량
④ 최소 회전반경

52 수리 자동차의 부위별 진단에서 차량 측면부의 리어 휠 하우스 패널의 점검 사항에 대한 설명 중 틀린 것은?

① 긁힘, 찍힘, 물결침, 도장상태를 확인한다.
② 리어 휠 하우스와 트렁크 사이의 단차가 일정한지 여부를 확인한다.
③ 스텝 몰딩이 있는 차의 경우는 몰딩이 정상적으로 부착되어 있는지 확인한다.
④ 휠 하우스 부분의 전기 스폿용접이 정상적으로 되었는지 여부와 리어패널과 접합부의 홈이 선명하게 되었는지 여부를 확인한다.

정답 44.② 45.② 46.③ 47.② 48.③ 49.② 50.① 51.④ 52.③

53 가솔린 엔진의 노킹 방지 방법으로 적절하지 않은 것은?

① 혼합기 농후
② 점화시기를 늦춤
③ 엔진의 온도 높임
④ 고옥탄가 연료 사용

54 중고자동차 성능·상태점검의 자동변속기 보증범위로 틀린 것은?

① 유성기어 ② 엔드클러치
③ 토크컨버터 ④ 변속기케이스

55 자동차 냉각수 점검 방법 설명으로 틀린 것은?

① 엔진이 정상 작동 온도일 때 점검한다.
② 한달에 한번 엔진오일 교환할 때 점검한다.
③ 공회전 상태로 보조 탱크의 냉각수량을 점 검한다.
④ 보조 탱크의 냉각수량이 최대선(F)과 최소 선(L)사이에 있는지 확인한다.

56 중고자동차 외판부위 중 볼트로 체결된 부품으로 틀린 것은?

① 후드 ② 도어
③ 쿼터패널 ④ 트렁크 리드

57 가솔린 기관의 열역학적 사이클 분류에 해당하는 것은?

① 디젤 사이클
② 복합 사이클
③ 오토 사이클
④ 사바테 사이클

58 중고자동차 성능·상태점검에서 자동차 세부상태 중 주요장치 전기 점검 항목으로 틀린 것은?

① 발전기 출력
② 와이퍼 모터 기능
③ 라디에이터 팬 모터
④ 구동축전지 절연 상태

59 자동변속기의 스톨시험(Stall Test) 방법으로 맞는 것은?

① 파킹 브레이크를 풀고 한다.
② 변속 레버를 P 혹은 N 위치에서 한다.
③ 5초 이상 유지하거나 연속적인 시험은 절대하지 않는다.
④ 가속페달을 최대한 밟아 RPM이 2,400 초과 이면 정상으로 판단한다.

60 내연기관이 아닌 것은?

① LPG기관 ② 증기기관
③ 디젤기관 ④ 가솔린 기관

정답 53.③ 54.② 55.② 56.③ 57.③ 58.④ 59.③ 60.②

자동차진단평가사 1급

2022년 제29회

제1과목 자동차진단평가론

01 **자동차를 도장할 때 발생되는 결함으로 도막 내외부에서 서로 다른 형태와 크기로 된 도료 알갱이 및 덩어리가 묻어 생기는 현상은?**

① 시딩(seeding)
② 새깅(sagging)
③ 블러싱(blushing)
④ 크레터링(cratering)

02 **성능·상태점검 기준 및 방법에서 전기 장치의 점검항목으로 틀린 것은?**

① 발전기 전압
② 실내 송풍 모터
③ 와이퍼 블레이드
④ 와이퍼 모터 기능

03 **자동차 차체 명칭 중 틀린 것은?**

① 메인 보디　② 프레임 보디
③ 프런트 보디　④ 사이드 보디

04 **4 행정 사이클 기관의 단점이 아닌 것은?**

① 밸브장치 복잡하다.
② 충격 및 기계적 소음이 크다.
③ 저속이 어렵고 역화가 발생한다.
④ 실린더 수가 적을 경우 사용이 곤란하다.

05 **차대번호 표기에서 차체 형상별 표기부호로 맞는 것은?**

① 쿠페형 (Coupe Type) : C
② 세단형 (Sedan Type) : S
③ 왜건형 (Wagon Type) : W
④ 해치백형 (Hatchback Type) : H

06 **침수차의 식별 시 전기 계통에 나타나는 현상이 아닌 것은?**

① 램프류에 오물 또는 녹이 발생한다.
② 라디에이터 코어에 이물질이 끼어있다.
③ 등화장치, 경음기 등의 작동을 점검한다.
④ 라디오, 히터, 중앙집중 잠금장치의 성능이 저하된다.

07 **침수 자동차의 식별 시 실내, 트렁크 룸 부분의 주안점으로 맞는 것은?**

① 라디에이터 코어에 이물질이 끼어 있는지 확인한다.
② 램프류에 오물 또는 녹이 발생되어 있는지 확인한다.
③ 시거라이터, 재떨이, 퓨즈 박스에 오물이 있는지 확인한다.
④ 시동상태 및 엔진의 표면 및 엔진룸 내에 얼룩 유무를 확인한다.

정답 01.① 02.③ 03.② 04.③ 05.① 06.② 07.③

08 섀시 스프링에 가해진 부분의 무게를 말하며 추진축, 현가장치, 제동장치, 조향장치와 같이 그 중량의 일부가 작용하는 것은 그 구조에 따라 중량으로 가산하는 것은?

① 배분 중량
② 섀시 중량
③ 스프링 아래 중량
④ 스프링 위 중량

09 자동차 안전기준에서 최소 회전반경은 몇 m 이하 인가?

① 6　　② 8
③ 10　　④ 12

10 현재 속도가 40 km/h인 자동차가 10 초 후에 76 km/h가 되었다면 가속도(m/s2)는?

① 1　　② 2
③ 10　　④ 20

12 ISO 승용차용 타이어의 호칭에 대한 설명으로 맞는 것은?

[예] 205 / 60 R 17 82 S

① 17 : 하중 지수
② 60 : 타이어 폭(mm)
③ 205 : 타이어 편평비
④ S : 최대속도 표시기호(210 Km/h 까지)

11 기준가격 보정 산출식으로 맞는 것은?

① 보정가격 = 기준가격 − (A)월별 보정 − (B)특성값 보정
② 보정가격 = 기준가격 + (A)월별 보정 + (B)특성값 보정
③ 보정가격 = 기준가격 − (A)월별 보정 + (B)특성값 보정
④ 보정가격 = 기준가격 + (A)월별 보정 − (B)특성값 보정

13 축전지 용량의 10 % 전류로 일정하게 충전하는 축전지 충전방식은?

① 급속 충전　　② 정전압 충전
③ 정전류 충전　　④ 단별 전류 충전

14 가솔린 기관의 전자제어시스템에 사용하는 노킹 센서가 엔진에서 비 노킹 시 점화시기 제어 방법으로 맞는 것은?

① 점화시기 최대 진각 제어
② 점화시기 최대 지각 제어
③ 초기에 점화시기 지각 후 회전 속도에 따라 진각 제어
④ 초기에 점화시기 진각 후 회전 속도에 따라 지각 제어

15 스톨 테스트(stall test)에 대한 설명으로 틀린 것은?

① 가속페달을 5 초 이상 밟아 유지한다.
② 자동변속기의 경우 테스트를 실시할 수 있다.
③ 변속레버 "D"와"R"레인지에서 테스트 한다.
④ 파킹 브레이크를 최대한 당기고, 왼발로 브레이크 페달을 밟은 상태에서 실시한다.

정답 08.④ 09.④ 10.① 11.① 12.④ 13.③ 14.① 15.①

16 보수 도장에서 패널 면의 타격 흔적이나 긁힌 손상을 퍼티로 메워 도장하는 방식으로 맞는 것은?

① 하도 도장
② SPOT 도장
③ 부분 보수 도장
④ 판금 부분의 도장

17 부위별 수리차 판별에서 라디에이터 서포트 및 보닛의 사고 여부를 점검하는 사항으로 틀린 것은?

① 각종 램프류의 파손 및 부착상태를 확인 한다.
② 웨더 스트립의 부착상태가 청결한지 확인 한다.
③ 차량의 정면에서 차량 전면을 보고 전체의 밸런스를 확인한다.
④ 엔진룸 내의 부품 수리 시 도장의 벗겨짐 유무 및 주름의 덮인 상태를 확인한다.

18 자동차 사고이력·수리필요 상태표시 방식 중 수리필요 부위의 외부에 복합부호와 감점계수로 표기하지 않는 것은?

① 휠　② 내장
③ 외장　④ 타이어

19 중고자동차 점검의 10대 준수사항이 아닌 것은?

① 장갑을 끼는 것이 외부 패널의 검사 및 볼트를 검사할 때 유리하다.
② 일부에 얽매이지 않고 전체를 골고루 세밀히 관찰하는 습성이 필요하다.
③ 각 부분을 점검할 때 항상 차량의 전체를 염두에 두고 그 부분에 대해 점검한다.
④ 차량의 기울임, 뒤틀림, 도장상태, 연결 부분의 틈새 등을 후각적인 감각을 통하여 기준점을 잡아서 확인한다.

20 규정기호 표기 방법 중 틀린 것은?

① A (긁힘)　② R (가치감가)
③ X (용접)　④ U (요철)

21 내연기관 연소실의 종류가 아닌 것은?

① 단구형　② 반구형
③ 욕조형　④ 지붕형

22 자동차 도장 후 약간의 기간이 경과되었을 때 발생되는 결함은?

① 시딩 (seeding)
② 핀 홀 (pin hole)
③ 부풀음 (blistering)
④ 퍼티 자국 (putty marks)

23 중고자동차 성능·상태점검 고전원 전기장치의 보증범위가 아닌 것은?

① 충전구 절연상태
② 구동축전지 격리상태
③ 고전원 전기 배선상태
④ 고전원 배터리 충전상태

24 자동차의 언더 보디의 변형을 알아보기 위해 가장 적합한 측정기기로 맞는 것은?

① 수평자
② 블록 게이지
③ 센터링 게이지
④ 텔리스코핑 게이지

정답 16.④ 17.② 18.② 19.④ 20.③ 21.① 22.③ 23.④ 24.③

25 **이사물품 (준이사물품) 자동차에 대한 세액산출 (관세, 특소세, 교육세, 부가세 포함)로 틀린 것은?**

① 과세가격 X 36.52 % (배기량 2,000 cc 이하 승용자동차)
② 과세가격 X 26.52 % (배기량 2,000 cc 이하 승용자동차)
③ 과세가격 X 34.24 % (배기량 2,000 cc 초과 승용자동차)
④ 과세가격 X 26.52 % (총배기량 125 cc 초과, 정격출력 1 Kw 초과 이륜자동차)

26 **자동차 사고이력·수리필요 평가의 산출방식 중에서 자동차 등급계수를 적용하지 않는 평가는 무엇인가?**

① 광택 평가
② 유리 상태 평가
③ 외장 상태 평가
④ 룸 클리닝 평가

27 **자동변속기 오일 레벨을 점검하는 방법을 설명한 것으로 맞는 것은?**

① 변속레버를 각 레인지에 2 ~ 3 회 작동시킨 후 R 레인지에 위치시킨다.
② 변속레버를 각 레인지에 2 ~ 3 회 작동시킨 후 P 레인지에 위치시킨다.
③ 차량의 주차 브레이크를 작동시키고 엔진의 회전수를 2,000 rpm 으로 유지시킨다.
④ 엔진의 냉각수 온도를 80 ~ 90 ℃로 유지 시키고 차량을 경사진 곳에 주차한다.

28 **전자제어 연료분사장치의 냉각수 수온 센서의 설명으로 틀린 것은?**

① 연료분사량 보정
② 냉각수 온도 검출
③ 흡기 다기관에 설치
④ 부특성 서미스터 사용

29 **표준상태의 자동차에 대한 설명으로 틀린 것은?**

① 타이어의 트레부 홈의 깊이가 50 % 이상 남아 있는 것
② 외판과 주요 골격은 사고수리 이력 및 개조 등이 없는 것
③ 외관과 내부상태는 손상이 없고 광택을 낼 필요가 없는 것
④ 밋션과 하체가 양호하고 각종 오일류가 정 상이며 주행에 문제가 없는 것

30 **주요장치 성능평가에서 상태별 감점계수표의 구분 표시 방법이 아닌 것은?**

① 점검 ② 불량
③ 보통 ④ 양호

31 **차량의 내장 상태 평가 시 주요내장부품에 포함 되지 않는 것은?**

① 대시보드 ② 바닥 내부
③ 천장 내부 ④ 기어 트림

32 **전년도 보정가격 산출은 평가년도의 기준가격 또는 보정가격의 몇 % 를 더한 가격인가?**

① 3 ② 10
③ 15 ④ 20

정답 25.① 26.② 27.② 28.③ 29.④ 30.① 31.④ 32.②

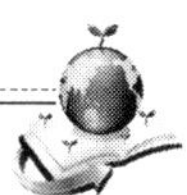

33 충격력 공식은?

> F: 충격력($kg \cdot m/s^2$), m: 질량(kg),
> d: 이동거리(m), v: 속도(m/s),
> a: 가속도(m/s^2)

① F = ma ② F = md
③ F = mv ④ F = mt

34 차량의 점검에서 전방자세를 확인하는 사항으로 틀린 것은?

① 사이드 실 패널과 지면의 평행 여부를 확인한다.
② 루프 면, 범퍼와 지면과의 각각 평행 여부를 확인한다.
③ 좌·우 양면의 각 선의 틈새 간격이 일정한가를 확인한다.
④ 임의의 점을 잡아 대칭을 비교하여 기울임이나 뒤틀림이 있는지를 확인한다.

35 유리 교환여부 판정방법에 대한 사항으로 틀린 것은?

① 보조 유리창의 경우 제작사의 로고가 없는 경우도 있다.
② 차량 한 대의 장착된 유리는 제조연월이 동일해야 한다
③ 자동차 제조연월 및 등록연월과 유리 제조연월을 비교한다.
④ 차량 한 대의 유리는 기본적으로 동일 제작사 제품으로 되어 있음에 유의한다.

36 패널의 판금 수정에서 강판을 바른 위치, 치수로 맞추는 작업 공정은?

① 마무리 ② 부품 조립
③ 평면내기 ④ 대충 맞춤

37 자동차 루프 패널에 대한 점검 사항으로 맞는 것은?

① 광택제의 사용 유무를 점검한다.
② 루프 패널과 필러 패널 간의 간극을 확인 한다.
③ 루프 패널의 드립 레일 부분의 두께를 확인 한다.
④ 루프 패널의 긁힘, 요철, 부식, 녹, 재도장 등을 확인한다.

38 배출가스 제어장치의 특성에서 경부하 및 중부하 시 PCV 밸브를 통해서 흡기다기관으로 가스를 유입시키는 장치로 맞는 것은?

① 촉매 변환 제어장치
② 배기가스 재순환장치
③ 블로바이 가스 제어장치
④ 연료 증발 가스 제어장치

39 수리비의 분류에 포함되지 않는 것은?

① 직접 수리비
② 간접 수리비
③ 임시 수리비
④ 추정 수리비

정답 33.① 34.① 35.② 36.④ 37.④ 38.③ 39.②

40 자동차점검·정비명세서에 부품란의 구분란에 표시하는 기호로 모두 맞는 것은?

① 신품 A, 재제조품 B, 중고품 C, 수입품 F
② 신품 B, 재제조품 C, 중고품 F, 수입품 A
③ 신품 C, 재제조품 F, 중고품 A, 수입품 B
④ 신품 F, 재제조품 A, 중고품 B, 수입품 C

41 복잡한 구조물의 도장 면을 균일하게 도장할 수 있는 도장법은?

① 전착 도장　② 정전 도장
③ 롤러 도장　④ 스프레이 도장

42 추돌에 의해 발생할 수 있는 손상으로 맞는 것은?

① 사이드 손상
② 리어 엔드 손상
③ 헤드 온 손상
④ 프런드 엔드 손상

43 냉각수와 혼합하는 부동액의 원액은?

① 가솔린　② 메탄올
③ 알코올　④ 에테르

44 자동차 수리 견적의 의의로 틀린 것은?

① 공장의 직원 관리 자료이다.
② 고객과의 수리비용에 대한 합의서이다.
③ 자동차의 수리를 위한 작업 지시서이다.
④ 공장의 매출·매입을 알려주는 경영 자료이다.

45 디젤기관의 연료 분무의 3대 조건이 아닌 것은?

① 노즐　② 분포
③ 무화　④ 관통력

46 중고자동차의 성능·상태 점검의 보증내용 중에서 보증기간의 설명으로 맞는 것은?

① 보증기간은 자동차 매매일을 기준으로 한다.
② 보증기간은 인도일로부터 최소 20 일 이상 이다.
③ 보증기간은 인도일로부터 주행거리 3,000 km 이상부터이다.
④ 보증기간은 인도일로부터 30 일 이상 보증 거리는 2,000 km 이상이어야 하며 그중 먼저 도래한 것을 적용한다.

47 자동차 고압선 점검방법에 대한 설명으로 틀린 것은?

① 배터리 마이너스(−)케이블을 분리한 후 점검한다.
② 점화 플러그에서 고압선을 분리할 때는 배선을 당긴다.
③ 점화 플러그의 고압선은 각각 맞는 번호의 실린더에 연결한다.
④ 고압선 등을 깨끗이 헝겊으로 닦은 후 손상 여부를 확인한다.

48 윤활유의 구비조건으로 맞는 것은?

① 점도가 높을 것
② 인화점이 낮을 것
③ 응고점이 낮을 것
④ 발화점이 낮을 것

정답 40.① 41.① 42.② 43.② 44.① 45.① 46.④ 47.② 48.③

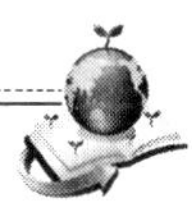

49 도장층의 구성에서 외관을 미려하게 하기 위한 도장은?

① 전처리　② 전착 도장
③ 중부 도장　④ 상부 도장

50 차대번호 표기 중에서 밑줄 친 부분이 의미하는 것은?

[예] KMHEF11NＤ2U123456

① 용도구분
② 제작회사
③ 차종구분
④ 제작국가(K : 한국)

51 일체식 조향장치 어셈블리에 해당하지 않는 부품은?

① 너클 암　② 타이로드
③ 피트먼 암　④ 스테빌라이저

52 자동차관리법의 자동차의 구조·장치 등의 성능·상태를 점검한 내용 또는 압류 및 저당권의 등록 여부를 고지하지 아니한 자에 대한 벌칙으로 맞는 것은?

① 1년 이하 징역 또는 1천만원 이하 벌금
② 1년 이하 징역 또는 2천만원 이하 벌금
③ 2년 이하 징역 또는 2천만원 이하 벌금
④ 2년 이하 징역 또는 1천만원 이하 벌금

53 2행정 사이클 내연기관이 1사이클 완성할 때 크랭크축의 회전수는?

① 1　② 2
③ 3　④ 4

54 중고자동차 점검원의 자세에 대한 설명으로 틀린 것은?

① 고객이 지루하더라도 천천히 정확한 평가를 한다.
② 자신의 차량을 구입한다는 입장에서 점검한다.
③ 출품자가 개인일 경우, 차량의 운행이나 관리 상태에 대해서 물어보면서 점검한다.
④ 적정한 가격과 평가 기준 및 평가 기술로 신뢰받는 평가점을 산출한다.

55 패널의 판금 수정에서 마무리 공정에 대한 설명으로 틀린 것은?

① 쿼터 패널 등의 아웃 패널을 결합하여 용접한다.
② 많은 부분을 수정할 수 있으며, 유압기기를 사용한다.
③ 산소 토치나 전극을 이용한 열에 의한 패널 면의 수축도 한다.
④ 강판은 픽 해머로 두드리고 줄질을 하여 매끈한 표면으로 만든다.

56 차량 사방점검 중 후방 범퍼의 상태를 확인하는 방법으로 틀린 것은?

① 인크루드 각도와 셋백의 치수 여부를 확인한다.
② 범퍼의 긁힘, 깨짐, 재도장, 교환 여부 등을 확인한다.
③ 범퍼에 부착된 등록번호판의 심한 손상 여부를 확인한다.
④ 범퍼를 손으로 몇 군데 위에서 밑으로 앞에서 뒤로 밀어 보면서 깨지거나 금이 간 곳이나 수리 흔적 여부를 확인한다.

정답 49.④ 50.① 51.④ 52.③ 53.① 54.① 55.② 56.①

57 자동차 제원의 치수 용어 중 앞·뒤 차축의 중심에서 중심까지의 수평거리는?

① 전장 ② 전고
③ 윤거 ④ 축거

58 보수 도장의 공정에서 아직 차에 장착하지 않은 신품 패널일 때 단계별 작업에 속하지 않는 것은?

① 도장 개소를 마스킹한다.
② 비누, 물, 왁스로 씻는다.
③ 메탈 컨디셔너를 금속면에 시행한다.
④ 패널 전체에 프라이머 패더를 바른다.

59 자동차관리법의 제58조 제3항의 "자동차의 이력 및 판매자 정보 등 국토교통부령으로 정하는 사항"으로 틀린 것은?

① 중고자동차 제시신고번호
② 자동차의 압류 및 저당에 관한 정보
③ 성능점검원의 사원증 번호 및 성명에 관한 사항
④ 자동차등록번호, 주요제원 및 선택적 장치 에 관한 사항

60 자동차 변속기의 종류별 표기부호로 틀린 것은?

① A : 자동변속기
② C : 변속기 없음
③ M : 수동변속기
④ S : 반자동변속기

제2과목 성능공학

61 수소연료전지 자동차의 설명으로 틀린 것은?

① 공기공급장치에서 수소를 발생하여 시스템 내 수소공급 시스템으로 분배한다.
② 고압탱크에 수소를 저장하는 방법 대신에 전기분해를 통하여 자동차에서 필요한 만큼 수소를 직접 생산할 수 있다.
③ 수소를 직접 태우지 않고 수소와 공기 중 산소를 반응시켜 발생되는 전기로 모터를 돌려 구동력을 얻는 친환경 자동차이다.
④ 수소와 산소가 반응해 물(H_2O)을 생성하고, 생성하는 과정에서 발생되는 전기적인 에너지를 저장해 전원으로 사용하는 자동차이다.

62 주행 중 전방충돌 상황을 감지하여 충돌을 완화하거나 회피할 목적으로 자동차를 감속 또는 정지시키기 위하여 자동으로 제동장치를 작동시키는 장치를 말하는 것은?

① 비상 자동 제동장치
② 비상 회생 제동장치
③ 전기 회생 제동장치
④ 전기 자동 제동장치

63 자동차 속도계가 40 km/h 일 때 속도계 검사 기준에 적합한 범위는?

① 30 ~ 40 ② 32 ~ 44.4
③ 36 ~ 46 ④ 33.8 ~ 43.4

정답 57.④ 58.① 59.③ 60.② 61.① 62.① 63.②

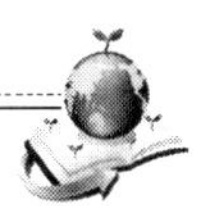

64 전기자동차의 특징이 아닌 것은?

① 별도의 변속장치가 필요 없다.
② 가솔린차보다 구조가 복잡하다.
③ 전동기와 축전지로 구성되어 있다.
④ 전동기의 차내 배치를 자유롭게 할 수 있다.

65 자동차의 최고속도 측정 조건으로 틀린 것은?

① 자동차는 측정 전에 충분한 길들이기 운전을 하여야 한다.
② 측정 도로는 평탄 수평하고 건조한 직선 포장 도로이어야 한다.
③ 측정은 풍속 5 m/sec 이하에서 1 회 실시하는 것을 원칙으로 한다.
④ 자동차는 적차 상태 (연결자동차는 연결된 상태의 적차 상태)이어야 한다.

66 자동차 제원 측정조건으로 틀린 것은?

① 견인장치를 부착한 경우에는 드로우 아이의 중심축이 연직인 상태에서 측정한다.
② 자동차는 공차상태로 하고 직진상태로 수평한 수평면에 놓인 상태로 한다.
③ 좌석 등받이의 부착 각도를 조정할 수 있는 구조의 경우에는 기준위치에 고정 상태로 한다.
④ 외개식의 창, 환기장치 등은 열린 상태로 휩식 안테나, 후사경(브래킷을 포함) 등은 제거한 상태로 하며 폴 안테나는 최저의 상태로 한다.

67 자동차의 안전기준 중 저속 전기 자동차의 최고속도 (km/h)는?

① 10 ② 30
③ 50 ④ 60

68 전기자동차에서 구동 모터는 무엇에 의해 제어되는가?

① OBC (On Board Charger)
② MCU (Motor Control Unit)
③ PRA (Power Relay Assembly)
④ LDC (Low Voltage DC-DC Converter)

69 그림의 명칭으로 맞는 것은?

① 뒷면 창유리 서리제거 장치
② 뒷면 유리 와이퍼 작동 장치
③ 앞면 창유리 세정액 분사 장치
④ 앞면 창유리 레인센서 작동 장치

70 수소가스를 연료로 사용하는 자동차의 안전기준으로 적합하지 않는 것은?

① 배기구에서 배출되는 수소농도는 평균 4 %를 초과하지 아니할 것
② 배기구에서 배출되는 수소농도는 순간 최대 8 %를 초과하지 아니할 것
③ 차단밸브 이후의 누출 시 밀폐공간에서의 수소농도는 2 % 이하일 것
④ 차단밸브 이후의 누출 시 승객거주공간의 공기 중 수소농도는 1 % 이하일 것

정답 64.② 65.③ 66.④ 67.④ 68.② 69.③ 70.③

71 하이브리드 자동차의 구성부품 중 배터리의 직류전원을 모터 구동용 교류로 변환하는 기능을 하는 것은?

① 모터 ② 전동기
③ 발전기 ④ 인버터

72 자동차 정비시설을 갖추고 자동차 정비에 관한 산업기사 또는 기능사 이상의 자격을 가진 사람 1명을 갖춘 경우 정비할 수 있는 제동장치의 범위로 틀린 것은?

① 오일의 보충 및 교환
② 브레이크 라이닝의 교환
③ 브레이크 마스터 실린더 교환
④ 브레이크 호스·페달 및 레버의 점검·정비

73 아래 그림에서 Os 의 자동차 제원 명칭으로 맞는 것은?

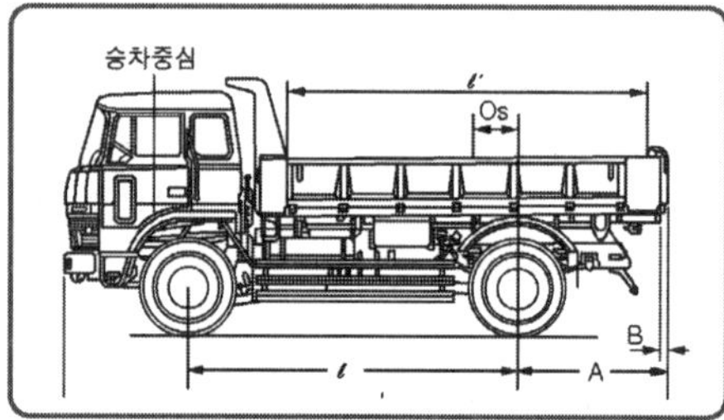

① 축간거리 ② 하대 옵셋
③ 상면 지상고 ④ 축간 오버행

74 자동차관리법 시행규칙에서 정밀도검사를 받아야 하는 기계·기구로 틀린 것은?

① 제동 시험기
② 전조등 시험기
③ 사이드슬립 측정기
④ 휠 얼라인먼트 측정기

75 자동차의 총 입석면적이 4m2 일 경우 입석 인원으로 맞는 것은?

① 27명 ② 28명
③ 29명 ④ 30명

76 자동차 검사의 종류가 아닌 것은?

① 긴급 검사 ② 수리 검사
③ 신규 검사 ④ 튜닝 검사

77 자동차의 연료장치는 배기관의 끝으로부터 몇 cm 이상 떨어져 있어야 하는가? (단, 연료탱크를 제외한다.)

① 15 ② 20 ③ 25 ④ 30

78 자동차 안전기준에서 자동차의 구동을 목적으로 하는 고전원 전기장치의 작동 전압으로 맞는 것은?

① 교류 30 볼트 초과 1,500 볼트 이하
② 직류 30 볼트 초과 1,500 볼트 이하
③ 직류 60 볼트 초과 1,500 볼트 이하
④ 교류 60 볼트 초과 1,500 볼트 이하

79 자동차관리법에서 특수용도가 아닌 일반적인 화물자동차에서 화물 적재 공간의 최소 바닥 면적 기준으로 맞는 것은?

① 1 m^2 이상 ② 2 m^2 이상
③ 4 m^2 이상 ④ 5 m^2 이상

80 자동차의 구조 및 장치에 있어서 자동차의 장치에 해당하지 않는 것은?

① 소화기 ② 창유리
③ 차체 및 차대 ④ 길이, 너비, 높이

정답 71.④ 72.③ 73.② 74.④ 75.② 76.① 77.④ 78.③ 79.② 80.④

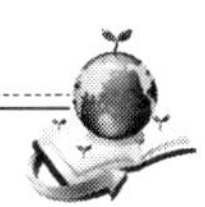

자동차진단평가사 2급

2022년 제29회

제1과목 자동차진단평가론

01 자동차 종합상태의 주행거리 평가 방법 중 틀린 것은?

① 주행거리는 주행거리 표시기에 표시된 수치를 실 주행거리로 평가한다.
② 주행거리 표시기가 고장인 경우 또는 조작 흔적이 있는 경우는 평가하지 않는다.
③ 주행거리 단위는 km를 사용하고, 마일 (mile) 단위인 경우 km 단위로 환산하여 적용한다.
④ 주행거리 표시기가 교환되었을 경우는 자동차등록증 4항 검사 유효기간란의 마지막 정기 검사일에 기록된 주행거리에 현재 주행거리 표시기의 수치를 합하여 평가한다.

02 전륜 구동(FF방식)의 점검 포인트로 맞는 것은?

① 프로펠러 샤프트
② 리어 액슬 하우징
③ 추진축의 자재이음
④ 등속 자재이음 튜브

03 자동차 계기판에 브레이크 경고등이 점등되는 경우로 틀린 것은?

① 마스터 실린더의 오일 레벨이 낮을 때 발생한다.
② 파킹 브레이크를 파킹 위치로 놓았을 때 점등된다.
③ 엔진 정지상태에서 점화스위치 “ON” 위치일 때 점등된다.
④ ABS [Anti lock Breaking System]가 작동 중일 때 점등된다.

04 표준상태의 설명으로 틀린 것은?

① 타이어 트레드 부 홈의 깊이가 50 % 이상 남아 있어야 한다.
② 외관과 내부 상태는 손상이 없고 광택을 낼 필요가 없는 것으로 한다.
③ 주행거리가 표준 주행거리 (1년 기준, 15,000 km) 이내의 것으로 한다.
④ 불법 구조(튜닝) 변경 등이 없이 신차 출고 시 상태로 되어 있는 것으로 한다.

05 가솔린 엔진 어셈블리의 구성 부품이 아닌 것은?

① 연료 펌프 ② 알터네이터
③ 예열 플러그 ④ 점화 플러그

정답 01.② 02.④ 03.④ 04.③ 05.③

06 중고자동차 필수 점검 사항에서 차량 자세를 점검하는 순서로 맞는 것은?

① 루프면 → 전방 → 후방 → 우측방 → 좌측방 → 전체인상
② 루프면 → 전체인상 → 전방 → 우측방 → 후방 → 좌측방
③ 전체인상 → 전방 → 우측방 → 후방 → 좌측방 → 루프면
④ 전체인상 → 전방 → 후방 → 우측방 → 좌측방 → 루프면

07 차대번호 표기 중 밑줄 친 부분이 의미하는 것은?

> [예] KMHEF11ND2<u>U</u>123456

① 제작회사
② 제작공장
③ 제작국가(K: 한국)
④ 원동기 형식

08 다음 설명 중에서 (　) 안에 들어갈 내용으로 맞는 것은?

> 등급평가는 차량의 성능과 상태에 따라 (　) 개 등급을 정하여 소비자가 직관적으로 차량 전체를 간편하게 확인할 수 있도록 하기 위한 평가방법이다.

① 5　　② 10
③ 15　　④ 20

09 수리 자동차의 부위별 진단법 중 차체 측면부 부위에 해당하지 않는 부분은?

① 루프 패널
② 필러 패널
③ 사이드 실 패널
④ 프런트 사이드 멤버

10 수입통관 후 자동차를 국내로 반입 시 이를 이사물품으로 인정받기 위한 요건으로 맞는 것은?

① 이사자의 입국일로부터 6 개월 이내 도착된 자동차
② 이사자의 입국일로부터 8 개월 이내 도착된 자동차
③ 이사자의 입국일로부터 10 개월 이내 도착된 자동차
④ 이사자의 입국일로부터 12 개월 이내 도착된 자동차

11 우리나라 근로 손실일수의 산정기준 중 일부 노동불능재해(14급) 에 해당하는 손실일수로 맞는 것은?

① 50 일　　② 100 일
③ 500 일　　④ 1,000 일

12 자동변속기에서 급 가속시 강제적으로 기어 단수를 낮추는 현상으로 맞는 것은?

① 킥 다운
② 스톨 테스터
③ 원웨이 클러치
④ 오버드라이브

정답 06.③ 07.② 08.② 09.④ 10.① 11.① 12.①

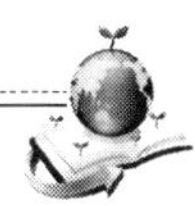

13 전년도 보정가격 산출은 평가년도의 기준 가격 또는 보정가격의 몇 %를 더한 가격인가?

① 3　　② 10
③ 15　　④ 20

14 중고자동차 차량 점검 순서 중 엔진 룸 점검 포인트로 맞는 것은?

① 리어 펜더 패널
② 사이드 실 패널
③ 리어 휠 하우스 패널
④ 인사이드 측면의 패널류

15 자동차 차체별 조립 방법 중 볼트에 의한 조립 부위에 해당하는 것은?

① 대시 패널
② 프런트 펜더
③ 트렁크 플로어
④ 프런트 인사이드 패널

16 차량 점검에서 전방 점검 부위로 맞는 것은?

① 운전석 주변, 내장, 장비품 등
② 트렁크 내·외부, 스페어 타이어, 후면 유리, 뒤 범퍼 등
③ 범퍼(前), 보닛 패널, 인사이드 패널, 대시 패널 등
④ 사이드 실 패널, 펜더 패널, 도어 패널, 필러 패널 등

17 규정기호 표기 방법 중 틀린 것은?

① A (굵힘)　　② U (요철)
③ X (용접)　　④ R (가치감가)

18 자동차 도장 작업 후 약간의 기간이 경과되었을 때 발생되는 결함으로 틀린 것은?

① 황변　　② 부풀음
③ 광택 불량　　④ 건조 불량

19 ISO 승용차용 타이어의 호칭에 대한 설명으로 틀린 것은?

[예] 235 / 60 R 19 89 S

① R : 레디얼
② 89 : 림 직경
③ 235 : 타이어 폭
④ 60 : 타이어 편평비

20 중고자동차 성능·상태점검 고전원 전기장치의 보증범위가 아닌 것은?

① 충전구 절연상태
② 구동축전지 격리상태
③ 고전원 전기 배선상태
④ 고전원 배터리 충전상태

21 사고 수리 자동차 판별 시 주안점으로 틀린 것은?

① 범퍼 도장 흔적
② 자연스러운 도장
③ 실링 작업의 유무
④ 패널 구멍의 변형

정답 13.② 14.④ 15.② 16.③ 17.③ 18.④ 19.② 20.④ 21.②

22 수리 자동차의 부위별 진단법 중 사이드 실 패널의 확인사항으로 맞는 것은?

① 가스 용접 부분이나 찌그러짐·휨·녹 등의 유무를 확인한다.
② 필러 및 스텝 웨더 스트립의 부착상태가 청결한지를 확인한다.
③ 손으로 각 면을 문질러 보고 감촉이 다른 부분이 있는지 확인한다.
④ 긁힘·찍힘·물결침·도장의 상태 (발광, 이색, 표면상태) 등을 확인한다.

23 자동차의 사고 유무를 판단하는 방법으로 틀린 것은?

① 새 타이어의 교환 여부
② 자동차의 기울어지거나 뒤틀린 자세
③ 패널의 물결 및 재 도장의 흔적 또는 이색 상태
④ 패널(본닛, 도어, 트렁크, 펜더)의 탈·부착 흔적 및 판금 흔적의 유무(異色)

24 상부 도장에 대한 설명으로 틀린 것은?

① 자동차 외관 품질을 좌우한다.
② 마무리 외관성은 광택성, 평활성, 선영성 등이 요구된다.
③ 요구되는 성질은 내후성, 내약품성, 내구성, 내마모성 등이 있다.
④ 색의 조합에 따라 하드(Hard) 컬러, 소프트(Soft) 컬러 2종류가 있다.

25 자동차 가격조사·산정기준에서 배기량에 의한 승용형 자동차의 등급계수 적용으로 틀린 것은?

① 특A ② 특C
③ Ⅳ ④ 경

26 운전석 및 실내에서의 점검 사항으로 틀린 것은?

① 루프 면, 범퍼, 지면과의 각각 평행 여부를 확인한다.
② 브레이크 페달을 밟아 페달의 유격 및 작동 상태를 점검한다.
③ 차량번호, 차대번호, 원동기 형식 및 형식 승인번호 등의 일치 여부와 차량 등록 사항을 확인한다.
④ 파손, 얼룩, 악취 등의 시트커버의 오염상태 및 담뱃불 등에 의한 구멍 및 부식된 곳이 없는가를 확인한다.

27 앞 차축 및 현가장치에서 독립 현가장치 어셈블리의 구성 부품이 아닌 것은?

① 자재이음
② 스트럿 바
③ 스테빌라이져
④ 로어 컨트롤 암

28 아래 그림은 차량의 전면유리다. 제조연월로 맞는 것은?

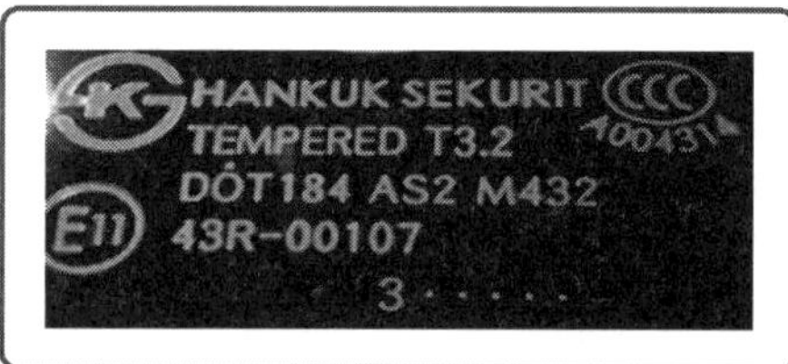

① 2013년 3월
② 2013년 5월
③ 2013년 7월
④ 2013년 9월

정답 22.① 23.① 24.④ 25.③ 26.① 27.① 28.③

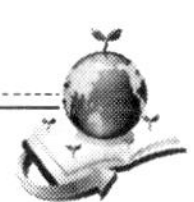

29 자동차 수리 견적의 의의에 대한 설명으로 틀린 것은?

① 자동차 사고내용의 분석 자료
② 고객과의 수리비용에 대한 합의서
③ 자동차의 수리를 위한 작업지시서
④ 공장의 매출매입을 알려주는 경영자료

30 운전석 실내의 청결상태 확인 사항으로 맞는 것은?

① 자동차등록증의 주소지를 확인한다.
② 에어컨 작동상태 및 통풍장치를 확인한다.
③ 오디오 카세트 및 안테나(전동식)의 작동 여부를 확인한다.
④ 공기청정기, 보조 백미러 등의 기타 용품의 부착물을 확인한다.

31 사고·수리이력 평가 방법 중 틀린 것은?

① 교환수리(X)는 부위별로 각각 사고수리 이력 감가계수를 적용한다.
② 판금·용접수리(W)는 부위별로 사고수리이력 감가계수의 50%을 적용한다.
③ 사고·수리이력이 있는 부위가 2개 이상의 랭크에 해당할 경우는 합산하여 적용한다.
④ 1랭크 부위 중 단순교환(1개 부위)의 경우 사고수리이력 감가계수의 50% 을 적용한다.

32 판금 수정 시 미세한 우그러짐이나 미묘한 변형에 사용하는 충전제로 밀착성이 좋아 현재 많이 사용하는 것은?

① 납땜 ② 스터드
③ 보디 필러 ④ 스펀지 사포

33 자동차의 충돌과정의 3단계로 맞는 것은?

① 접촉 단계, 맞물림 단계, 분리 이탈 단계
② 초기 접촉 자세, 최대 맞물림 상태, 분리 이탈
③ 가속 접촉 단계, 최대 맞물림 상태, 파손 상태
④ 초기 접촉 자세, 충격력 흡수 단계, 최대 맞물림 상태

34 자동차 내장재의 사일런스 패드에 대한 설명으로 틀린 것은?

① 메이커는 신조차 조립 라인에서 사용하고 있다.
② 일반 공장에서는 대부분 가위로 재단하여 사용한다.
③ 방음·방진·단열 등의 효과가 높아 대부분의 차에 사용된다.
④ 품질이 비슷하고 설치 시 차이가 없어 교환 여부를 분별하기 어렵다.

35 수리 공임의 산출에서 공임률로 맞는 것은?

① 작업자 한 사람당 한 시간당 공임의 매출을 말한다.
② 작업자 한 사람당 일 일당 공임의 매출을 말한다.
③ 영업실적의 관리표를 기초로 최저 이익률을 감안하여 산출한다.
④ 매출 총이익에서 정비 매출 이익분을 나눈 비율을 말한다.

정답 29.① 30.④ 31.③ 32.③ 33.② 34.④ 35.①

36 자동차 재료의 사회적 필요성이 아닌 것은?

① 소음 저감 ② 내구성 감소
③ 안전도의 향상 ④ 배기가스 정화

37 4 행정 사이클 기관의 동력행정에 대한 설명으로 틀린 것은?

① 연료가 연소된다.
② 혼합기를 연소실로 흡입한다.
③ 흡기 및 배기 밸브가 닫힌다.
④ 연소 압력에 의하여 피스톤이 하강한다.

38 패널 변형의 형태가 아닌 것은?

① 균열 ② 찌그러짐
③ 단순한 요철 ④ 단순한 꺾임

39 자동차매매업자가 매매계약을 체결하기 전에 그 자동차의 매수인에게 서면으로 고지하여야 하는 사항으로 틀린 것은?

① 수수료 또는 요금
② 압류 및 저당권의 등록 여부
③ 매수인이 자동차 가격을 조사·산정한 내용
④ 자동차성능·상태점검자가 해당 자동차의 구조·장치 등의 성능·상태를 점검한 내용 (점검일로부터 120 일 이내의 것)

40 자동차 점검·정비 견적서의 유효기간으로 맞는 것은?

① 교부일로부터 1 개월
② 교부일로부터 6 개월
③ 작성일로부터 1 개월
④ 작성일로부터 6 개월

41 자동차 중량 측정 시 공차상태에서 제외되는 물품이 아닌 것은?

① 공구 ② 연료
③ 예비 부분품 ④ 기타 휴대 물품

42 산업재해로 인한 근로손실의 정도를 나타내는 통계로서 1,000 시간당 근로손실 일수를 나타낸 것은?

① 강도율 ② 건수율
③ 도수율 ④ 천인율

43 차령 4 년인 자동차를 정비업자가 점검·정비 잘못으로 발생한 고장 등에 대해 무상점검·정비를 하는 기간으로 맞는 것은?

① 점검·정비일부터 30일 이내
② 점검·정비일부터 60일 이내
③ 점검·정비일부터 90일 이내
④ 점검·정비일부터 120일 이내

44 SPOT 용접 상태를 살펴볼 때 메이커의 작업 특징이 아닌 것은?

① SPOT 면적은 용접 용해 흔적이 크다.
② 메이커의 조립 라인에는 패널과 패널 사이에 틈새가 없는 상태에서 조립 한다.
③ 접착 강도를 높이기 위해 스폿용접 부분 의 수를 증가시키거나 한 곳에 2번씩 용접을 하는 경우가 있다.
④ 조립라인에는 스폿용접으로 여러 개의 부위를 용접하고, 입체적인 형태가 있는 것을 세트로 조립하기 위하여 속이 빈 형태의 부위에도 스폿용접이 되어 있다.

정답 36.② 37.② 38.① 39.③ 40.① 41.② 42.① 43.① 44.③

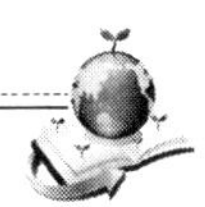

45 라디에이터는 코어의 막힘이 몇 % 이상일 때 교환해야 하는가?

① 10 ② 20
③ 30 ④ 40

46 자동차관리법에 의한 중고차성능점검제도의 목적으로 틀린 것은?

① 소비자의 알 권리를 충족시킨다.
② 중고자동차의 표준 매매가격을 제시한다.
③ 구매한 중고자동차의 향후 보상의 근거가 된다.
④ 중고자동차의 가치판단에 중요한 자료로 쓰인다.

47 화이트 보디에 도장 작업을 용이하게 하기 위하여 실시하는 도장은?

① 전처리 ② 하부 도장
③ 중부 도장 ④ 상부 도장

48 중고자동차 성능·상태 점검자의 자격 기준으로 틀린 것은?

① 자동차정비 또는 자동차검사에 관한 기사 자격이 있는 사람
② 자동차정비 또는 자동차검사에 관한 산업기사 자격이 있는 사람
③ 자동차정비 또는 자동차검사에 관한 기능사 자격이 있는 사람
④ 자동차정비 또는 자동차검사에 관한 기능사 이상의 자격을 취득한 후 자동차정비 업무, 자동차검사 업무 또는 성능·상태 점검 업무에 3년 이상 종사한 경력이 있는 사람

49 성능·상태 점검 장비로 틀린 것은?

① 청진기
② 도막측정기
③ 멀티테스터
④ 그로울러 테스터

50 중고자동차의 필수 점검사항 중 자동차등록증 확인사항으로 틀린 것은?

① 자동차등록증과 차대번호 일치 여부를 확인한다.
② 자동차등록증의 주소지 변경사항을 확인한다.
③ 출고 시 자동차 장비품(옵션) 사항을 확인한다.
④ 원동기 형식 및 형식승인번호 일치 여부를 확인한다.

51 범퍼의 상태를 확인하는 방법에 해당하지 않는 것은?

① 범퍼의 긁힘, 깨짐, 재도장, 교환 여부 등을 확인한다.
② 범퍼에 부착된 등록번호판의 심한 찌그러짐 등이 있는지 확인한다.
③ 보닛 힌지 고정볼트 머리부분의 마모나 페인트의 벗겨짐 등으로 교환 또는 수리 여부를 확인한다.
④ 범퍼의 몇 군데를 위에서 밑으로, 앞에서 뒤로 손으로 밀어 보면서 깨지거나 금이 간 곳이나 수리 흔적의 여부를 확인한다.

정답 45.② 46.② 47.① 48.③ 49.④ 50.③ 51.③

52 윤활유의 구비조건으로 맞는 것은?

① 점도가 높을 것
② 발화점이 낮을 것
③ 인화점이 낮을 것
④ 응고점이 낮을 것

53 차축과 프레임을 연결하고 주행 중 노면에서 받는 진동이나 충격을 흡수하여 승차감과 안전성을 향상시키는 장치는?

① 공조장치 ② 조향장치
③ 현가장치 ④ 제동장치

54 자동차 브레이크 오일 점검방법에 대한 설명으로 틀린 것은?

① 브레이크 계통의 누유를 점검한다.
② 한 달에 한번 엔진오일 교환할 때 점검한다.
③ 급격하게 브레이크 오일이 줄어들 경우 브레이크 패드를 점검한다.
④ 브레이크 오일은 오일 탱크의 최대선과 최소선 눈금 사이를 유지하여야 한다.

55 4 행정 사이클 내연기관이 1 사이클 할 때 크랭크축의 회전수는?

① 1 ② 2
③ 3 ④ 4

56 실린더 헤드 개스킷의 기능이 아닌 것은?

① 기밀 유지
② 발열 방지
③ 오일 누출 방지
④ 냉각수 누출 방지

57 디젤기관의 연료 분무의 3대 조건이 아닌 것은?

① 분포 ② 무화
③ 노즐 ④ 관통력

58 자동변속기 오일 레벨 점검 포인트로 틀린 것은?

① 엔진 RPM을 가속 상태에서 점검한다.
② 차량을 평탄한 곳에 위치한 후 점검한다.
③ 변속 레버를 P (주차)나 N (중립) 위치로 한다.
④ 오일 점검 게이지가 MAX ~ MIN 사이에 있는지를 점검한다.

59 자동차 안전기준에서 최소 회전반경은 몇 m 이하인가?

① 6 ② 8
③ 10 ④ 12

60 맨 뒷바퀴의 중심을 지나는 수직면에서 자동차의 맨 뒷부분까지의 수평거리를 나타내는 용어는?

① 앞 오버행
② 뒤 오버행
③ 자동차 중량
④ 최소 회전반경

정답 52.④ 53.③ 54.② 55.② 56.② 57.③ 58.① 59.④ 60.②

자동차진단평가사 1급

2022년 제30회

제1과목 자동차진단평가론

01 평가 차량의 용도변경 이력 중 가격 결정에 영향을 주는 경우가 아닌 것은?

① 사고 이력 ② 관용 이력
③ 렌터카 이력 ④ 직수입 이력

02 차종별의 등급분류 결정 방식이 아닌 것은?

① 배기량
② 차량 중량
③ 승차 인원
④ 최대 적재량

03 프런트 사이드 멤버와 리어 사이드 멤버에 일부러 굴곡부를 설치하여 충돌이 발생한 경우 적당히 구부러져 충격을 흡수하고 엔진이 차 실내로 침입하는 것을 막아주는 차체 명칭은?

① 메인 보디 ② 프런트 보디
③ 언더 보디 ④ 사이드 보디

04 토크 컨버터에서 유체 흐름의 방향을 바꾸는 구성품은?

① 가이드 링 ② 스테이터
③ 펌프 임펠러 ④ 터빈 러너

05 아래 사진은 차체 수리 시 어떤 작업을 하기 위한 장비인가?

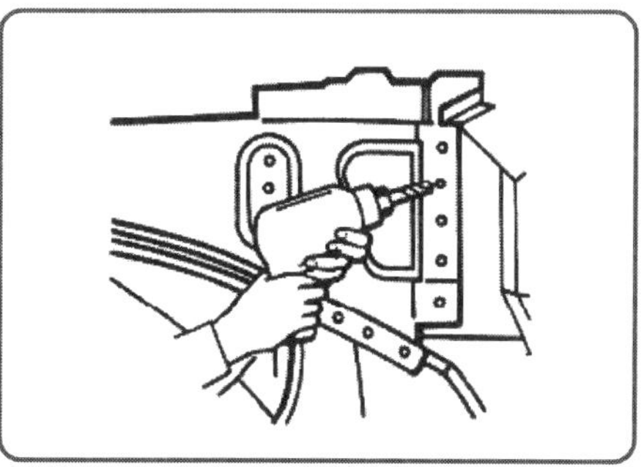

① 패널 클램프
② 덴트 풀러
③ 스폿 제거 드릴
④ CO_2 용접기

06 플라이휠에 대한 설명으로 틀린 것은?

① 크랭크축 뒷부분에 설치된다.
② 폭발행정의 관성 에너지를 저장한다.
③ 플라이휠 중량은 항상 일정하다.
④ 플라이휠 바깥쪽에는 링 기어가 설치된다.

정답 01.① 02.② 03.③ 04.② 05.③ 06.③

07 **제동장치에서 부스터의 점검 방법과 결과로 맞는 것은?**

① 엔진 회전상태에서 브레이크 페달을 밟고 시동을 정지시키면 페달이 약간 올라간다.
② 엔진을 2분 정도 회전시킨 후 정지하여 브레이크 페달을 3회 밟았을 때 밟았다 놓은 높이 길이에 변화가 없다.
③ 엔진 정지 상태에서 브레이크 페달을 수 회 밟은 다음 브레이크 페달을 밟은 상태에서 엔진 시동을 걸었을 때 브레이크 페달이 약간 밑으로 내려간다.
④ 시동 후 브레이크 페달을 수차례 밟아 라인 내의 진공을 제거한다.

08 **그림의 자동차 유리 제조연월은?**

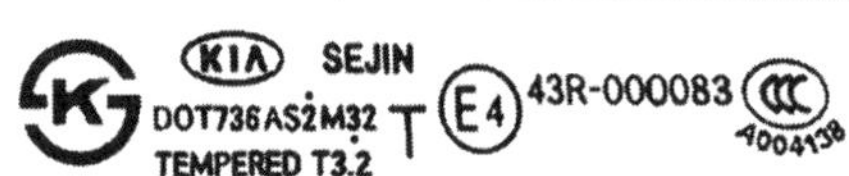

① 2019년 11월　　② 2022년 3월
③ 2011년 9월　　④ 2012년 10월

09 **전륜 구동(FF방식)의 점검 포인트로 맞는 것은?**

① 프로펠러 샤프트
② 추진축의 자재 이음
③ 등속 자재 이음 튜브
④ 리어 액슬 하우징

10 **SPOT 용접의 상태를 보는 방법으로 옳은 것은?**

① 메이커의 작업 특징 중 SPOT 면적은 내부 패널 부분 5 mm 이상, 외부 패널의 경우 6 mm 이상이 보통이다.
② 메이커의 조립라인에는 패널과 패널 사이에 틈새가 있는 상태에서 조립을 한다.
③ 일반 공장 작업에서는 접착 강도를 높이기 위해 스폿 용접 부분의 수를 증가시키는 경우가 있다.
④ 일반 공장에서는 용접기 암의 길이가 30 ~ 40 cm 밖에 되지 않아 암의 작업 범위 밖에 용접을 용이하게 할 수 있다.

11 **자동차에 사용하는 강판의 종류가 아닌 것은?**

① 냉간압연　　② 열간압연
③ 불소수지　　④ 표면처리강판

12 **자동차 손상 발생의 원인에 따른 5가지 분류가 아닌 것은?**

① 교통사고에 의한 손상
② 자동차의 장기방치로 인한 손상
③ 자동차 제조회사의 결함에 의한 손상
④ 화재 침수 등의 자연재해에 의한 손상

13 **자동차 등급평가 기준에서 10등급 차량에 대한 설명으로 틀린 것은?**

① 10,000Km 이내 주행 자동차
② 신차 등록 1년 이내의 자동차
③ 표준상태 이상의 자동차
④ 외부 긁힘 정도가 광택으로 수리 가능한 자동차

정답 07.③ 08.① 09.③ 10.③ 11.③ 12.② 13.②

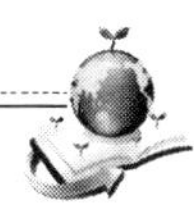

14 자동차의 사고 유무를 판단하는 방법으로 틀린 것은?

① 새 타이어의 교환 여부
② 자동차의 기울어지거나 뒤틀린 자세
③ 패널의 물결 및 재 도장의 흔적 또는 이색 상태
④ 패널(본닛, 도어, 트렁크, 펜더)의 탈·부착 흔적 및 판금 흔적의 유무(異色)

15 엔진, 서스펜션, 스티어링 장치 등을 지지하는 곳으로 상자 형태를 하고 있어 가장 강성이 높은 차체 명칭은?

① 메인 보디 ② 프런트 보디
③ 언더 보디 ④ 사이드 보디

16 사고 자동차 식별방법 중 유리 교환 여부 판정방법에 대한 사항으로 틀린 것은?

① 자동차의 각 유리의 제조연월을 확인한다.
② 1대의 자동차는 각각의 유리 제조연월이 동일해야 한다.
③ 유리는 동일 제작사 제품으로 되어 있는지 확인한다.
④ 자동차 제조연월 및 등록연월과 유리 제조 연월을 비교한다.

17 ABS 브레이크 시스템의 구성 요소가 아닌 것은?

① 휠 스피드 센서
② G 센서
③ 프로포셔닝 밸브
④ 하이드롤릭 컨트롤 유닛

18 자동차 계기판에 브레이크 경고등이 점등되는 경우가 아닌 것은?

① 마스터 실린더의 오일 레벨이 낮을 때 발생한다.
② 파킹 브레이크를 파킹 위치로 놓았을 때 점등된다.
③ 엔진 정지 상태에서 점화 스위치 "ON" 위치일 때 점등된다.
④ ABS [Anti lock Breaking System]가 작동 중일 때 점등된다.

19 디젤 엔진 어셈블리 오버 홀(O/H : Over Haul) 작업 범위가 아닌 것은?

① 피스톤 및 피스톤링의 교환 작업
② 실린더 헤드 어셈블리의 오버홀 작업
③ 커넥팅 로드 및 메인 베어링의 점검과 교환 작업
④ 플렉시블 커플링 및 타이로드 점검과 교환 작업

20 의례적인 견적에 대한 설명이 아닌 것은?

① 경험에 의한 추정량으로 견적
② 대부분 운전을 해도 되는 작은 손상이 발생된 경우
③ 고객의 입장에서 수리 비용을 비교하기 위해 필요한 견적
④ 공장에서 소요되는 실제의 단가를 올바르게 반영하여 작성

21 중고 자동차 성능·상태 점검 보증범위에서 제외 부품은?

① EGR 밸브 ② ABS 모듈
③ 윈도우 모터 ④ 와이퍼 모터

정답 14.① 15.② 16.② 17.② 18.④ 19.④ 20.④ 21.②

22 WMI (국제 제작자 식별부호) 미배정자 및 교통안전공단 표기내용 중 옳은 것은?

① 사용연료 종류별 표기부호에서 하이브리드 자동차 표기부호는 'E'이다
② 차체 형상별 표기부호에서 세단형은 'A'이다
③ 변속기 종류별 표기부호에서 변속기 없음 은'X'이다
④ 제작공장 (지정표기시행자 검사소) 위치별 표기부호에서 강원은'G'이다.

23 패널의 교환 및 수리 여부의 확인 방법 중 트렁크 내부 점검 방법이 아닌 것은?

① 트렁크 플로어 패널의 플로어 매트를 걷어 보면 사일런트 패드의 부착 상태를 확인할 수 있고 플로어 교체는 실내룸과 연결되는 부분에 접합한 흔적으로 확인한다.
② 패널의 좌·우 안쪽을 보면 교환 및 수리 여부의 확인이 가능하며, 플라스틱 커버를 열어보면 가스 용접의 흔적이 남아 있다.
③ 차량 제원 스티커의 부착 유무로 교환 여부를 확인한다.
④ 휠 하우스 부분의 확인은 인사이드 패널의 굴곡이나 수리 흔적, 스폿용접의 상태, 주변의 녹 발생 등으로 확인한다.

24 자동차의 총중량은 1,000 kg이고, 36 km/h의 속도로 이동하고 있을 때, 이 자동차의 운동량 (kg·m/s)은?

① 36 ② 1,000
③ 3,600 ④ 10,000

25 다음 내용은 무엇에 대한 설명인가?

> 기능에 영향이 없고 통상 수리가 필요하지 않는 경미한 긁힘 또는 손상에 대하여 적용하는 감가를 말한다.

① 수리 ② 정비
③ 교환 ④ 가치감가

26 전자제어 현가장치(ECS)의 구성품과 역할로 맞는 것은?

㉠ 중력센서 •	• ⓐ 차체 바운싱 검출
㉡ 액추에이터 •	• ⓑ 쇽업쇼버 감쇠력 조절
㉢ 차속센서 •	• ⓒ 주행속도 검출

① ㉠ – ⓑ , ㉡ – ⓒ , ㉢ – ⓐ
② ㉠ – ⓐ , ㉡ – ⓑ , ㉢ – ⓒ
③ ㉠ – ⓑ , ㉡ – ⓐ , ㉢ – ⓒ
④ ㉠ – ⓒ , ㉡ – ⓐ , ㉢ – ⓑ

27 일반적으로 자동차 간의 충돌에 있어서 어느 한 자동차의 진행속도를 알고 다른 자동차의 속도를 추정하고자 할 때 적용하는 물리 법칙은?

① 파스칼의 법칙
② 베르누이의 법칙
③ 운동량 보존의 법칙
④ 플레밍의 오른손 법칙

정답 22.② 23.③ 24.④ 25.④ 26.② 27.③

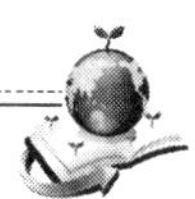

28 전자제어 현가장치(ECS)의 특징이 아닌 것은?

① 제동거리 단축
② 차량 높이 조절
③ 노면 충격 최소화
④ 노면 상태의 승차감 조절

29 자동차 점검·정비명세서에서 중고품을 사용한 부품은?

작업 내용	부 품				공임
	구분	수량	단가	계	
실린더 헤드 교환	B	1	50만원	30만원	30만원
타이밍 벨트 교환	A	1	7만원	10만원	*
물펌프 교환	F	1	5만원	5만원	*
흡기다기관 교환	C	1	20만원	20만원	*

① 실린더 헤드 ② 타이밍 벨트
③ 물 펌프 ④ 흡기 다기관

30 자동차 성능·상태 점검 책임보험의 기준에 충족해야 하는 항목이 아닌 것은?

① 자동차의 종합 상태
② 사고·교환·수리 등의 이력 및 세부 상태
③ 자기 부담금에 관한 사항
④ 보험회사에서 발행한 성능·상태 점검 기록부

31 사고 자동차의 관찰 방법에 대한 설명으로 틀린 것은?

① 충격력의 파급 범위 관찰
② 탑승자 또는 적재물에 의한 2차 충격 유무 관찰
③ 골격 부위는 육안으로 점검하여 이상 유무 관찰
④ 인접한 외판 패널 간 간격의 변화 유무 관찰

32 피스톤의 재질로 사용하는 합금은?

① 특수 주철
② 마그네슘 합금
③ 세라믹 주철
④ 초 엘린바 합금

33 공기 브레이크의 설명으로 틀린 것은?

① 공기가 약간 누출 시에도 사용할 수 있다.
② 베이퍼 록 현상이 발생하지 않는다.
③ 공기 압축 압력을 높여도 제동력은 같다.
④ 페달 조작력이 작다.

34 브레이크 오일의 구비조건으로 맞는 것은?

① 윤활성이 있을 것
② 빙점이 높을 것
③ 인화점이 낮을 것
④ 비점이 낮을 것

35 중고차 점검 방법으로 틀린 것은?

① 점검원은 고객의 취미, 업종을 물어보면서 점검 확인하여야 한다.
② 동력전달장치 확인으로 클러치 릴리스 실린더의 오일 누유를 확인한다.
③ 유리의 상태는 유리 정면과 직각으로 확인한다.
④ 시동 후 브레이크 페달이 올라가면 반드시 점검한다.

정답 28.① 29.④ 30.④ 31.③ 32.① 33.③ 34.① 35.③

36 중고자동차 성능·상태 점검기준 및 방법에서 점검항목과 점검방법 내용으로 틀린 것은?

① 자기진단: 진단기로 고장 코드 출현 시 기억 소거 후 점검
② 냉각수량: 냉각수량 및 온도 게이지 과열 여부 확인
③ 자동변속기: P 및 R 레인지에서 스톨 테스트를 시행
④ 송풍모터: 스위치 각 단계별로 송풍 모터 작동 확인

37 상태 점검 표기 위치의 작성 시트에서 골격 부위가 아닌 것은?

① 루프 패널
② 플로어 패널
③ 프런트 패널
④ 사이드 멤버

38 엔진오일 교환 주기 산정 시 가혹 조건으로 맞는 것은?

① 최고 속도까지 1회 운행
② 냉방 에어컨 상시 사용
③ 공기 조화 장치 상시 사용
④ 빈번한 단거리 운행

39 제동장치에서 체크밸브를 이용하여 잔압을 유지하는 목적으로 틀린 것은?

① 제동 작동 신속화
② 베이퍼 록 방지
③ 오일 누출 방지
④ 오일 압력 증가

40 자동차 일반적인 수리방법에 의하여 외관상, 기능상 손상 직전의 상태로 원상회복되었다고 인정되는 정도의 수리에 소요되는 비용은?

① 직접 수리비
② 간접 수리비
③ 임시 수리비
④ 추정 수리비

41 자동차 손상에서 보디 강도 재료(멤버, 필러) 일 때 손상의 종류로 볼 수 없는 것은?

① 휨　② 깨짐
③ 비틀림　④ 찌그러짐

42 표준 작업시간이 4시간 걸리는 작업을 3시간에 완료했다면 작업능률(%)은?

① 70　② 75
③ 100　④ 133

43 자동차 진단평가에 사용되는 차량 기준가액을 발표하는 기관은?

① 보험개발원
② 국토교통부
③ 산업통상자원부
④ 한국산업인력공단

44 자동차관리법 제3조에 명시된 자동차가 아닌 것은?

① 승용자동차　② 특수자동차
③ 화물자동차　④ 원동기자동차

정답 36.③ 37.① 38.④ 39.④ 40.① 41.② 42.④ 43.① 44.④

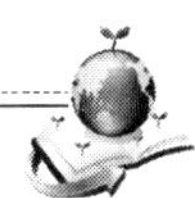

45 **자동차 매매업자의 매매 또는 알선의 계약을 해제할 수 있는 기간은?**

① 자동차 인도일부터 30일 이내
② 매매 계약 체결일부터 30일 이내
③ 자동차 인도일부터 15일 이내
④ 매매 계약 체결일부터 15일 이내

46 **자동차의 사고 손상에 대한 설명으로 틀린 것은?**

① 자동차 내부의 손상은 분리 이탈 과정에서 이루어진다.
② 자동차의 손상은 충돌 시 속도와 무게에 의해 결정된다.
③ 충돌 과정은 초기 접촉 자세, 최대 맞물림 상태, 분리 이탈의 과정을 거친다.
④ 충돌 각도에 따라서 자동차의 손상 범위와 손상 방향, 손상 정도가 결정된다.

47 **산업재해 통계 및 분석에서 1,000명 기준으로 한 재해발생건수의 비율을 무엇이라 하는가?**

① 도수율　　② 강도율
③ 천인률　　④ 건수율

48 **견적에 사용되는 용어 중 수리 내용으로 기재되는 용어에 대한 설명으로 틀린 것은?**

① 점검(I : Inspection) : 부품의 불량, 파손 또는 마모된 곳을 외부에서 점검하는 작업, 특별한 지시가 없는 한 다른 작업을 포함하지 않는다.
② 조정(A : Adjustment) : 작동 상의 기능에 대하여 조정하는 작업으로 완료 시에 필요로 하는 시험 등을 포함한다.
③ 수정(R : Repair) : 부품의 구부러짐, 면의 찌그러짐 등에 대한 수정, 절단, 연마 등의 작업이다.
④ 탈착(R / I : Remove and Install) : 조정 또는 수정을 할 수 없는 상태의 것을 탈착하여 교환하는 작업으로 교환 후의 조 립 및 조정 등을 완료할 때까지의 모든 작업을 포함한다.

49 **도장 작업 후 약간의 기간이 경과되었을 때 발생되는 결함은?**

① 용제 파핑 (solvent poping)
② 크레터링 (cratering)
③ 시딩 (seeding)
④ 초킹 (chalking)

50 **정미 작업시간의 구성 요소가 아닌 것은?**

① 수입 검사　　② 공장 정비
③ 주체 작업　　④ 완성 검사

51 **자동차 성능·상태 점검 내용에 대하여 보증책임을 이행하지 아니하는 경우 벌칙으로 맞는 것은?**

① 6개월 이하의 징역 또는 5백만 원 이하의 벌금
② 1년 이하의 징역 또는 1천만 원 이하의 벌금
③ 1년 6개월 이하의 징역 또는 5백만 원 이하의 벌금
④ 2년 이하의 징역 또는 1천만 원 이하의 벌금

정답 45.① 46.① 47.③ 48.④ 49.④ 50.② 51.②

52 공임률 산출 공식은?

① 수정된 1시간당 공임총원가×$(1+\frac{이익률}{100})$

② 1시간당 공임총원가×$(1\pm\frac{변동율}{100})$

③ $\frac{공임총원가}{1개월간 평균 직접작업시간}$

④ $\frac{공임총원가}{1개월간 평균 간접작업시간}$

53 디스크 브레이크의 설명으로 맞는 것은?

① 페달 밟는 힘이 커야 한다.
② 패드 강성이 부드러워야 한다.
③ 한쪽만 브레이크가 작동하는 경우가 많다.
④ 부식에 의한 변형이 없다.

54 중고자동차 성능점검 제도의 입법 취지와 관계없는 것은?

① 상품용 차량에 대한 성능점검을 시행
② 점검기록부를 소비자에게 의무 고지
③ 중고자동차 매매업자의 권익 실현
④ 중고자동차 가치판단 근거로 활용

55 정비공장의 경영에서 겸업 매출에 대한 설명으로 옳은 것은?

① 외주 매출
② 공임 매출
③ 부품 재료 매출
④ 차량부품, 용품, 기타 판매 등의 매출

56 자동변속기 오버 드라이브의 설명으로 틀린 것은?

① 엔진의 여유 출력을 이용
② 자동차의 속도가 경제속도인 약 80 km/h에서 작동
③ 평탄로 주행 시 약 20% 정도의 연료를 절약
④ 엔진의 운전이 정숙하며, 엔진 수명 연장

57 자동차 조향 핸들의 유격이 크게 되는 원인이 아닌 것은?

① 조향 기어 백래시 과대
② 좌우 타이어 공기압 불일치
③ 조향 기어 마모
④ 링 케이지의 접속부 헐거움

58 중고자동차 성능·상태 점검자의 시설·장비 기준이 아닌 것은?

① 리프트
② 타이어 탈착기
③ 카레이지 작기
④ 타이어 딥 게이지

59 수리 필요 복합 부호 표시에서 비상용 타이어의 상태를 해당란에 표기할 때 옳은 것은?

① AR 13
② R 15
③ 20
④ X 25

60 주요장치에 대한 상태점검 항목 중 전기장치 점검항목으로 틀린 것은?

① 시동모터
② 발전기 출력
③ 디퍼런셜장치
④ 실내송풍 모터

정답 52.① 53.① 54.③ 55.④ 56.② 57.② 58.② 59.③ 60.③

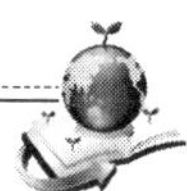

제2과목 성능공학

61 자동차 관리법 위반 시 3년 이하의 징역 또는 3천만 원 이하의 벌금에 해당하는 자는?

① 자동차를 무단으로 해체한 자
② 자동차의 구조·장치 등의 성능·상태를 거짓으로 점검하거나 고지한 자 또는 압류·저당권의 등록 여부를 거짓으로 고지한 자
③ 등록 원부상의 소유자가 아닌 자로부터 자동차의 매매 알선을 의뢰받아 매매 알선을 한 자
④ 승인을 받지 아니한 자동차를 튜닝하거나 승인받은 내용과 다르게 자동차를 튜닝한 자동차 제작자 등

62 밴형, 승합자동차의 축거와 뒤 오버행의 비는 얼마인가?

① $\frac{1}{2}$ 이하 ② $\frac{2}{3}$ 이하
③ $\frac{3}{4}$ 이하 ④ $\frac{11}{20}$ 이하

63 자동차의 승차정원 측정 시 산출식으로 맞는 것은?

① 승차정원 = 좌석인원 + 입석인원 + 승무인원
② 승차정원 = (좌석인원 × 승무인원) − 입석인원
③ 승차정원 = (좌석인원 − 입석인원) + 승무인원
④ 승차정원 = (좌석인원 − 입석인원) ÷ 승무인원

64 국토교통부령으로 정하는 자동차 정비업의 제외 사항이 아닌 것은?

① 오일의 보충·교환 및 세차
② 에어클리너 엘리먼트 및 필터류의 교환
③ 냉각수·라디에이터·워터펌프의 교환
④ 타이어(휠 얼라인먼트는 제외한다)의 점검·정비

65 고전압 배터리의 SOC(State of Charge)는 2차 급속 충전을 하면 배터리 용량의 몇 %까지 충전을 할 수 있는가?

① 80 ② 90
③ 95 ④ 100

66 자동차의 속도제한 장치 측정 방법 중 정속 시험인 것은?

① 시험 자동차를 설정속도까지 최대로 가속 시켜 속도가 안정된 후 400 m 측정 구간을 왕복 주행하여 각 평균속도를 구한다.
② 가속 제어장치를 최대한 작동시켜 가능한 한 최대로 가속시킨다.
③ 시험 자동차의 속도가 안정된 후 최소 30 초 동안 가속 제어장치를 최대로 작동시킨 상태를 유지한다.
④ 안정 속도는 시험 자동차의 속도가 안정된 후 최소 20 초 동안의 평균속도로 구한다.

정답 61.③ 62.② 63.① 64.③ 65.③ 66.①

67 전기자동차 배터리 팩의 고전압 배터리에서 고전압을 안전하게 차단할 수 있는 구성품은?

① 완속 충전기(OBC)
② 파워릴레이 어셈블리 2
③ 안전 플러그
④ 레졸버

68 차량이 직진 주행 중에 옆 방향으로 미끄러지는 양은 1m 주행 중 몇 mm 이내여야 하는가?

① 5　　② 10
③ 15　　④ 20

69 운행 자동차의 주차 및 주 제동능력의 측정 조건과 방법이 아닌 것은?

① 자동차는 적절히 예비운전이 되어 있는 상태로 한다.
② 자동차를 제동 시험기에 정면으로 대칭되도록 한다.
③ 측정 자동차의 차축을 제동 시험기에 얹혀 축중을 측정하고 롤러를 회전시켜 당해 차축의 주차 제동능력을 측정한다.
④ 타이어 공기압은 제작자가 제시한 공기 압력으로 측정할 수 없다.

70 전기자동차 고전압 배터리의 고전압(DC 380V)을 12V 저전압으로 변환하는 장치는?

① 인버터(inverter)
② 컨버터(LDC)
③ 완속 충전기(OBC)
④ 파워 드라이버(Power Driver)

71 자동차의 최고 속도 측정 방법에 대한 설명으로 틀린 것은?

① 측정 구간에는 100 m 마다 표시점을 설정한다.
② 측정 도로 중앙에 200 m 를 측정 구간으로 설정한다.
③ 시험은 3 회 반복하여 왕복 측정을 실시한다.
④ 두 구간에서 구한 최고속도의 평균값을 최고속도로 인정한다.

72 운행 자동차의 타이어 마모량 측정방법 중 옳은 것은?

① 타이어 접지부의 임의의 한 점에서 120° 가 되는 지점마다 접지부의 1/4 또는 3/4 지점 주위의 트레드 홈의 깊이를 측정한다.
② 타이어 접지부의 임의의 한 점에서 120° 가 되는 지점마다 접지부 중앙의 트레드 홈 깊이를 측정한다.
③ 타이어 접지부의 임의의 한 점에서 180° 가 되는 지점마다 접지부 중앙의 트레드 홈의 깊이를 측정한다.
④ 타이어 접지부의 임의의 한 점에서 180° 가 되는 지점마다 접지부 1/4 또는 3/4 지점 주위의 트레드 홈의 깊이를 측정한다.

정답 67.③ 68.① 69.④ 70.② 71.④ 72.①

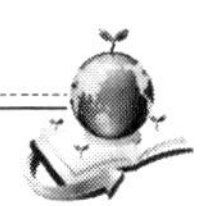

73 시장·군수·구청장이 자동차 소유자에게 국토교통부령으로 정하는 바에 따라 점검·정비·검사 또는 원상복구를 명할 수 있는 자동차가 아닌 것은?

① 자동차 안전기준에 부적합한 승용자동차
② 승인을 받지 아니하고 튜닝한 승용자동차
③ 정기검사를 받지 아니한 승용자동차
④ 중대한 교통사고가 발생한 승용자동차

74 자동차의 등록의 종류 중 자동차 등록에 관한 착오나 누락이 있는 경우 등록관청에서 부기로 시행하는 등록은?

① 이전 등록　② 예고 등록
③ 경정 등록　④ 부기 등록

75 리튬 이온 배터리는 1셀당 (+)극판과 (−)극판의 전위차로 맞는 것은? (단위:V)

① 2.8　② 3.7
③ 4.5　④ 6.2

76 자동차의 조향장치 안전기준에 대한 설명으로 틀린 것은?

① 정상적인 주행을 하는 동안 발생되는 응력에 견딜 것
② 조향핸들의 유격은 조향핸들 지름의 20% 이 내일 것
③ 각 바퀴의 정렬 상태가 안전 운행에 지장이 없을 것
④ 조향 바퀴의 옆으로 미끄러짐이 1 미터 주행 에 좌·우 방향으로 각각 5 mm 이내일 것

77 타이어 사이드 월에 표기하는 사항이 아닌 것은?

① 속도 기호
② 공칭 편평비
③ 타이어 무게
④ 타이어 공칭 단면 너비

78 자동차의 최소 회전반경은 바깥쪽 앞바퀴 자국의 중심선을 따라 측정할 때에 몇 m를 초과하여서는 아니 되는가?

① 8　② 10
③ 12　④ 15

79 자동차관리법에 의한 승용자동차의 종류 설명으로 틀린 것은?

① 배기량이 250 cc 이하인 초소형 자동차
② 배기량이 1,000 cc 미만인 일반형 자동차
③ 최고 정격출력이 15kW인 초소형 자동차
④ 배기량이 1,500 cc 미만인 소형 자동차

80 아래 식별 부호에 대한 설명으로 옳은 것은?

① 정속 주행장치 기능 고장
② 경제 운전 표시장치 기능 정지
③ 차로 이탈 경고 기능 고장 자동 표시기
④ 자동차 안전성 제어장치 기능 고장 자동 표시기

정답 73.④ 74.③ 75.② 76.② 77.③ 78.③ 79.④ 80.④

자동차진단평가사 2급

2022년 제30회

제1과목 자동차진단평가론

01 자동차 종합상태의 특별이력 평가항목에서 감점 요인으로 옳은 것은?

① 침수, 화재 ② 화재, 절손
③ 도난, 사고 ④ 침수, 도난

02 충격력 공식은?
[단, F=충격력($kg \cdot m/s^2$), v=현재주행속도(m/s), t=시간(s), m=질량(kg)
v'=t시간 후 속도(m/s), h=높이(m)
g=중력가속도(m/s2) a=가속도(m/s2)]

① $F=\frac{m(v'-v)}{t}$

② $F=\frac{m(v'-v)}{a}$

③ $F=mgh$

④ $F=\frac{1}{2}mv^2$

03 자동차 유해 배출가스 항목이 아닌 것은?

① 일산화탄소
② 이산화탄소
③ 질소산화물
④ 탄화수소

04 메인 보디는 강성이 있는 재질로 서로 분리되지 않고 차실 내를 형성한다. 그림에서 카울 패널의 위치는?

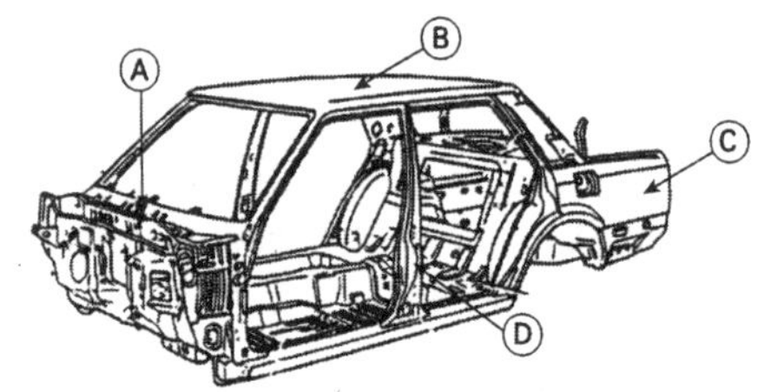

① A ② B
③ C ④ D

05 자동차등록증에서 확인할 수 없는 것은?

① 너비
② 저당권 채권액 및 이자
③ 계속 검사 유효기간의 유의사항
④ 등록 번호판 교부 및 봉인

06 래커 타입의 도료에서 발생하며 도료의 건조 과정에서 도막이 안개처럼 뿌옇게 광택이 떨어지는 현상의 결함은?

① 크레터링(cratering)
② 링클링(wrinkling)
③ 블러싱(blushing)
④ 시딩(seeding)

정답 01.① 02.① 03.② 04.① 05.② 06.③

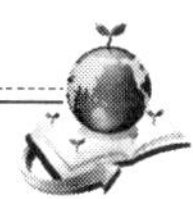

07 매매 알선수수료에 해당하지 않는 항목은?

① 매매 전 정비에 소요된 수수료
② 등록신청 대행 수수료
③ 자동차 보관·관리에 관한 비용
④ 자동차가격 조사·산정 수수료

08 견적서 작성 시 기술적 점검사항에 대한 설명이 아닌 것은?

① 공임의 적정성
② 작업 항목의 적합성
③ 사고 상황과 손상의 일치성
④ 부품 교환 여부 판단의 적정성

09 도장할 때 발생하는 결함이 아닌 것은?

① 새깅(sagging)
② 오렌지 필(orange peel)
③ 먼지(dust inclusion)
④ 핀홀(pin hole)

10 도장 건조 직후 발생하는 결함 중 퍼티 기공(putty hole)의 원인이 아닌 것은?

① 퍼티와 경화제를 혼합할 때 공기가 과도 하게 유입되는 경우
② 퍼티의 흡수성이 강하고 상도 도료의 용 해력이 강한 경우
③ 한 번에 두껍게 퍼티를 도포한 경우
④ 퍼티의 점도가 너무 높을 경우

11 규정 기호 표기 방법으로 틀린 것은?

① R (가치감가)
② X (용접)
③ U (요철)
④ A (긁힘)

12 자동차 견적의 의의에 대한 설명으로 틀린 것은?

① 자동차 수리를 위한 공정을 알 수 있다.
② 견적에 따라 작업의 단가가 결정된다.
③ 자동차의 고장 원인을 파악하는 기초 자료가 된다.
④ 고객과의 자동차 수리에 대한 합의서 역할을 한다.

13 유리의 상태 확인 방법에 대한 설명으로 틀린 것은?

① 차량의 연식과 유리 제조일과의 기간 차이를 확인한다.
② 와이퍼에 의한 긁힘을 확인하다.
③ 유리의 상태는 유리 정면과 직각으로 확인한다.
④ 후면 유리는 열선의 정상 접합 여부를 확인한다.

14 중고자동차 필수 점검 사항 중에 좌측 후방 점검 포인트가 아닌 것은?

① 도어 ② 필러
③ 타이어 ④ 보닛

15 운행 중 자동차와 각종 전기장치에 전력을 공급하는 전원 역할을 하는 것은?

① 충전장치
② 점화장치
③ 기동장치
④ 안전장치

정답 07.① 08.③ 09.④ 10.② 11.② 12.③ 13.③ 14.④ 15.①

16 수리필요 복합부호 표시에서 광택 상태를 해당란에 표기할 때 바르게 표시한 것은?

① AR 7 ② R 10
③ 15 ④ P 20

17 손상된 자동차의 수리 시 중고, 재생부품을 사용하는 경우가 아닌 것은?

① 신제품의 구입이 어려운 경우
② 수리 차량이 중고 차량의 경우
③ 신제품 교환에 따른 부담액이 너무 클 때
④ 파손된 부품이 원래 중고부품이나 재생 부품일 때

18 보디 실링, SPOT 용접, 사일런스 패드의 판별법 중 메이커 작업에 대한 설명으로 맞는 것은?

① 실링 작업 상태가 일정하고 무늬 방향이 가로로 되어있다.
② SPOT 용접 시 접착 강도를 높이기 위해 한 곳에 2번 용접하기도 한다.
③ 사일런스 패드 절단면이 직각이다.
④ 사일런스 패드 작업 상태에 틈이 없다.

19 전륜 구동(FF방식)방식의 점검 포인트에 대한 설명으로 틀린 것은?

① 변속기 후부와 프로펠러 샤프트의 연결 부분의 오일 누유 점검
② 트랜스액슬에서 좌우 드라이브 샤프트 연결 부분의 오일 누유 점검
③ 선회 시 "뚝뚝" 소리를 통해 이상 유무 점검
④ 등속 자재 이음의 튜브 찢어짐 점검

20 아래 사진은 무엇을 점검하는 것인가?

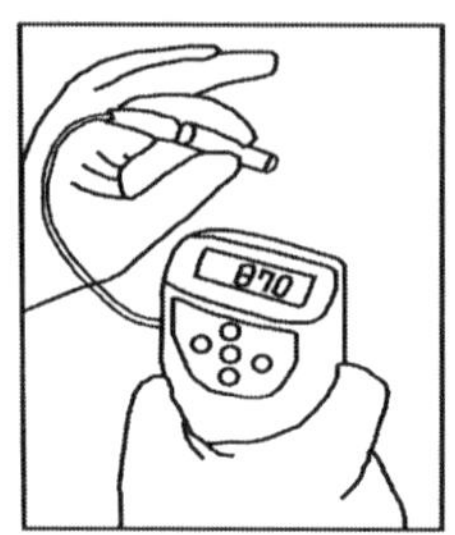

① 도막 광택 측정
② 도막 두께 측정
③ 도막 경도 측정
④ 도장면 색상 측정

21 사고 자동차의 수리 감가에 적용하는 평가 방법 중 랭크 분류 기준에 의한 1 랭크가 아닌 것은?

① 도어
② 후드
③ 휠 하우스
④ 프런트 펜더

22 센터링 게이지의 용도가 아닌 것은?

① 차의 센터 위치를 결정
② 비틀림 상태 확인
③ 데이텀 라인 측정
④ 장애물이 있는 거리 측정

23 조향장치의 고장에 대한 설명으로 틀린 것은?

① 파워스티어링 펌프 소음
② 진공 배력 장치 불량
③ 스티어링 휠의 유격 불량
④ 기어박스에서 오일 누유

정답 16.③ 17.② 18.① 19.① 20.② 21.③ 22.④ 23.②

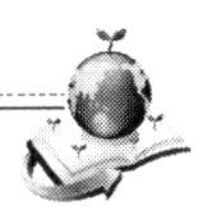

24 자동변속기 오일 점검 방법에 대한 정비사의 대화에서 정비 방법을 잘못 설명하고 있는 정비사는?

- A 정비사: 차량을 평탄한 곳에 주차하고 점검을 시행한다. 이때 엔진은 정지 상태여야 한다.
- B 정비사: 점검 전 오일 온도가 약 40℃ 정도 도달되었는지 확인 후 점검을 시행한다. 이때 오일양의 범위는 MAX보다 조금 높게 찍혀야 엔진이 회전하면 적정량의 범위가 된다.
- C 정비사: 점검 시 선택 레버는 반드시 P단에 고정하고 안전하게 점검하여야 한다. N단에서 점검 시 오일양이 틀려질 수도 있다.

① A, B
② B, C
③ A, C
④ A, B, C

25 추돌에 대한 설명이 아닌 것은?

① 자동차의 진행 방향이 두 자동차 모두 동일한 방향이다.
② 피추돌 자동차는 정지하고 있는 경우와 주행하고 있는 경우로 나뉜다.
③ 정차 중인 자동차에 동형의 자동차가 추돌한 경우 유효 충돌 속도는 실제 충돌 속도의 2배가 된다.
④ 추돌 당하는 자동차가 주행하고 있는 경우에는 실제 유효 충돌 속도가 현저하게 낮아지므로 손상이 경감된다.

26 차량의 점검 순서의 구분에서 엔진룸 점검 포인트에 해당하는 것은?

① 사이드 실 패널
② 필러
③ 스페어타이어
④ 인사이드 측면의 패널류

27 자동차 점검·정비명세서에서 재제조품을 사용한 부품은?

작업 내용	부 품				공임
	구분	수량	단가	계	
에어컨 컴퓨레셔 교환	B	1	30만원	30만원	10만원
외부 벨트 교환	A	1	10만원	10만원	*
에어컨 냉매 교환	F	1	5만원	5만원	5만원
콘덴서 교환	C	1	20만원	20만원	*

① 콘덴서
② 외부 벨트
③ 에어컨 냉매
④ 에어컨 컴퓨레셔

28 휠 얼라이먼트 요소 중에서 조향 핸들의 조작력을 경감하고, 시미 방지와 복원성을 부여하는 것은?

① 토인 ② 킹핀 경사각
③ 셋백 ④ 캠버

29 유압식 브레이크 장치의 작동 원리는?

① 파스칼의 원리
② 베르누이 원리
③ 지렛대의 원리
④ 작용 반작용의 원리

정답 24.④ 25.③ 26.④ 27.④ 28.② 29.①

30 자동차가격 조사·산정에 대한 설명으로 틀린 것은?

① 소비자의 자율적 선택에 따른 서비스
② 중고차 가격의 적절성 판단의 참고 자료
③ 전문 가격 조사·산정인이 객관적으로 제시한 가액
④ 중고차 가격 판단에 관하여 법적 구속력이 있는 가액

31 자동차 진단평가 검정 기준서의 표준상태에 대한 설명으로 옳은 것은?

① 정기검사·수리가 완료된 상태
② 수시검사·정비가 완료된 상태
③ 자동차의 표준적인 점검과 정비를 완료한 상태
④ 가격 조사·산정 위원회에서 정한 기준을 통과한 상태

32 정지해 있던 자동차가 5초 후에 72 km/h로 주행하면 이 자동차의 가속도 (m/s^2)는?

① 4 ② 10
③ 15 ④ 22

33 수리 자동차의 대시 패널 진단 설명 중 옳은 것은?

① 각종 램프류의 파손 및 부착 상태를 확인한다.
② 인사이드 패널의 물결침이 없는지 확인한다.
③ 보닛과 펜더 사이의 단차가 일정한지 확인한다.
④ 카울 패널의 인슐레이터 부착 상태가 양호한지 확인한다.

34 중고자동차성능·상태점검기록부는 발급일 기준으로 며칠까지 유효한가?

① 60일 ② 120일
③ 240일 ④ 365일

35 차량 측면부의 도어 패널의 점검 사항에 대한 설명으로 틀린 것은?

① 안쪽 패널의 수리 여부를 확인한다.
② 도어 인사이드 부분의 실링 작업 상태를 확인한다.
③ 스텝 몰딩이 있는 차의 경우는 몰딩이 정상적으로 부착되어 있는지 확인한다.
④ 손잡이 부분의 뚜껑이 드라이버로 열린 흔적이 있는지를 확인한다.

36 직접 작업시간이 5시간이고, 실제 근로시간은 8시간이다. 가동률은 몇 % 인가?

① 50 ② 62.5
③ 70 ④ 82.5

37 자동차 손상 상태의 파악에서 사고 자동차의 관찰 방법에 대한 설명으로 틀린 것은?

① 외관 관찰
② 사고기록장치 분석
③ 손상형태에 의한 파악
④ 구조적 측면에서의 관찰

38 자동차가격 조사·산정 교육내용에 포함되지 않는 것은?

① 자동차가격 조사·산정 방법
② 자동차가격 조사·산정 실무
③ 자동차가격 조사·산정 관련 해설
④ 자동차가격 조사·산정 관련 법령

정답 30.④ 31.③ 32.① 33.④ 34.② 35.③ 36.② 37.② 38.③

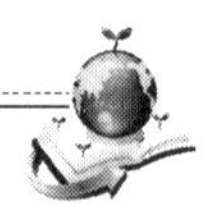

39 가솔린 엔진 어셈블리 오버 홀(O/H : Over Haul) 작업 범위가 아닌 것은?

① 피스톤 및 피스톤 링의 교환 작업
② 커넥팅 로드 소단부 부싱의 교환 작업
③ 타이밍 체인 및 스프로킷의 점검과 교환 작업
④ 조향기어 박스 및 조향 칼럼 점검과 교환 작업

40 충돌 역학 관점에서 속도가 2배 증가하면 손상 에너지는 몇 배 증가하는가?

① 2 ② 3
③ 4 ④ 6

41 자동차 손상에서 차체 패널과 같은 보디 패널(얇은 강판) 재료일 때 나타나는 손상의 종류로 틀린 것은?

① 긁힘 ② 깨짐
③ 늘어남 ④ 구부러짐

42 중고자동차 성능·상태점검기록부에서 동력전달장치의 점검항목이 아닌 것은?

① 등속조인트
② 클러치 어셈블리
③ 추진축 및 베어링
④ 타이로드 엔드 및 볼 조인트

43 다음 보기의 작업 구분에 해당하는 것은?

> [보기]
> 점화플러그의 점검,
> CO, HC 및 매연 측정

① 엔진 조정(A) ② 엔진 조정(B)
③ 엔진 조정(C) ④ 오버 홀(O/H)

44 배력식 브레이크 장치에서 흡기 다기관의 진공과 대기압의 차이를 이용하는 방식은?

① 공기식 ② 전기식
③ 진공식 ④ 압력식

45 표준 작업시간의 역할에 대한 설명이 아닌 것은?

① 공임의 산정
② 작업자의 인권
③ 경영의 합리화
④ 작업능률의 향상

46 디젤엔진의 시일드형 예열 플러그의 설명으로 맞는 것은?

① 연소실에 히팅 코일이 노출되어 있다.
② 히팅 코일이 굵고 직렬로 연결되어 있다.
③ 발열량 및 열용량이 크다.
④ 예열 플러그 저항기가 설치된다.

47 자동변속기 오일 점검 항목과 점검기준이 바르게 연결된 것은?

㉠ 미세누유 •	•	ⓐ 오일레벨 게이지 적정범위
㉡ 정비요 •	•	ⓑ 누유 부위가 젖어 있는 상태
㉢ 유량 •	•	ⓒ 방울로 맺히거나 흐르는 상태

① ㉠ – ⓐ, ㉡ – ⓒ, ㉢ – ⓑ
② ㉠ – ⓐ, ㉡ – ⓑ, ㉢ – ⓒ
③ ㉠ – ⓑ, ㉡ – ⓐ, ㉢ – ⓒ
④ ㉠ – ⓑ, ㉡ – ⓒ, ㉢ – ⓐ

정답 39.④ 40.③ 41.② 42.④ 43.① 44.③ 45.② 46.③ 47.④

48 자동차 현가장치에서 스프링 아래 진동이 아닌 것은?

① 휠 홉　② 휠 트램프
③ 와인드업　④ 요잉

49 자동차가 선회할 때 바깥쪽 바퀴보다 안쪽 바퀴의 조향 각도가 크게 되면서 선회하는 방식의 조향 작동 원리는?

① 애커먼 장토식 조향
② 트라이앵글 조향
③ 평행사변형 조향
④ 사다리꼴 조향

50 자동차 제3 브레이크(보조 브레이크)의 종류가 아닌 것은?

① 배기 브레이크
② 엔진 브레이크
③ 와전류 브레이크
④ 핸드 브레이크

51 자동차 이력 및 판매 정보를 허위로 제공한 자에 대한 벌칙은?

① 1년 이하의 징역 또는 1천만 원 이하의 벌금
② 1년 이하의 징역 또는 1천만 원 이상의 벌금
③ 2년 이하의 징역 또는 2천만 원 이하의 벌금
④ 2년 이하의 징역 또는 2천만 원 이상의 벌금

52 조향 핸들을 한 바퀴 돌렸을 때 피트먼 암이 18°움직였다면 조향 기어비로 맞는 것은?

① 10 : 1　② 15 : 1
③ 20 : 1　④ 25 : 1

53 더블 오버헤드 캠축(DOHC) 엔진의 장점이 아닌 것은?

① 연소 효율 향상
② 흡입 효율 향상
③ 엔진 경량화 향상
④ 최고 회전수 향상

54 ABS 브레이크의 특징이 아닌 것은?

① 방향 안정성 증대
② 조향 안전성 증대
③ 짧은 제동 거리 확보
④ 구성 부품의 간소화

55 자동차 프레임 종류에서 프레임 리스(Frame less) 구조라고 하며 대부분 승용차에 적용하여 사용하는 보디의 명칭은?

① 어셈블리　② 모노코크
③ 쿼터 큐빅　④ 언더 옵셋

56 연료 체크 밸브의 기능으로 맞는 것은?

① 연료 잔압 유지
② 연료 압력 조절
③ 연료 유량 조절
④ 연료 캐비테이션 방지

정답 48.④ 49.① 50.④ 51.③ 52.③ 53.③ 54.④ 55.② 56.①

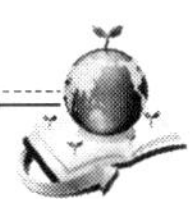

57 자동차 매매업자는 매도 시 매수인에게 계약 체결에 관한 사항을 어떤 방법으로 고지하는가?

① 우편 ② 서면
③ 이메일 ④ SNS

58 크랭크축 베어링의 종류로 맞는 것은?

① 배빗 메탈
② 카본 메탈
③ 포금 메탈
④ 건 메탈

59 상태 점검 표기 위치의 작성 시트에서 외판 부위가 아닌 것은?

① 프런트 패널
② 쿼터 패널
③ 사이드실 패널
④ 루프 패널

60 매매업자는 중고자동차성능·상태점검기록부를 매수인에게 발급하고, 그 사본을 발급일로부터 보관해야 하는 기간은?

① 3개월 ② 6개월
③ 1년 ④ 영구보존

정답 57.② 58.① 59.① 60.③

자동차진단평가사 2급

2023년 31회

제1과목 자동차진단평가론

01 점검원이 휴대하고 있어야 하는 공구로 외판의 조립된 상태로는 교환이나 사고 판단이 어려운 경우 엔진 룸 및 내부 부품을 확인하기 위한 공구는?

① 반사경　② 목장갑
③ 펜전등　④ 드라이버 (+, −)

02 강판 수리 순서가 아닌 것은?

① 원료 분석　② 대충 맞춤
③ 평면 내기　④ 마무리

03 다음과 같은 불량이 발생하게 되는 자동차는?

> • 엔진 및 섀시계통, 전기계통에 고장이 발생한다.
> • 실내, 트렁크 룸에 오물, 오염으로 녹 냄새 등 악취가 난다.

① 실링 불량차　② 침수차
③ 접합차　④ 사고 수리차

04 자동차 배출가스 제어장치 중 배기가스 일부를 흡기다기관으로 보내는 장치는?

① PCV (Pressure control ventilation)
② PCSV (Purge control solenoid valve)
③ EGR (Exhaustgas recirculation)
④ ECS (Electronic controlled suspension)

05 성능·상태 점검자가 시설·장비 기준 등을 갖추어 성능·상태 점검을 하고자 하는 경우 신고하는 곳은?

① 경찰서　② 시도지사
③ 관할 행정관청　④ 국토교통부

06 A 정비공장은 표준 작업시간이 4시간, 직접 작업시간은 3시간이고, B 정비공장은 표준 작업시간이 4시간, 직접 작업시간이 5시간 일 때, 작업능률에 대한 설명으로 맞는 것은?

① A 정비공장의 작업능률은 75 %이다.
② B 정비공장의 작업능률은 80 %이다.
③ A 정비공장의 작업능률은 B 정비공장보다 낮다.
④ 작업능률(%) = (직접작업시간 / 표준 작업 시간)×100

정답 01.④ 02.① 03.② 04.③ 05.③ 06.②

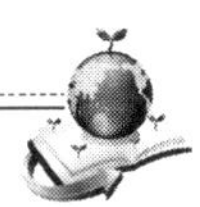

07 자동차관리법 제3조에 명시된 자동차가 아닌 것은?

① 승용 자동차 ② 특수자동차
③ 화물자동차 ④ 원동기 자동차

08 중고자동차 성능·상태점검 항목 중 전기장치 점검 항목이 아닌 것은?

① 발전기 출력 ② 디퍼런셜장치
③ 시동모터 ④ 실내 송풍 모터

09 4행정 사이클 기관의 1사이클 완료 시 크랭크축 회전수와 캠축 회전수는?

① 크랭크축 1회전에 캠축 1회전
② 크랭크축 1회전에 캠축 2회전
③ 크랭크축 2회전에 캠축 1회전
④ 크랭크축 2회전에 캠축 2회전

10 수리필요 결과표시 부호로 맞는 것은?

① T ② U
③ R ④ A

11 다음 설명하고 있는 차체 명칭은?

> 강성이 있는 재질로 서로 분리되지 않고 차실 내를 형성하여 차체의 설계가 자유롭고 승차감이 좋다. 그러나 차체가 무거워지게 되므로 최근에는 차체의 높은 강성이 요구되는 경우가 아니면 사용되지 않고 있다.

① 프런트 보디 ② 리어 보디
③ 메인 보디 ④ 언더 보디

12 자동차 차체별 조립 방법 중 볼트에 의한 조립 부위는?

① 프런트 패널
② 트렁크 리드
③ 쿼터 패널
④ 사이드 실 패널

13 도장 결함 현상의 분석에서 도장할 때 발생되는 결함은?

① 핀홀 (pin hole)
② 변색 (bronzing)
③ 먼지 (dust inclusion)
④ 황변 (yellowing)

14 스톨 테스트(Stall Test)를 할 때 변속레버의 위치는?

① "D"와 "R"레인지
② "D"와 "N"레인지
③ "P"와 "R"레인지
④ "P"와 "N"레인지

15 자동차의 전면과 후면 또는 측면을 투영시켜 중심선에 수직인 방향의 최대 거리로서 접지면에서 가장 높은 부분까지의 높이는?

① 전장 ② 전고
③ 전폭 ④ 축거

16 방음·방진·단열 등의 효과가 높아 소형차에서부터 대형차까지 대부분 차량의 플로어 패널(트렁크 포함)에 부착되어 있는 것의 명칭은?

① 보디 실링 ② 유리막 코팅
③ 언더코팅 ④ 사일런스 패드

정답 07.④ 08.② 09.③ 10.③ 11.③ 12.② 13.③ 14.① 15.② 16.④

17 보디 실링의 수리 및 교환 이력의 판별법으로 틀린 것은?

① 패널 간의 접속부분이나 접힘부분에 녹이 발생되어 있는 경우는 침수차량 이력이 있을 것으로 보고 주의 깊게 점검한다.
② 패널 간의 접속부분 및 접힘부분에 반드시 실링 처리를 하게 되어 있기 때문에 실링 작업 유무를 확인한다.
③ 차량의 상태가 부자연스럽거나, 상태가 일정하지 않은 경우 수리 및 교환 이력이 있는 것으로 판단한다.
④ 실링 작업이 되어 있지 않은 경우는 교환 이력이 있는 것으로 판단하여야 하므로 주위 부분도 세밀하게 점검해야 한다.

18 엔진 오일 점검에 대한 설명 중 틀린 것은?

① 엔진 오일은 자동차 제조사의 정기점검 기준에 따라 교환
② 엔진 오일의 양은 최대선(max)과 최소선(min)사이에 있으면 정상
③ 엔진 오일이 우유색이면 정상
④ 엔진 오일은 시동을 걸지 않은 상태에서 점검

19 자동차 특별이력 평가항목에서 가격 결정 감점에 영향을 주는 요인은?

① 침수, 도난
② 도난, 화재
③ 화재, 절손
④ 침수, 화재

20 도장 결함 현상을 아래와 같이 분석하였을 때, 결함 명칭은?

시기	도장 작업 후 약간의 기간 경과
현상	광택이 없어지고 도막이 거칠어져 가루가 발생하는 현상
원인	- 강한 자외선과 산성비, 열에 오랫동안 노출되었을 때 - 수지에 비해 안료가 많이 혼합되었을 때 - 내후성이 나쁜 안료와 혼합되었을 때

① 균열 (cracks)
② 초킹 (chalking)
③ 광택 불량 (low gloss)
④ 부착 불량 (poor adhesion)

21 다음 ( ) 안에 맞는 것은?

> 이사물품(준이사물품) 자동차에 대한 세금, 즉 과세가격은 자동차 가격에 관한 책자(Blue Book 등)에 게재된 신차 가격에서 ( )이후 수입신고일까지 사용 기간을 정률 체감 후 잔존율을 적용, 계산한 가격에 운송료 및 운송 관련 보험료를 포함한 가격이다.

① 영주권 포기일
② 선적일
③ 입국일
④ 최초 등록일

정답 17.① 18.③ 19.④ 20.② 21.④

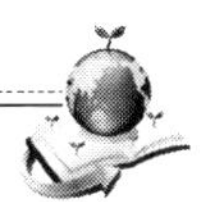

22 점검원 10대 준수사항으로 맞는 것은?

① 차량은 햇빛을 역방향으로 주차시키고 주변 상황을 고려하여 점검
② 각 부분을 점검할 때 항상 차량의 일부분을 염두에 두고 그 부분에 대해 점검
③ 전체 차량의 외장에 관점을 두고 점검
④ 점검원 자신의 이미지를 깨끗하게 관리 하며 점검

23 자동차등록증으로 확인사항으로 틀린 것은?

① 차량번호, 차대번호, 원동기 형식 및 형식 승인번호 등의 일치 여부
② 자동차 검사 유효 기간
③ 자동차등록증의 소유자 변경사항
④ 자동차등록증의 주소지 변경사항

24 자동차진단평가 기준서에서 제시한 범퍼의 평가 기준과 내용으로 맞는 것은?

① 도장 : 신용카드 크기 이상의 찌그러진 상태
② 도장 : 동전 크기 이상 신용카드 크기 미만의 찌그러진 상태
③ 가치감가 : 신용카드 길이 이상의 흠집(긁힘)
④ 가치감가 : 동전 크기 이상의 신용카드 크기 미만의 부식, 균열 상태

25 공장에 따라 접착 강도를 높이기 위해 용접 부분의 수를 증가시키거나 한 곳에 2번씩 용접을 하는 경우가 있는 용접 방법은?

① 가스 용접 ② 전기 용접
③ 특수가스 용접 ④ SPOT 용접

26 자동차 수리 견적의 의의에 대한 설명으로 틀린 것은?

① 자동차의 수리를 위한 작업지시서
② 공장의 매출·매입을 알려주는 경영자료
③ 고객과의 수리 비용에 대한 합의서
④ 자동차 사고 내용의 분석 자료

27 패널 면에 화살표 모양으로 나타나는 변형은?

① 단순한 꺾임 ② 찌그러짐
③ 단순한 요철 ④ 보조개

28 공임 원가 구성에서 일반 관리비 항목이 아닌 것은?

① 수도 광열비
② 사무용 소모품비
③ 공장 이외의 감가 상각비
④ 사무직원의 인건비

29 사고와 손상의 진단에서 다음 설명하고 있는 충돌 형태의 구성요소는?

> 자동차의 손상된 부위 정도와 범위를 보고 충돌 물체의 구조, 무게 등을 알게 되면 어느 정도의 속도에서 손상이 발생하였는가를 가늠하게 된다.

① 정면 충돌 ② 충돌 속도
③ 충돌 무게 ④ 충돌 방향

정답 22.④ 23.③ 24.② 25.④ 26.④ 27.④ 28.① 29.②

30 성능·상태 점검자는 국토부 장관이 정하여 고시한 자동차 인도일로부터 매수인에 대하여 보증해야 하는 내용으로 맞는 것은?

① 30일 이상 또는 2,000km 이상
② 40일 이상 또는 4,000km 이상
③ 50일 이상 또는 3,000km 이상
④ 60일 이상 또는 2,000km 이상

31 LPG 기관의 구성요소에 관한 설명으로 옳은 것은?

① 봄베에는 여러 개의 밸브가 있다.
② 수온 스위치는 공기와 LPG 혼합 각 실린더에 공급한다.
③ 베이퍼라이저는 연료 차단 및 송출을 운전석에서 조작하는 솔레노이드 밸브이다.
④ 솔레노이드 밸브는 봄베에서 보내온 액체 LPG를 감압시켜 기화시킨다.

32 자동차에 사람이 승차하지 아니하고 물품(예비부분품 및 공구 기타 휴대물품을 포함한다)을 적재하지 아니한 상태로서 연료·냉각수 및 윤활유 등을 규정량으로 주입하고 예비 타이어(예비 타이어를 장착한 자동차만 해당한다)를 설치하여 운행할 수 있는 상태의 중량은?

① 배분 중량
② 섀시 중량
③ 자동차 중량
④ 자동차 총중량

33 수리필요 판단기준의 평가기호와 적용기준으로 맞는 것은?

① T(tear) : 찌그러진 상태
② U(unevenness) : 부식, 수분 등으로 인하여 금속 고유 형질의 변형
③ C(corrosion) : 깨짐, 찍어짐, 균열, 변형
④ A(abrasion) : 스크래치, 흠집, 변색, 마모

34 최대 적재 상태일 때 명시해야 하는 접지면에서 자동차의 중심까지의 높이는?

① 중심 높이 ② 차고
③ 적재 높이 ④ 전고

35 ( ) 안에 답을 순서대로 나열한 것은?

> (A)는 과열된 냉각수를 냉각시켜 기관에 다시 공급시키는 장치로 코어 막힘이 (B)% 이상 시 교환한다.

① A : 라디에이터, B: 10
② A : 콤프레서, B: 10
③ A : 라디에이터, B: 20
④ A : 콤프레서, B: 20

36 사고 자동차의 수리 감가에 적용하는 평가방법 중 랭크 분류 기준에 의한 1랭크가 아닌 것은?

① 프런트 펜더
② 트렁크 플로어 패널
③ 라디에이터 서포트
④ 후드

정답 30.① 31.① 32.③ 33.④ 34.① 35.③ 36.②

37 다음 설명의 수리 진단 부위는?

> ㉮ 긁힘, 찍힘, 물결침, 도장의 상태(발광, 이색, 표면 상태) 등을 확인한다.
> ㉯ 전·후면 유리가 뒤틀림 현상 없이 정상적으로 부착되어 있는지, 몰딩류는 정상적으로 부착되어 있는지, 그리고 각 부분의 청결상태를 확인한다.
> ㉰ 스텝 몰딩이 있는 차의 경우는 몰딩이 정상적으로 부착되었는지, 도어 힌지 부분의 작업 흔적이 있는지, 스텝 하단 부분의 스폿용접이 정상적인지를 검사한다.

① 루프 패널　② 도어 패널
③ 필러 패널　④ 대쉬 패널

38 윤활유 구비조건은?

① 점도가 커야 한다.
② 응고점 높아야 한다.
③ 비중이 작아야 한다.
④ 인화점, 발화점이 높아야 한다.

39 손상된 도어를 수리하는 방법이 아닌 것은?

① 도어 전체를 교환하는 방법
② 이너와 아웃 양 패널을 판금하는 방법
③ 아웃 패널을 교환하고 이너 패널을 판금하는 방법
④ 이너와 아웃 양 패널을 용접하는 방법

40 사고 수리차 판별 시 주안점으로 틀린 것은?

① 진단평가 차량이 정상일 때의 차체 모습을 항상 염두에 두고 부위별 의심이 가는 곳이 있으면 납득이 갈 때까지 점검 확인한다.
② 간단한 부분적인 수리에 의한 것은 점검, 판단하지 않는다.
③ 파급의 정도를 순서에 따라 계통을 세우고 부위별로 점검한다.
④ 사고 자동차를 정교하게 수리하여도 어느 곳인가 표시가 나타나고 부자연스러운 부분이 남게 되며, 이 부분을 발견함이 사고 유무의 자동차로 판단하는 기본이 된다.

41 전자제어 현가장치(ECS)의 특징이 아닌 것은?

① 노면으로부터 충격 극대화
② 차량의 높이 조절
③ 노면 상태에 따라 승차감 조절
④ 차체의 기울기 방지

42 뒤쪽에 손이 들어가지 않는 실 패널과 같은 곳의 변형 수정에 적합한 공구는?

① 스터드　② 덴트 풀러
③ 보디 필러　④ 해머

43 조향핸들을 두 바퀴 돌렸을 때 피트먼 암이 36° 움직였다면 조향 기어비는?

① 10 : 1　② 15 : 1
③ 20 : 1　④ 25 : 1

정답 37.① 38.④ 39.④ 40.② 41.① 42.① 43.③

44 상태 점검 표기 위치에서 앞바퀴 위에 덮여 있으며, 후드 좌·우측에 위치하고 있는 외판의 명칭은?

① 펜더　② A 필러
③ 쿼터패널　④ 사이드실 패널

45 중고자동차 성능·상태점검 장비가 아닌 것은?

① 그로울러 테스터기
② 도막측정기
③ 멀티테스터기
④ 청진기

46 자동차의 외관을 날씨로부터 보호하고 미려하게 하는 작업은?

① 판금　② 도장
③ 교환　④ 세척

47 자동차진단평가 시 보유상태 평가의 기본 품목이 아닌 것은?

① 멀티미터　② 사용설명서
③ 안전삼각대　④ 잭세트

48 중고자동차 성능·상태점검의 자기진단 사항 중 엔진의 보증범위가 아닌 것은?

① 인히비터 스위치
② 흡입 공기유량 센서
③ 공전 속도제어장치
④ 산소 센서

49 다음 설명을 읽고 맞는 것은?

> ㉮ 차의 센터 위치를 결정한다.
> ㉯ 비틀린 상태를 보기 위해 사용된다.
> ㉰ 게이지의 높이가 조정 가능한 경우 데이텀 라인을 보기 위해 사용된다.

① 수평 게이지
② 트램 게이지
③ 센터링 게이지
④ 직각자

50 패널 교환용 공구로 사용하지 않는 것은?

① 절단 공구
② CO_2 반자동 용접기
③ 저항 SPOT 용접기
④ 스터드

51 성능·상태점검 기준 및 방법에서 자동차 배출가스 점검 항목으로 틀린 것은?

① 일산화탄소　② 탄화수소
③ 이산화탄소　④ 매연

52 견적에 사용되는 수리 용어의 설명으로 틀린 것은?

① A : 작동 상의 기능에 대하여 조정하는 작업
② I : 부품의 불량, 파손된 곳을 외부에서 점검하는 작업
③ X : 부품을 단순하게 떼어내고 부착하는 작업
④ R : 부품 구부러짐, 면의 찌그러짐 등에 대한 수정, 절단, 연마 등의 작업

정답 44.① 45.① 46.② 47.① 48.① 49.③ 50.④ 51.③ 52.③

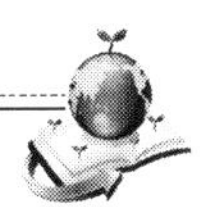

53 자동차에서 승객, 엔진, 화물을 위한 공간을 제공하는 일체의 완비된 유닛을 말하는 용어는?

① 보닛　　② 보디
③ 프레임　　④ 어셈블리

54 크랭크각 센서의 특징에 대한 설명으로 틀린 것은?

① 연료 분사 시기 결정
② 엔진 회전수 검출
③ 점화 시기 결정
④ 공전조절 서보의 플런저의 위치 결정

55 자동차 도장층 구성에서 전착 도장의 설명은?

① 방청성을 목적으로 하는 도장
② 평활성을 목적으로 하는 도장
③ 도장 작업을 용이하게 하기 위한 목적으로 하는 도장
④ 외관을 미려하게 하기 위한 도장

56 중고자동차 성능·상태점검기록부에서 튜닝(구조변경) 점검사항으로 맞는 것은?

① 타이어　　② 에어컨
③ 제동장치　　④ 오디오 장치

57 성능·상태점검 기준 및 방법 항목 중 추진축 및 등속 죠인트 등으로 구성되는 장치는?

① 원동기　　② 동력전달
③ 제동　　④ 조향

58 자동차에 사용되는 재료의 필요조건이 아닌 것은?

① 대량 공급과 안정적인 공급이 가능해야 한다.
② 재료의 품질 다양성이 있어야 한다.
③ 대량생산에 적합한 가공 생산성이 있어야 한다.
④ 단가가 싸고 값이 안정적이어야 한다.

59 다음 설명하는 손상의 호칭은?

> 교차로 등 직각 충돌 시 나타나는 형상으로 이때의 손상은 자동차의 충돌 시 속도와 무게에 의해 즉, 운동량에 의해 자동차의 패널만 손상되는 경우, 패널 내부 부속장치들의 손상이 동반되는 경우, 프레임의 변형과 함께 차체의 비틀림이 발생되는 경우까지 다양하다.

① 사이드 스윕
② 브로드 사이드 손상
③ 리어 엔드 손상
④ 롤 오버 손상

60 자동차 사용년 계수 평가 시 최초등록일이 2017.11.15.이고, 평가일이 2023. 01.20. 인 경우 사용 월 수는?

① 59　　② 60
③ 61　　④ 62

정답 53.② 54.④ 55.① 56.③ 57.② 58.② 59.② 60.④

자동차진단평가사 2급

2023년 32회

제1과목 자동차진단평가론

01 중고자동차 성능·상태 점검 보증 범위가 아닌 것은?

① 자동변속기 토크컨버터
② 스티어링 펌프
③ 연료호스 및 파이프
④ 클러치판

02 자동차성능·상태점검자의 자격 기준으로 맞는 것은?

① 「국가기술자격법」에 따른 자동차정비산업기사 자격이 있는 사람
② 「국가기술자격법」에 따른 자동차정비기 능사 자격이 있는 사람
③ 「국가기술자격법」에 따른 자동차보수도장 기능사 이상의 자격을 취득하고 성능·상태 점검 업무에 3년 이상 경력이 있는 사람
④ 「국가기술자격법」에 따른 자동차차체수리기능사 자격이 있는 사람

03 자동차관리법에서 자동차의 이력 및 판매자 정보 등 국토교통부령으로 정하는 사항으로 틀린 것은?

① 자동차등록번호, 주요 제원 및 선택적 장치에 관한 사항
② 매매사업자의 재산 정도 및 부채
③ 자동차의 압류 및 저당에 관한 정보
④ 중고자동차 제시신고번호

04 사진 속 성능·상태 점검 장비의 명칭은?

① 도막측정기 ② 자기진단기
③ 멀티테스터 ④ 타이어 딥 게이지

05 자동차 계기판에 브레이크 경고등이 점등되는 경우가 아닌 것은?

① 마스터 실린더의 오일 레벨이 낮을 때
② ABS가 작동 중일 때
③ 파킹 브레이크를 파킹 위치로 놓았을 때
④ 엔진 정지 상태에서 점화 스위치 "ON" 위치일 때

정답 01.④ 02.① 03.② 04.④ 05.②

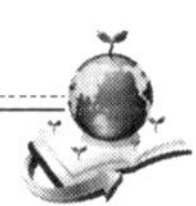

06 **자동차진단평가 기준서에서 "표준상태"자동차의 내용으로 틀린 것은?**

① 외관과 내부 상태는 손상이 없고 광택을 낼 필요가 없는 것
② 불법 구조(튜닝) 변경 등이 없이 신차 출고 시의 상태로 되어 있는 것
③ 타이어 트레드 부 홈의 깊이가 3mm (30%)이상 남아 있는 것
④ 주행거리가 표준 주행거리(1년 기준, 2만 km)이내의 것

07 **자동차진단평가 시 주행거리 평가 방법에 대한 설명으로 틀린 것은?**

① 주행거리 표시기에 표시된 수치를 실 주행거리로 한다.
② 표시기가 고장인 경우, 조작 흔적이 있는 경우는 보정가격의 30%를 보정 및 감가한다.
③ 표시기가 교환되었을 경우 마지막 자동차 검사일 주행거리와 현 주행거리를 합산 평가한다.
④ 주행거리 단위는 km를 사용하고, 마일(mile) 단위인 경우 그대로 적용한다.

08 **자동차 진단평가일은 2022년 9월 30일, 최초 등록일이 2017년 9월 30일 일 때, 사용 월수는?**

① 40 ② 50 ③ 60 ④ 70

09 **중고자동차 성능·상태점검기록부에서 외판 부위로 틀린 것은?**

① 사이드 멤버 ② 도어
③ 트렁크 리드 ④ 프론트 펜더

10 **자동차진단평가 기준서에서 외판을 가치감가로 평가하는 기준은?**

① 신용카드 길이 이상의 흠집(긁힘) 상태
② 동전 크기 이상 신용카드 미만의 부식된 상태
③ 신용카드 길이 미만의 흠집(긁힘) 상태
④ 동전 크기 이상의 신용카드 크기 미만의 찌그러진 상태

11 **사고 수리 자동차의 기준에서 A랭크에 해당되는 부위로 틀린 것은?**

① 크로스 멤버 ② 사이드 멤버
③ 인사이드 패널 ④ 프론트 패널

12 **중고자동차 성능·상태점검기록부에서 변속기 종류가 아닌 것은?**

① 자동변속기 ② 수동변속기
③ 이단변속기 ④ 무단변속기

13 **사이드 실 패널 부위, 트렁크 플로어 패널 부위, 휠 하우스 부위 등 정면에서 보이지 않는 부분을 확인하기 위한 점검원의 휴대품은?**

① 반사경
② 목장갑
③ 펜전등
④ 드라이버 (+. −)

14 **수리필요 상태표시 부호가 아닌 것은?**

① 긁힘: A ② 깨짐: T
③ 교환: X ④ 부식: C

정답 06.③ 07.②,④ 08.③ 09.① 10.③ 11.② 12.③ 13.① 14.③

15 **다음 설명하고 있는 수리 자동차의 진단 부위는?**

> • 엔진룸 내부의 와이어링 하니스(wiring harness, 실내 부분의 배선)가 차체 색상의 페인팅 흔적이 있는지, 정렬이 잘 되어 있는지 확인한다.
> • OO 상부 부착볼트의 탈·부착 흔적이 있는지 확인한다.
> • 패널 간 발광 정도의 차이가 느껴지는 부분이나 색깔이 다른 부분을 확인한다.
> • 손으로 각 면을 문질러보고 감촉이 다른 부분이 있는지 확인한다.

① 도어 패널
② 전·후 펜더 패널
③ 필러 패널
④ 사이드 실 패널

16 **중고자동차의 구조·장치 등의 성능·상태를 고지하지 아니한 자, 거짓으로 점검하거나 거짓 고지한 자는 「자동차관리법」 제80조 제6호 및 제7호에 따라 (㉮)의 징역 또는 (㉯)벌금에 처합니다. ㉮, ㉯에 맞는 것은?**

① ㉮ 3년 이하, ㉯ 3천만 원 이하
② ㉮ 2년 이상, ㉯ 2천만 원 이상
③ ㉮ 2년 이하, ㉯ 2천만 원 이하
④ ㉮ 3년 이상, ㉯ 3천만 원 이상

17 **점검원 10대 준수 사항이 아닌 것은?**

① 차량 검차 요령 및 점검 순서를 기준으로 하여 점검
② 점검원의 주관적인 감각은 포함하고 점검
③ 점검하고자 하는 부분에 기준점을 두고 비교 점검
④ 각 부분을 점검할 때 차량의 전체를 염두에 두고 그 부분에 대해 점검

18 **자동차의 골격으로서 차체, 엔진, 동력전달장치, 서스펜션(현가장치) 등이 설치되며, 장점은 조용하고 승차감이 좋은 자동차를 만들 수 있으나, 단점으로는 차체가 무겁고 바닥이 높아지며 차고가 높아지는 구조의 명칭은?**

① 보디 ② 보닛
③ 프레임 ④ 어셈블리

19 **자동차를 이사물품(준이사물품)으로 인정받기 위한 요건으로 이사자(준이사자)의 입국일 기준은?**

① 외국 국적 상실일
② 영주권 취득일
③ 선적일
④ 외국 국적 취득일

20 **수리필요 복합부호 표시의 해석으로 틀린 것은?**

① TX20 : 깨짐으로 교환 20점
② UX25 : 요철로 교환 25점
③ AP20 : 긁힘으로 도장 20점
④ AU15 : 긁힘으로 가치감가 15점

정답 15.② 16.③ 17.② 18.③ 19.① 20.④

21 차대번호 중 모델 연도별 표기 부호로 틀린 것은?

① E : 2014　② G : 2016
③ J : 2019　④ L : 2020

22 자동차의 충돌 과정 3단계로 맞는 것은?

① 초기 접촉 자세, 최대 맞물림 상태, 분리 이탈
② 가속 접촉 단계, 최대 맞물림 상태, 분리 이탈
③ 말기 접촉 자세, 충격 흡수 단계, 최대 맞물림 상태
④ 중기 접촉 단계, 맞물림 단계, 분리 이탈

23 우리나라 근로 손실일수의 산정기준 중 영구 일부노동불능재해(14급)에 해당하는 손실일수는?

① 5　② 50
③ 500　④ 5,000

24 공임률로 맞는 것은?

① 작업자 한 사람당 한 시간당 공임의 매출
② 작업자의 급여에서 상여금을 나눈 비율
③ 소모품 공장 관리에 필요한 모든 비용
④ 작업자 한 사람당 일 일당 공임의 매출

25 가솔린 엔진의 구성 부품이 아닌 것은?

① 연료 펌프　② 점화 플러그
③ 예열 플러그　④ 발전기

26 도장할 때 발생되는 결함으로 오렌지 필 현상의 원인으로 틀린 것은?

① 도료의 점도가 높을 때
② 탈지 작업이 미흡한 상태에서 도장하였을 때
③ 스프레이건 분사 시 도장 면과의 거리가 멀 때
④ 스프레이건 분사 이동 속도가 너무 빠를 때

27 차대번호에서 사용연료 종류별 표기 부호와 사용연료로 틀린 것은?

① B : LNG　② C : CNG
③ G : 휘발유　④ L : LPG

28 다음 설명하고 있는 차체 명칭은?

> • 탑승자 및 적재물을 지지하며 리어 서스펜션 뒤축을 연결하므로 강성이 중요하다.
> • 플로어 판을 앞뒤의 <u>크로스</u> 멤버 및 양측의 사이드 멤버로 보강하고 있다.

① 프론트 보디　② 리어 보디
③ 메인 보디　④ 언더 보디

29 자동차 점검·정비 견적서의 유효기간은?

① 작성일로부터 3개월
② 작성일로부터 1개월
③ 교부일로부터 3개월
④ 교부일로부터 1개월

정답 21.③ 22.① 23.② 24.① 25.③ 26.② 27.① 28.④ 29.④

30 중고자동차 성능·상태점검기록부에서 전기 주요장치 점검사항으로 틀린 것은?

① 발전기 출력
② 와이퍼 모터 기능
③ 냉각수량 및 오염
④ 라디에이터팬 모터

31 자동차 성능·상태점검자의 시설 장비 기준 품목이 아닌 것은?

① 도막측정기　② 타이어탈착기
③ 멀티테스터기　④ 가스누출감지기

32 중고자동차 성능·상태점검 기준 및 방법에서 동일성 확인 점검기준에 해당하지 않는 것은?

① 구조변경 승인 및 검사를 통해 적법하게 구조변경하였는지 확인할 것
② 차대번호가 부식되어 있지 아니할 것
③ 차대번호 표기가 자동차 등록증과 일치할 것
④ 원동기에 표기된 형식이 자동차의 등록증과 일치할 것

33 자동차 견적의 원칙으로 맞는 것은?

① 개인의 경험에 의해 작성한다.
② 다른 곳의 견적을 참고로 한다.
③ 작업 부위의 축소 견적도 가능하다.
④ 견적은 정확함이 첫째로 요구된다.

34 패널 변형의 종류가 아닌 것은?

① 찌그러짐　② 단순한 균열
③ 단순한 요철　④ 단순한 꺾임

35 강판에 대한 밀착성이 뛰어나고 내구성이 있어, 판금 수정 시 미세한 우그러짐이나 변형에 현재 많이 사용하는 충전제는?

① 납땜　② 스터드
③ 스펀지 사포　④ 보디 필러

36 다음 설명하고 있는 견적 용어는?

> 부품의 불량, 파손 또는 마모된 곳을 외부에서 점검하는 작업, 특별한 지시가 없는 한 다른 작업을 포함하지 않는다.

① 점검 (I : Inspection)
② 수정 (R : Repair)
③ 조정 (A : Adjustment)
④ 탈착 (R/I : Remove and Install)

37 표준작업시간과 공임률의 적산 방식에 의하여 산출되는 금액은?

① 도장 금액　② 기준 공임
③ 수리 공임　④ 표준 공임

38 판금 수정에 사용하는 공구는?

① 핸드 커터
② 핸드 니블러
③ 패널 클램프
④ 스터드

39 손상 상태의 분류 중 충격력의 작용에 의한 분류로 맞는 것은?

① 직접손상　② 소성변형
③ 구부러짐　④ 탄성변형

정답 30.③ 31.② 32.① 33.④ 34.② 35.④ 36.① 37.③ 38.④ 39.①

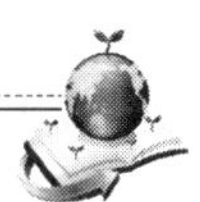

40 자동차의 외관 도장 작업 중 탈지, 방청, 밀착성 향상을 위하여 연속 침전 방식으로 하는 공법은?

① 전처리　② 하부 도장
③ 중부 도장　④ 상부 도장

41 좌·우 타이어의 접촉면의 중심에서 중심까지의 거리로, 복륜(複輪)인 경우는 복륜 간격의 중심에서 중심까지의 거리를 나타내는 용어는?

① 중심 높이　② 윤거
③ 축거　④ 최저 지상고

42 앞 차축 및 현가장치에서 독립 현가장치 어셈블리의 구성 부품이 아닌 것은?

① 자재 이음　② 스트럿 바
③ 스테빌라이저　④ 로어 컨트롤 암

43 에어컨 시스템에 대한 설명으로 맞는 것은?

① 압축기 : 고압의 냉매를 저압으로 바꿈
② 응축기 : 저온 저압의 냉매를 고온 고압의 냉매로 전환
③ 리시버 드라이어 : 응축기에서 액화된 냉매 저장 및 수분 제거
④ 팽창밸브 : 고온 고압의 냉매 액화

44 타이어의 규격과 그 설명이 틀린 것은?

205 / 55 R 16 89 H

① 205 : 타이어 폭
② 55 : 타이어 편평비
③ R : 레디얼
④ 16 : 최대 하중지수

45 조향핸들의 유격이 크게 되는 원인이 아닌 것은?

① 조향 기어 백래시 과소
② 링케이지의 접속부 헐거움
③ 조향 너클 베어링 마모
④ 조향 기어 마모

46 주행 중 추진축이 소음을 내고 진동하는 원인으로 틀린 것은?

① 추진축의 스플라인 마모
② 밸런스 웨이트의 부착
③ 추진축의 휨
④ 요크의 방향이 다름

47 전자제어 엔진의 연료 시스템에서 체크밸브를 두는 이유로 틀린 것은?

① 재시동성 향상
② 베이퍼 록 방지
③ 잔압유지
④ 과다한 압력 상승 방지

48 자동차의 윤활장치에서 윤활유의 작용이 아닌 것은?

① 마찰의 감소 및 마멸 방지
② 세척 작용
③ 응력 집중 작용
④ 밀봉 작용

49 전력에 대한 공식으로 틀린 것은?

① P(전력) = E(전압)×I(전류)
② P(전력) = I^2(전류)×R(저항)
③ P(전력) = E^2(전압)/R(저항)
④ P(전력) = E(전압)×I^2(전류)

정답 40.① 41.② 42.① 43.③ 44.④ 45.① 46.② 47.④ 48.③ 49.④

50 **경량화를 위해 알루미늄 합금이 사용되는 부품이 아닌 것은?**

① 피스톤
② 크랭크축
③ 라디에이터
④ 실린더헤드

51 **SPOT 용접에 의한 조립 부위 중 크로스 멤버(후)에 해당되는 부위는?**

① 리어엔드 패널
② 루프 패널
③ 라디에이터서포트
④ 대시 패널

52 **자동차의 맨 뒷바퀴의 중심을 지나는 수직면에서 맨 뒷부분까지의 수평거리를 나타내는 용어는?**

① 앞 오버행
② 자동차 중량
③ 뒤 오버행
④ 최소 회전반경

53 **자동변속기 액(오일) 레벨 점검 포인트로 틀린 것은?**

① 차량을 평탄한 곳에 주차시킨다.
② 엔진 rpm을 가속 상태에서 점검한다.
③ 변속 레버를 "P"(주차)나 "N"(중립) 위치로 한다.
④ 자동변속기 액(오일) 점검 게이지가 MAX~MIN 사이에 있는지를 점검한다.

54 **사고 수리 자동차 판별 시 주안점으로 맞는 것은?**

> ㄱ. 범퍼의 도장 흔적
> ㄴ. 실링 작업의 유무
> ㄷ. 패널의 절단 흔적
> ㄹ. SPOT 용접의 이상으로 인한 수리 흔적

① ㄱ, ㄴ, ㄷ
② ㄴ, ㄷ, ㄹ
③ ㄱ, ㄷ, ㄹ
④ ㄱ, ㄴ, ㄷ, ㄹ

55 **내연기관을 열역학적으로 분류할 때 일정한 체적 하에서 연소가 일어나는 사이클 기관은?**

① 사바테 사이클 기관
② 디젤 사이클 기관
③ 카르노 사이클 기관
④ 오토 사이클 기관

56 **가솔린 엔진 노킹 방지책으로 틀린 것은?**

① 점화 시기를 빠르게 한다.
② 고옥탄가 연료를 사용한다.
③ 혼합기를 농후하게 제어한다.
④ 엔진 온도 낮춘다.

57 **엔진오일에 냉각수가 혼입되어 섞이면 어떤 색으로 변하는가?**

① 붉은색 ② 우유색
③ 노란색 ④ 검은색

정답 50.② 51.① 52.③ 53.② 54.④ 55.④ 56.① 57.②

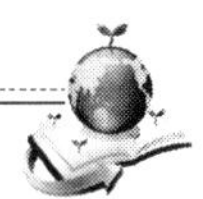

58 **변속기의 필요성으로 틀린 것은?**

① 엔진 회전력 증대
② 엔진을 무부하 상태로 두기 위해
③ 후진을 위해
④ 관성주행을 위해

59 **자동차성능·상태점검자의 보증 책임 내용으로 틀린 것은?**

① 국토교통부령으로 정하는 바에 따라 성능·상태점검 내용에 대해 보증해야 한다.
② 매매 계약을 해제한 경우 해당 자동차를 즉시 자동차매매업자에게 반환하여야 한다.
③ 보험의 종류, 보장범위, 절차 등 필요한 사항은 대통령령으로 정한다.
④ 자동차성능·상태점검자는 보증에 책임을 지는 보험에 가입하여야 한다.

60 **자동차 차체별 조립 방법 중 볼트에 의한 조립 부위로 틀린 것은?**

① 프론트 펜더
② 도어
③ 대시 패널
④ 트렁크 리드

정답 58.④ 59.② 60.③

자동차진단평가사 1급

2023년 32회

제1과목 자동차진단평가론

01 자동차진단평가 기준서에서 기본색상 평가 기준 중 유채색 계열이 아닌 것은?

① 금색 ② 은색
③ 파랑 ④ 빨강

02 타이어의 규격과 그 설명이 틀린 것은?

165 / 80 R 15 76 U

① R : 레디얼
② 15 : 림 직경
③ 76 : 하중 지수
④ U : 타이어 폭

03 자동차진단평가 시 기준가격을 산정하는 방법으로 틀린 것은?

① 최초 기준가액은 신차 출고 시 신차가격(부가세 포함)을 말한다.
② 감가율 계수 = 11 + (사용년 × 12) − 평가월 수
③ 감가율은 제4호 감가율 표에서 감가율 계수에 상응하는 감가율을 적용한다.
④ 기준가격은 보험개발원에서 매 분기 발표하는 기준가액을 적용하는 것을 원칙으로 한다.

04 주요장치 성능평가에서 상태별 감점계수표의 구분 표시 방법이 아닌 것은?

① 점검 ② 불량
③ 보통 ④ 양호

05 이사물품(준이사물품) 승용자동차(배기량 2000cc 초과)에 대한 세금 세액 산출 계산식은?

① 과세가격 × 24.24%
② 과세가격 × 26.52%
③ 과세가격 × 34.24%
④ 과세가격 × 36.52%

06 차종별의 등급 분류 결정 기준이 아닌 것은?

① 배기량 ② 차량 중량
③ 승차 인원 ④ 최대 적재량

07 전년도 보정가격은 평가연도 보정가격의 몇 %를 더한 가격인가?

① 3 ② 10
③ 15 ④ 20

정답 01.② 02.④ 03.② 04.① 05.③ 06.②,③ 07.②

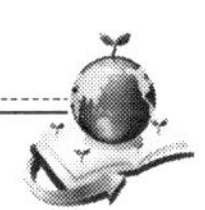

08 보유 상태 평가에서 사용설명서, 공구(스패너), 잭세트, 삼각대 등이 분실되었을 경우에는 (　)적용한다. (　)안에 맞는 것은?

① 가점　② 정비
③ 감점　④ 보충

09 도장 건조 직후 발생되는 결함 원인에 대한 설명을 읽고, 결함 명칭으로 맞는 것은?

- 세팅 타임 없이 작업을 하였을 때
- 도장 후 급격한 강제 열처리 건조를 하였을 때
- 공기 압력이 너무 낮거나 도료의 분출량이 너무 많을 때
- 증발이 빠른 시너를 사용하였을 때

① 퍼티 자국 (putty marks)
② 퍼티 기공 (putty hole)
③ 핀 홀 (pin hole)
④ 건조 불량 (drying defects)

10 자동차 등급평가 기준에서 10등급 차량에 대한 설명으로 틀린 것은?

① 10,000km 이내 주행 자동차
② 신차 등록 1년 이내의 자동차
③ 표준상태 이상의 자동차
④ 외부 긁힘 정도가 광택으로 수리 가능한 자동차

11 자동차에 부착된 사일런스 패드의 효과로 틀린 것은?

① 방음　② 방수
③ 방진　④ 단열

12 접합 자동차 식별법으로 틀린 것은?

① 안전벨트를 끝까지 당겨보면 끝부분에 오물이 있다.
② 각 부분의 실리콘 작업 상태를 확인한다.
③ 실내의 매트를 걷어내고 산소용접의 흔적이 있는지 확인한다.
④ 웨더 스트립 탈거 후 SPOT 용접부를 확인한다.

13 사고 수리 자동차 판별 시 주안점으로 맞는 것은?

① 진단평가 차량이 정상일 때의 차체 모습을 항상 염두에 두고 부위별 의심이 가는 곳이 없으면 점검을 편하게 한다.
② 간단한 부분적인 수리에 의한 것은 점검, 판단하지 않는다.
③ 파급의 정도를 점검자 판단에 따라 점검을 하여야 한다.
④ 정교하게 수리하여도 흔적이 있고, 부자연스러운 부분이 남게 되므로 이 부분을 발견함이 사고 자동차로 판단하는 기본이 된다.

14 자동차등록증에서 확인할 수 없는 것은?

① 차대번호
② 원동기 형식
③ 보험가입 여부
④ 자동차검사 유효 기간

15 평가 차량의 용도변경 이력 중 가격 결정에 영향을 주는 이력이 아닌 것은?

① 사고 이력　② 관용 이력
③ 렌터카 이력　④ 직수입 이력

정답 08.③ 09.③ 10.② 11.② 12.① 13.④ 14.③ 15.①

16 견적의 의의를 설명한 것으로 틀린 것은?

① 자동차의 수리를 위한 작업 지시서이다.
② 공장의 매출 매입을 알려주는 경영 자료이다.
③ 고객과 수리 비용에 대한 합의서이다.
④ 전문가가 견적을 내면 고객이 동의하지 않아도 수리를 할 수 있다.

17 자동변속기 액(오일) 레벨을 점검하는 방법을 설명한 것으로 맞는 것은?

① 주차 브레이크를 작동시키고 엔진의 회전수를 2000rpm으로 유지시킨다.
② 변속레버를 각 레인지에 2~3회 작동시킨 후 R레인지에 위치시킨다.
③ 변속레버를 각 레인지에 2~3회 작동시킨 후 P레인지에 위치시킨다.
④ 엔진 냉각수 온도를 80~90℃로 유지시킨 후 차량을 경사진 곳에 서 점검한다.

18 견적의 종류에 속하지 않는 것?

① 일상적인 견적
② 경쟁 상대가 없는 견적
③ 경쟁상대가 있는 견적
④ 의례적인 견적

19 수리필요 복합부호 표시 방법 중 감점액만 표시하는 부위는?

① 유리 ② 광택
③ 외장 ④ 휠

20 전기 관련 용어 및 장치에 대한 설명으로 맞는 것은?

① 전류의 3대 작용은 자기작용, 전기분해, 화학작용이다.
② 전류의 단위는 암페어이며, 1A는 도체 내의 임의의 한 점을 매초 1V의 전류가 통과하는 것을 말한다.
③ 저항의 단위는 옴이며, 1Ω은 1A의 전류를 흐르게 하는 1V의 전압을 필요로 하는 도체의 저항을 말한다.
④ 전압은 전위 차를 의미하며, 1Ω의 도체에 1W의 전류를 흐르게 할 수 있는 것을 말한다.

21 다음 설명하고 있는 수리 자동차의 진단 부위는?

- 긁힘, 찍힘, 도장의 상태 (발광, 이색, 표면 상태) 등을 확인한다.
- 안쪽 패널의 수리 여부를 확인한다.
- 손잡이 부분의 뚜껑이 드라이버로 열린 흔적이 있는가를 확인한다.
- 플라스틱 고정판 부분도 확인하여 수리 여부를 확인한다.

① 프론트 휠 하우스 패널
② 전· 후 펜더 패널
③ 리어 휠 하우스 패널
④ 도어 패널

22 WIMI 미배정자 차대번호의 자동차 용도별 표기 부호에서 레저, 사무용 자동차류에 포함되지 않는 것은?

① 캠핑용 자동차 ② 이동 집무차
③ 이륜 자동차 ④ 이동 검진차

정답 16.④ 17.③ 18.① 19.② 20.③ 21.④ 22.③

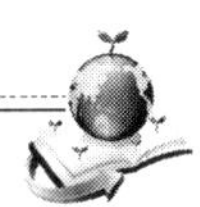

23 **자동차진단평가 시 주행거리 평가의 내용으로 틀린 것은?**

① 실 주행거리와 표준 주행거리를 비교해서 평균 거리를 주행거리로 평가한다.
② 주행거리 표시가가 고장인 경우, 조작 흔적이 있는 경우는 보정 가격을 30%를 감점한다.
③ 표준 주행거리는 승용차의 경우 1년에 2만km를 적용한다.
④ 표준 주행거리는 화물차의 경우 1년에 3만km를 적용한다.

24 **프론트 보디는 골격 부분과 표피 부분의 이중 구조로 되어 있으나, 이 부위는 골격 부분이 없는 한 장의 표피 구조로 되어 있어 프론트 보디에 대하여 강성이 상당히 낮게 된 차체 명칭은?**

① 언더 보디(under body)
② 리어 보디(rear body)
③ 사이드 보디(side body)
④ 메인 보디(main body)

25 **유리 교환 여부 판정 방법에 대한 사항으로 틀린 것은?**

① 보조 유리창의 경우 제작사의 로고가 없는 경우도 있다.
② 자동차 제조 연월 및 등록 연월과 유리 제조 연월을 비교한다.
③ 차량 한 대의 유리는 기본적으로 동일 제작사 제품으로 되어 있음에 유의한다.
④ 차량 한 대의 장착된 유리는 제조 연월이 동일해야 한다.

26 **자동차의 주행 안정성과 조종성을 최적의 상태로 유지하기 위한 장치의 명칭은?**

① 조향장치 ② 제동장치
③ 현가장치 ④ 동력전달장치

27 **자동차 계기판에 브레이크 경고등이 점등되는 경우가 아닌 것은?**

① 파킹 브레이크를 파킹 위치로 놓았을 때
② ABS가 작동 중일 때
③ 마스터 실린더의 오일 레벨이 낮을 때
④ 엔진 정지 상태에서 점화 스위치 "ON" 위치일 때

28 **사이드 손상에 대한 설명으로 맞는 것은?**

① 자동차의 후미 끝부분에서 일어나는 손상
② 자동차가 측면끼리 스치고 지나가는 손상
③ 자동차가 측면과 정직각으로 발생하는 손상
④ 자동차의 전면 끝부분에서 일어나는 손상

29 **뒤차축 어셈블리에 해당하지 않는 것은?**

① 뒤 차축 하우징
② 스태빌라이저
③ 뒤 액슬축
④ 차동 기어 어셈블리

30 **사고 수리 자동차의 기준에서 2랭크에 해당하는 부위는?**

① 루프 패널 ② 크로스 멤버
③ 대쉬 패널 ④ 리어 패널

정답 23.① 24.② 25.④ 26.① 27.② 28.③ 29.② 30.①

31 견적서에 수리 내용으로 기재되는 용어의 설명으로 틀린 것은?

① 점검(I:Inspection) : 부품의 불량, 파손 또는 마모된 곳을 외부에서 점검하는 작업
② 교환(X:exchange) : 조정 또는 수정을 할 수 없는 상태의 것을 떼어내어 교환 부착하는 작업
③ 수정(R:Repair) : 부품의 구부러짐, 면의 찌그러짐 등에 대한 수정, 절단, 연마 등의 작업
④ 탈착(O/H:OverHaul) : 어셈블리를 완전히 분해하여 각 구성부품의 점검, 수정, 교환, 조립, 조정 등을 포함하는 작업

32 보디(body)에 관련된 용어 중 일반적으로 Cd로 표시되는 공기의 흐름에 대한 형태의 계수로, 일반적으로 승용차는 0.35~0.4 정도 스포츠 자동차는 0.3 정도의 값을 갖는 계수는?

① 공기 점성 계수
② 공기 항력 계수
③ 공기 공력 계수
④ 공기 비열 계수

33 작업의 구분에서 엔진 조정(B)에 포함되는 것은?

① 시동 상태 및 이음의 점검
② 분사 시기 점검
③ 일산화탄소, 탄화수소, 매연 점검
④ 점화플러그 점검

34 자동차의 충돌 과정을 3단계로 나누었을 때 최대 맞물림 상태에서 나타나는 현상이 아닌 것은?

① 충격력이 최대로 작용한다.
② 충돌 물체 간에 충격력의 교환을 수반한다.
③ 부품 이탈 등의 손상이 수반된다.
④ 충돌로 인한 손상이 거의 완료된다.

35 직접 작업시간이 5시간이고, 실제 근로시간은 8시간 일 때 가동률은 몇 % 인가?

① 50 ② 62.5
③ 70 ④ 82.5

36 자동차용 신소재로 내열성, 내마모성이 우수하여 디젤 엔진의 예열 플러그, 과급기용 부품에 일부 실용화되고 있고, 센서류를 중심으로 히터 표시장치 등에 응용되는 신소재는?

① 아라미드 섬유
② 알루미늄
③ 카본 파이버
④ 파인 세라믹스

37 공임률 산출 공식은?

① 수정된 1시간당 공임총원가×(1+이익률/100)
② 1시간당 공임 총원가×(1±변동률/100)
③ 공임 총원가/1개월간 평균 직접 작업시간
④ 1개월간의 가동일수×하루의 실제 노동시간×(가동률/100)

정답 31.④ 32.② 33.① 34.③ 35.② 36.④ 37.①

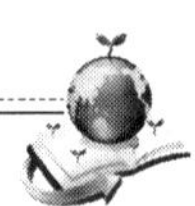

38 승차정원이 5명인 NF소나타 승용차에서 공차 시 전축중이 858kgf, 공차 시 후축중이 702kgf일 때 차량 총중량(kgf)은? (단, 1인 중량은 65kgf로 한다.)

① 1,560　② 1,835
③ 1,885　④ 1,935

39 사이클에 의한 분류에서 4행정 사이클에 비해 2행정 사이클 기관(엔진)의 장점이 아닌 것은?

① 밸브장치가 복잡함
② 마력당 중량이 적고 값이 저렴함
③ 실린더 수가 적어도 회전이 원활함
④ 4사이클 기관의 1.6~1.7배의 출력이 발생함

40 자동차 손상 발생 원인이 아닌 것은?

① 보수, 정비 결함　② 교통사고
③ 도로 선형의 결함　④ 자연재해

41 자동차 손상에 대한 설명으로 틀린 것은?

① 패널 변형의 종류로 단순 꺾임, 찌그러짐, 보조개, 단순 요철 등이 있다.
② 직접 손상은 충돌 물체와의 직접 접촉으로 발생하고, 간접 손상은 직접 손상 부위의 비틀림 등의 변형에 의해 손상이 발생되는 것을 말한다.
③ 사고 시 1차 충격과 2차 충격의 힘은 서로 반대로 작용한다.
④ 차체 패널의 변형에 있어 힘을 가해 본래의 모습으로 돌아가는 것을 소성변형이라 하고, 돌아갈 수 없을 정도의 변형을 탄성변형이라 한다.

42 표준작업시간과 공임률의 적산방식에 의하여 산출되는 금액은?

① 도장 금액　② 기준 공임
③ 수리 공임　④ 표준 공임

43 전자제어 현가장치(ECS) 시스템에서 ECU가 제어하는 것이 아닌 것은?

① 오버스티어링 선택
② 차고 조절 선택
③ 조향 휠의 감도 선택
④ 스프링 상수와 감쇠력 선택

44 성능·상태점검 기준 및 방법에서 원동기 냉각수량 및 누수의 점검 기준으로 틀린 것은?

① 냉각수량이 적정하며 냉각수 누출이 없을 것
② 헤드 개스킷이 손상되어 냉각계통으로 압축 가스의 누출이 없을 것
③ 부동액은 겨울용으로만 사용(보충)할 것
④ 냉각수에 오일이 혼입되어 있지 않을 것

45 자동변속기 토크 컨버터에 대한 설명으로 옳은 것은?

① 펌프 임펠러, 터빈 러너, 스테이터 등으로 구성된다.
② 터빈 러너는 액(오일)의 흐름 방향 바꾸는 역할을 한다.
③ 일반적으로 토크 변환율은 6~8 : 1이다.
④ 터빈의 회전속도가 100인 상태를 스틸 포인트(클러치 점)라 한다.

정답 38.③ 39.① 40.③ 41.④ 42.③ 43.① 44.③ 45.①

46 조향 핸들을 1.5 바퀴 돌렸을 때 피트먼 암이 27°움직였다면 조향 기어비는?

① 15 : 1 ② 20 : 1
③ 25 : 1 ④ 30 : 1

47 타이어의 방향성 및 복원성을 정(+), 0, 부(−)로 조정하는 것은?

① 캠버 ② 캐스터
③ 킹핀 경사각 ④ 토인

48 디젤 기관의 단점은?

① 열효율이 낮다.
② 인화점이 높다
③ 점화장치가 필요하다.
④ 연료 분사 장치의 정밀가공이 필요하다.

49 자동차의 전면 또는 후면을 투영시켜 자동차의 중심선에 직각인 방향의 최대 거리로서 부속물을 포함한 거리로 나타내는 자동차의 용어는?

① 전장 ② 전폭
③ 전고 ④ 축거

50 EGR(Exhaust_gas recirculation)밸브에 관한 설명으로 틀린 것은?

① 엔진속도 2,000 rpm 이상에서 작동하지 않는다.
② 공전 시는 작동하지 않는다.
③ 워밍업 시는 작동하지 않는다.
④ 질소산화물을 주로 저감시킨다.

51 기관의 냉각장치에서 비등점을 높이는 기능을 하는 것은?

① 물재킷 ② 물 펌프
③ 압력식 캡 ④ 수온조절기

52 연료펌프 내에 설치되어 있는 부품 중 베이퍼 록을 방지하고 잔압을 유지시키며 재시동성을 향상시키는 것은?

① 체크 밸브 ② 연료 압력 조절기
③ 안전 밸브 ④ 캐니스터

53 자동차관리사업자의 고지 및 관리의 의무가 아닌 것은?

① 해당 자동차의 성능·상태를 점검한 내용
② 압류 및 저당권의 등록 여부
③ 수수료 또는 요금
④ 자동차 사고 수리 비용

54 차동제한장치(LSD)의 장점으로 틀린 것은?

① 원활한 바퀴 공전(조향력 상승)
② 타이어 수명연장
③ 후부 흔들림 방지
④ 미끄러운 노면에서 출발 용이

55 중고자동차 성능·상태점검기록부에서 주요 장치 및 부품 점검 사항으로 틀린 것은?

① 와이퍼 모터 기능
② 오디오 작동상태
③ 라디에이터 팬 모터
④ 배력 장치 상태

정답 46.② 47.② 48.④ 49.② 50.① 51.③ 52.① 53.④ 54.① 55.②

56 자동차관리법 제58조제3항의 '자동차의 이력 및 판매자 정보에 관한 사항'으로 틀린 것은?

① 자동차 등록번호, 주요 제원 및 선택적 장치에 관한 사항
② 자동차의 압류 및 저당에 관한 정보
③ 매매사원의 주민등록사항 및 개명에 관한 사항
④ 별지 제82호의 서식의 중고자동차 성능·상태점검 기록부

57 자동차의 상태 표시 항목에서 외판 부위가 아닌 것은?

① 프론트 팬더
② 트렁크 리드
③ 후드
④ 프론트 패널

58 성능·상태 점검자가 시설·장비 기준 등을 갖추어 성능·상태 점검하고자 하는 경우 신고하는 곳은?

① 경찰서
② 시도지사
③ 국토교통부
④ 관할 행정관청

59 중고자동차 성능·상태 점검 보증 범위에서 제외 부품은?

① EGR 밸브
② ABS 모듈
③ 윈도우 모터
④ 와이퍼 모터

60 자동차 성능· 상태점검 내용에 대하여 보증책임을 이행하지 아니한 점검자에 대한 벌칙은?

① 1년 이하의 징역 또는 1천만원 이하의 벌금
② 1년 이하의 징역 또는 5백만원 이하의 벌금
③ 500만원 이하의 벌금
④ 100만원 이하의 벌금

제2과목 성능공학

61 일반적인 수소연료전지 자동차의 표기 방법으로 맞는 것은?

① FCEV ② PHEV
③ HEV ④ BHEV

62 자동차관리법의 목적으로 틀린 것은?

① 공공의 복리를 증진
② 자동차를 효율적으로 관리
③ 자동차의 품질과 가격 상승
④ 자동차의 성능 및 안전을 확보

63 자동차관리법에서 정하는 자동차의 구조가 아닌 것은?

① 길이·너비 및 높이
② 최저 지상고 및 총중량
③ 최대 안전 경사 각도 및 중량 분포
④ 최대회전반경 및 접지시간

정답 56.③ 57.④ 58.④ 59.② 60.① 61.① 62.③ 63.④

64 자동차의 충돌 등 사고 전후 일정한 시간 동안 자동차의 운행정보를 저장하고 정보를 확인할 수 있는 장치는?

① 블랙박스 ② 운행기록계
③ 사고기록 장치 ④ 충돌감지 장치

65 자동차의 회전 조작력 측정 방법으로 틀린 것은?

① 조향핸들에 조향력 측정기 및 조향 각도계를 설치한다.
② 기본원주 궤도에 진입시켜 선회 후 조향각도(×)를 측정한다.
③ 조향륜이 직진인 상태로 기본 원주 궤도에 10km/h의 속도로 도달하여야 한다.
④ 선회하는 동안의 최소적재량을 측정값으로 한다.

66 자동차관리법에 의한 자동차의 종류로 틀린 것은?

① 승용자동차 ② 화물자동차
③ 이륜자동차 ④ 견인자동차

67 자동차의 승차정원 측정 산출식으로 맞는 것은?

① 승차정원 = 좌석인원 + 입석인원 + 승무인원
② 승차정원 = (좌석인원 × 승무인원) − 입석인원
③ 승차정원 = (좌석인원 − 입석인원) + 승무인원
④ 승차정원 = (좌석인원 − 입석인원) ÷ 승무인원

68 자동차의 최고 속도 측정 방법에 대한 설명으로 틀린 것은?

① 측정 구간에는 100m마다 표시점을 설정한다.
② 측정 도로 중앙에 200m를 측정구간으로 설정한다.
③ 시험은 3회 반복하여 왕복측정을 실시한다.
④ 두 구간에서 구한 최고 속도의 평균값을 최고 속도로 인정한다.

69 조향 바퀴가 움직이기 직전까지 조향 핸들이 움직인 거리를 조향 핸들의 유격이라 하는데 이 유격은 조향 핸들 지름의 몇 % 이내 이어야 하는가?

① 27.5 ② 17.5
③ 22.5 ④ 12.5

70 하이브리드 시스템의 정비 시 고전압 배터리 회로 연결을 기계적으로 차단하는 역할을 하는 것으로, 일반적으로 고전압 배터리의 뒤쪽에 위치하고 있으며, 내부에는 과전류로부터 고전압 시스템 관련 부품을 보호하기 위해서 고전압 메인 퓨즈가 장착되어 있는 것은?

① 고전압 메인 릴레이
② 안전 플러그
③ 엔진클러치
④ HPCU

정답 64.③ 65.④ 66.④ 67.① 68.④ 69.④ 70.②

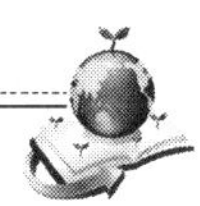

71 차체에 작용하는 3분력과 3모멘트의 설명으로 틀린 것은?

① 항력 – 차체의 전후로 작용하는 힘
② 양력 – 차체의 위 방향으로 작용하는 힘
③ 피칭 – Z축을 중심으로 좌우로 회전
④ 롤링 – X축을 중심으로 좌우로 회전

72 자동차가 주행하는 차로를 운전자의 의도와는 무관하게 벗어나는 것을 경고하는 장치는?

① 앤티록 브레이크 장치 (ABS)
② 구동력 조절장치 (TCS)
③ 차선 이탈 경고 장치 (LDWS, LKAS)
④ 자동차 자세 제어장치 (EPS)

73 자동차의 뒷면에 안개등을 설치하는 기준으로 맞는 것은?

① 작동 스위치는 뒷면 안개등에서 50cm 이내에 설치할 것
② 안개등 등화 장치는 점등 후 점멸되는 구조일 것
③ 자동차(피견인자동차 제외)뒷면에 4개 이상 설치할 것
④ 등광색은 적색일 것

74 자동차의 안전기준에서 화물 자동차 및 특수 연결 자동차의 길이는 몇 m 인가?

① 12.7 ② 13.7
③ 4.7 ④ 16.7

75 고전압 배터리의 고전압을 12V 저전압으로 변환하여 차량의 각 부하(전장품)에 공급하기 위한 직류 변환 장치는?

① ECU ② LDC
③ OBC ④ PTC

76 공차 상태의 자동차에서 접지 부분 외의 부분은 지면과의 사이에 몇 cm 이상의 간격이 있어야 하는가?

① 7 ② 8
③ 9 ④ 10

77 전기자동차의 회생제동에 대해 설명한 것은?

① 배터리에 저장된 전기에너지를 이용하여 브레이크를 작동시킨다.
② 감속 시에 구동모터를 발전기로 사용하여 배터리를 재충전한다.
③ 회생 발전과 유압브레이크가 동시에 작동하여 제동효과를 높여준다.
④ 급가속을 할 수 없도록 브레이크를 회생하여 속도를 줄여준다.

78 전기자동차의 구동 계통의 구성요소로 옳은 것은?

① 모터, 인버터, 감속기, 휠
② 모터, 엔진, 인버터, 감속기, 휠
③ 엔진, 변속기, 인버터, 감속기, 휠
④ 모터, 변속기, 인버터, 감속기, 휠

정답 71.③ 72.③ 73.④ 74.④ 75.② 76.④ 77.② 78.①

79 **수소연료전지 자동차의 구성품에 대한 설명으로 틀린 것은?**

① 스택(STACK) : 주행에 필요한 전기, 전류 발생
② 고전압 배터리 : 스택에서 발생된 전기를 저장하여 시스템 내 고전압 장치에 전원 공급
③ 컨버터/인버터 : 스택에서 발생된 3상 교류 전기를 모터에 필요한 직류 전기로 변환
④ 연료전지 시스템 어셈블리 : 스택의 온도조절을 위한 냉각

80 **전기자동차의 배터리 충전에 대한 설명으로 틀린 것은?**

① 급속충전은 차량 외부에 별도로 설치된 차량 외부 충전 스탠드의 급속 충전기를 사용하여 충전하는 방법으로, AC 380V로 급속충전하여 배터리 용량(SOC)의 95%까지 충전 가능하다.
② 완속 충전은 220V의 전압을 이용하여 배터리를 충전하며, 표준화된 충전기를 사용하여 차량에 설치된 완속 충전기 인렛을 통해 충전하여야 한다.
③ 충전상태 중에는 시동이 걸리지 않도록 하였으며 운전자가 충전상태에서 시동을 걸면 주행할 수 없음을 안내한다.
④ 배터리 잔량 안내는 규정값 이하로 떨어지게 되면 알림음으로 운전자에게 알려준다.

정답 **79.③ 80.①**

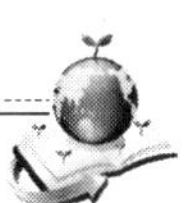

자동차진단평가사 2급

2023년 33회

제1과목 자동차진단평가론

01 용도변경 평가에서 가격 결정에 영향을 주는 항목이 아닌 것은?

① 렌터카 이력 ② 승용차 이력
③ 영업용 이력 ④ 직수입 이력

02 수리필요 상태표시에서 평가기호와 적용 기준의 설명으로 틀린 것은?

① A : 스크래치, 흠집, 변색, 마모상태, [유리] 별 모양 등
② U : 찌그러진 상태 등
③ T : 깨짐, 찢어짐, 균열, 변형 등
④ R : 부식, 수분 등으로 인하여 금속 고유의 형질이 변형된 상태

03 다음 ( )에 들어 내용으로 맞은 것은?

> 자동차 세부상태 주요장치 상태별 구분표시에서 "보통"의 경우 차량상태 점검결과 부품 노후로 인한 ( ) 현상은 가치감가를 적용한다.

① 부족 ② 정비요
③ 미세누수(누유) ④ 과다

04 자동차가격 조사·산정자의 자격 요건으로 맞는 것은?

① 기계분야 차량기술사 또는 자동차정비기능장 자격을 취득한 자
② 자동차정비기사 또는 자동차진단평가사 자격을 취득한 자
③ 기계분야 차량기술사 또는 자동차진단평가사 자격을 취득한 자
④ 자동차가격 조사·산정 교육을 이수한 차량기술사 또는 자동차진단평가사로서 자동차정비기능사 이상의 자격을 취득한 자

05 성능·상태 점검자는 국토부 장관이 정하여 고시한 자동차 인도일로부터 매수인에 대하여 보증해야 하는 기간과 주행거리는?

① 30일 이상 또는 2,000km 이상
② 40일 이상 또는 4,000km 이상
③ 60일 이상 또는 2,000km 이상
④ 50일 이상 또는 3,000km 이상

정답 01.② 02.④ 03.③ 04.④ 05.①

06 사고자동차의 수리 감가에 적용하는 평가 방법 중 랭크 분류 기준에서 1랭크가 아닌 것은?

① 프론트 펜더
② 트렁크 플로어 패널
③ 라디에이터 서포트
④ 후드

07 자동차 제동장치에서 부스터의 점검 방법으로 틀린 것은?

① 시동을 끄고 브레이크 페달을 수차례 밟아 라인 내의 진공을 제거한다.
② 브레이크 페달을 밟은 상태에서 엔진의 시동을 건다.
③ 시동이 걸리면서 브레이크 페달이 내려가면 부스터는 불량이다.
④ 브레이크 페달이 내려가지 않으면 진공 시스템 결함을 점검한다.

08 사고자동차의 수리 이력 부위가 아닌 것은?

① 차체 전면 부위
② 차체 측면, 하부, 루프 부위
③ 차체 내부
④ 차체 후면 부위

09 전체적인 차량의 자세는 차량의 각 면으로부터 몇 m 정도의 거리를 두고 점검하는가?

① 1 ~ 2 ② 3 ~ 5
③ 6 ~ 8 ④ 9 ~ 10

10 자동차의 엔진장치에서 점검 사항이 아닌 것은?

① 엔진오일의 수준 및 점도는 적당한지 확인한다.
② 변속기 주변의 오일 누유를 확인한다.
③ 엔진 시동 후 엔진 노크나 밸브 등의 이음 여부를 확인한다.
④ 냉각수 탱크에서 냉각수의 수준 및 냉각수 오염 등을 확인한다.

11 자동변속기 오일양 점검 방법에 대한 설명으로 틀린 것은?

① 차량을 평탄한 곳에 주차시킨 후 점검한다.
② 변속 레버를 P 위치로 하고 점검한다.
③ 차량의 시동을 끈 상태에서 점검한다.
④ 오일 점검 게이지의 MAX ~ MIN 사이에 있는지 점검한다.

12 해외에서 구입 후 사용한 승용자동차를 이사물품으로 국내 반입 시 세액 산출 방법으로 맞는 것은?

① 배기량 2,000cc 초과 시 세액은 과세가격 × 25.52%
② 배기량 2,000cc 초과 시 세액은 과세가격 × 34.24%
③ 배기량 2,000cc 이하 시 세액은 과세가격 × 34.24%
④ 배기량 2,000cc 이하 시 세액은 과세가격 × 25.52%

정답 06.② 07.③ 08.③ 09.② 10.② 11.③ 12.②

13 **전륜 구동(FF방식)방식의 점검 포인트에 대한 설명으로 틀린 것은?**

① 변속기 후부와 프로펠러 샤프트 연결 부분의 오일 누유 점검
② 트랜스 액슬에서 좌우 드라이브 샤프트 연결 부분의 오일 누유 점검
③ 선회 시"뚝뚝"소리를 통해 이상 유무 점검
④ 등속 자재이음의 튜브 찢어짐 점검

14 **자동차 진단평가 검정 기준서의 표준상태에 대한 설명으로 틀린 것은?**

① 외관과 내부에 손상이 없는 상태
② 외판과 주요 골격은 사고 수리 이력 및 개조 등이 없는 상태
③ 주행거리가 표준 주행거리 이내의 상태
④ 타이어 트레드 부 홈의 깊이가 3mm(30%)이상 남아있는 상태

15 **차량 사방 점검 중 좌·우측방 점검 부위로 옳은 것은?**

① 펜더 패널, 도어 패널, 필러 패널, 사이드 실 패널 등
② 트렁크 내·외부, 스페어타이어, 후면 유리, 뒤 범퍼 등
③ 범퍼, 보닛 패널, 인사이드 패널, 대시 패널 등
④ 운전석 주변, 내장, 장비품 등

16 **자동차진단평가 시 보유 상태 평가의 기본 품목이 아닌 것은?**

① 멀티미터 ② 사용설명서
③ 안전삼각대 ④ 잭세트

17 **점검원이 중고자동차의 성능을 점검하기 전에 항상 휴대하고 있어야 하는 휴대품이 아닌 것은?**

① 펜전등 ② 반사경
③ 스패너 ④ 목장갑

18 **사고자동차 점검 방법 중 유리 교환 여부 판정방법으로 틀린 것은?**

① 특정 메이커를 제외한 일반적인 자동차 메이커는 유리 마킹에 메이커 로고를 표시하지 않는다.
② 차량 한 대의 유리는 기본적으로 동일 메이커 제품으로 되어 있다.
③ 좌·우측이 동일 규격일 경우는 제조 연월이 같은지 확인한다.
④ 차량 한 대의 각각의 유리별 제조일이 1 ~ 2개월 정도 다를 수 있다.

19 **자동차 차체별 조립 방법 중 볼트에 의한 조립 부위가 아닌 것은?**

① 프론트 펜더 ② 도어
③ 대시 패널 ④ 트렁크 리드

20 **메이커와 일반 공장에서의 작업 차이로 인한 보디 실링의 판별법으로 옳은 것은?**

① 실링 작업된 실리콘 양은 일반 수리 공장의 경우가 두껍다.
② 메이커에서의 작업은 작업 상태가 일정하지 않고 매끄럽다.
③ 일반 수리 공장 작업의 경우는 20~30cm 간격으로 끊어져 있다.
④ 메이커에서의 작업은 무늬 방향이 세로이다.

정답 13.① 14.④ 15.① 16.① 17.③ 18.① 19.③ 20.③

21 **도장할 때 발생되는 결함인 오렌지 필의 원인으로 틀린 것은?**

① 도료의 점도가 높을 때
② 탈지 작업이 미흡한 상태에서 도장하였을 때
③ 스프레이건 분사 시 도장 면과의 거리가 멀 때
④ 스프레이건 분사 이동 속도가 너무 빠를 때

22 **차대번호 표기 중에서 밑줄 친 부분이 의미하는 것은?**

K N H E F 1 1 N D 2 U 1 2 3 4 5 6

① 제작회사　② 제작공장
③ 제작국가　④ 제작연도

23 **자동차 견적의 원칙으로 맞는 것은?**

① 개인의 경험에 의해 작성한다.
② 다른 곳의 견적을 참고로 한다.
③ 작업 부위의 축소 견적도 가능하다.
④ 견적은 정확함이 첫째로 요구된다.

24 **엔진을 비롯한 프론트 서스펜션, 스티어링 장치 등을 지지하는 부위는?**

① 프론트 보디　② 언더 보디
③ 사이드 보디　④ 리어 보디

25 **자동차 프레임의 변형을 알아보기 위한 센터라인의 설명으로 맞는 것은?**

① 차의 앞뒤 방향으로 한가운데를 둘로 나누는 수직선을 말한다.
② 언더 보디의 치수는 센터라인에서 측정된다.
③ 센터라인의 세계 공통기호는 C로 표기한다.
④ 플로어와 평행한가를 알아볼 때 센터라인을 이용한다.

26 **침수자동차 식별 시 유의사항으로 틀린 것은?**

① 실내, 트렁크 룸에 오물, 오염으로 녹 냄새 등 악취가 난다.
② 엔진 및 섀시 계통, 전기 계통에 고장이 발생한다.
③ 침수차는 각 부위에 결함이 발견되므로 충분히 점검해야 한다.
④ 계기판에 손가락 지문, 다른 오염, 먼지 등이 쌓인 정도 차이 등을 확인한다.

27 **가솔린 엔진 어셈블리에만 있는 구성부품은?**

① 예열 플러그　② 점화 플러그
③ 벤트 플러그　④ 드레인 플러그

28 **패널 면에 화살표 모양으로 나타나는 변형은?**

① 보조개　② 단순 요철
③ 찌그러짐　④ 꺾임

29 **패널을 떼어내는 방법으로 틀린 것은?**

① 정을 이용하여 떼어내었다.
② 드릴을 이용하여 떼어내었다.
③ 해머로 타격하여 떼어내었다.
④ 스폿 용접기로 떼어내었다.

정답 21.② 22.④ 23.④ 24.① 25.① 26.④ 27.② 28.① 29.④

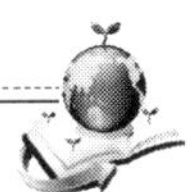

30 자동차가 자력으로 이동할 수 없는 경우 이를 수리하기 위해 가까운 정비 업소까지 자력 주행이 가능할 정도로 수리하는데 필요한 수리비는?

① 임시 수리비 ② 직접 수리비
③ 추정 수리비 ④ 구난 및 견인비

31 어떠한 부품을 탈부착하여 수리한 표준 작업시간이 6시간이며, 직접 작업한 시간이 5시간이었다면 작업능률은 몇 %인가?

① 60 ② 80
③ 120 ④ 160

32 자동차 일일점검을 실시한 것으로 틀린 것은?

① 엔진오일 점검 결과 최소선 이하여서 최대선까지 보충하였다.
② 자동변속기 오일양을 공회전 상태에서 확인하였다.
③ 냉각수량을 공회전 상태에서 확인하였다.
④ 엔진오일양을 공회전 상태에서 확인하였다.

33 타이어 마모 한계값(mm)은?

① 1.0 ② 1.6
③ 2.0 ④ 2.6

34 수리 견적 시 적정한 부품 교환 요건이 아닌 것은?

① 안전성 확보에 의심이 갈 때
② 탈거 시 복원이 불가능할 때
③ 복원이 가능하고 부품 값이 고액일 때
④ 복원작업이 부품 교환보다 고액일 때

35 보증 범위 내 부품의 일부일 경우에도 소모성 부품 또는 일반적인 자동차 검사 방법으로는 점검이 불가능한 경우 원칙적으로 보증 범위 내에서 제외한다. 이때, 보증 제외 부품이 아닌 것은?

① 실린더헤드 개스킷
② 원동기 터보 인터쿨러
③ PCV 밸브
④ 휠 스피드 센서

36 센터링 게이지의 용도가 아닌 것은?

① 센터 위치 결정
② 비틀림 상태 확인
③ 데이텀 라인 측정
④ 장애물이 있는 거리 측정

37 차량이 4년, 주행거리는 75,000km인 차량을 정비업자의 정비 잘못으로 고장이 발생된 경우 무상점검 및 정비일은?

① 점검·정비 일부터 15일 이내
② 점검·정비 일부터 30일 이내
③ 점검·정비 일부터 60일 이내
④ 점검·정비 일부터 90일 이내

38 자동차의 제조 공정으로서 도장 직전의 차체나 보디 셀에 보닛과 도어를 장착한 상태를 말하는 용어는?

① 컷 보디
② 화이트 보디
③ 풀 보디
④ 블랙 보디

정답 30.① 31.③ 32.④ 33.② 34.③ 35.① 36.④ 37.② 38.②

39 앞 차축 및 현가장치에서 독립현가장치 어셈블리의 구성 부품이 아닌 것은?

① 자재이음
② 쇽업소버
③ 스태빌라이저
④ 로어 컨트롤 암

40 성능·상태 점검기준 및 방법에서 상태 표시 점검기준과 부호로 틀린 것은?

① 도어 볼트가 전부 풀린 흔적이 있고 실링이 없는 경우 : X
② 펜더 볼트가 전부 풀린 흔적이 있고 명확한 교환의 근거가 있는 경우 : X
③ 부품 교환 없이 판금 및 용접 수리한 경우 : W
④ 부품 교환으로 제작 시 용접 흔적과 상이한 경우 : W

41 자동차의 신소재로 알루미늄 재료가 쓰이는 가장 큰 이유는?

① 철재보다 내구성이 좋다.
② 철재보다 도색이 쉽다.
③ 철재보다 경량이다.
④ 철재보다 가공이 쉽다.

42 하대 내측 길이가 5m 이고, 뒤 차축 중심에서 차체 최후단까지가 2m, 하대 내측의 뒤 끝에서 차체 최후단까지 0.5m 인 덤프트럭의 하대 오프셋은 몇 m 인가?

① 0.5　　② 1
③ 1.5　　④ 2

43 자동차에서 노우스다운(nose down) 현상에 대한 설명으로 맞는 것은?

① 급제동 시 자동차의 전면 부위가 지면으로 숙여지는 현상
② 급가속 시 자동차의 후면 부위가 지면으로 숙여지는 현상
③ 급가속 시 변속기가 저단으로 변속되는 현상
④ 급가속 시 터보에 의해 흡기 라인의 압력이 낮아지는 현상

44 자동차의 충돌 과정에 속하지 않는 것은?

① 초기 접촉 자세
② 최대 맞물림 상태
③ 후기 접촉 자세
④ 분리 이탈

45 자동차 성능·상태 점검자의 시설 장비 기준 품목이 아닌 것은?

① 도막 측정기
② 멀티 테스터기
③ 타이어 탈착기
④ 가스 누출감지기

46 자동차가 최대 조향각으로 저속 회전할 때 가장 바깥쪽 바퀴의 접지면 중심이 그리는 원의 반지름을 나타내는 용어는?

① 앞 오버행
② 뒤 오버행
③ 자동차 중량
④ 최소 회전반경

정답 39.① 40.④ 41.③ 42.② 43.① 44.③ 45.③ 46.④

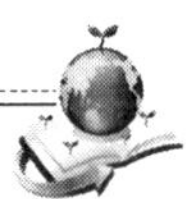

47 자동차 냉각수량 점검 방법 설명이 아닌 것은?

① 엔진오일을 교환할 때 점검한다.
② 엔진이 정상 작동 온도일 때 점검한다.
③ 공회전 상태로 보조 탱크의 냉각수량을 점검한다.
④ 보조 탱크의 냉각수량이 최대선(F)과 최소선(L)사이에 있는지 확인한다.

48 라디에이터 캡에 설치되어 있는 밸브로 맞는 것은?

① 부압 밸브와 체크 밸브
② 압력 밸브와 진공 밸브
③ 체크 밸브와 압력 밸브
④ 진공 밸브와 체크 밸브

49 피스톤의 구조에서 피스톤 헤드 부 고열이 스커트부로 전달되는 것을 차단하는 기능을 하는 부품은?

① 피스톤 링 홈
② 피스톤 보스
③ 피스톤 랜드
④ 피스톤 히트 댐

50 자동차 프레임 종류에서 프레임리스(Frameless) 구조라고 하며 대부분 승용차에 적용하는 보디의 명칭은?

① 어셈블리
② 모노코크
③ 쿼터 큐빅
④ 언더 오프셋

51 자동차관리법에서 자동차의 이력 및 판매자 정보 등 국토교통부령으로 정하는 사항으로 맞는 것은?

① 중고자동차 성능·상태점검기록부(자동차가격조사·산정서)
② 차량 소유주의 과태료에 관한 정보
③ 매매사업자의 사업자등록증번호 및 성명에 관한 사항
④ 매매사업자의 재산 및 부채에 관한 정보

52 자동차의 앞바퀴 정렬 요소가 아닌 것은?

① 캠버 ② 토인
③ 캐스터 ④ 부스터

53 성능·상태 점검기준 및 방법에서 자동차 배출가스 점검 항목이 아닌 것은?

① 일산화탄소 ② 탄화수소
③ 이산화탄소 ④ 매연

54 자동차관리사업자의 고지 및 관리의 의무에서 매매계약을 체결하기 전에 자동차의 매수인에게 서면으로 고지해야 하는 사항이 아닌 것은?

① 자동차성능·상태점검자가 해당 자동차의 구조·장치 등의 성능·상태를 점검한 내용
② 압류 및 저당권의 등록 여부
③ 매수인이 원하는 경우에 자동차가격을 조사·산정한 내용
④ 매도인이 자동차 매입 시 발생한 수수료 또는 매입금액

정답 47.① 48.② 49.④ 50.② 51.① 52.④ 53.③ 54.④

55 기동전동기의 구성부품이 아닌 것은?

① 슬립링 ② 오버러닝 클러치
③ 피니언 기어 ④ 전기자

56 4행정 사이클 기관의 행정 순서로 맞는 것은?

① 압축 - 흡입 - 동력 - 배기
② 흡입 - 동력 - 압축 - 배기
③ 흡입 - 압축 - 동력 - 배기
④ 압축 - 동력 - 흡입 - 배기

57 디젤기관의 특징이 아닌 것은?

① 인화점이 높은 경유를 연료로 사용한다.
② 압축 착화 시 점화장치가 필요하다.
③ 열효율이 높고 마력당 중량이 무겁다.
④ 가솔린 보다 연료소비율이 적다.

58 성능·상태 점검자가 시설·장비 기준 등을 갖추어 성능·상태 점검을 하고자 하는 경우 신고하는 곳은?

① 경찰서
② 시도지사
③ 국토교통부
④ 관할 행정관청

59 엔진오일에 냉각수가 혼입되어 섞이면 어떤 색으로 변하는가?

① 우유색 ② 붉은색
③ 노란색 ④ 검은색

60 성능·상태 점검기준 및 방법에서 차대번호 표기 점검 기준으로 틀린 것은?

① 차대번호에 표기된 각자의 글꼴 및 크기가 일치할 것
② 차대번호 표기가 자동차의 등록증과 일치할 것
③ 차대번호가 부식이 되지 아니할 것
④ 차대번호가 고의로 훼손 변조 또는 도말이 없을 것

정답 55.① 56.③ 57.② 58.④ 59.① 60.①

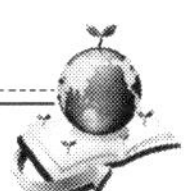

자동차진단평가사 1급

2023년 34회

제1과목 자동차진단평가론

01 도장작업 후 부풀음(Blistering)에 대한 설명으로 맞는 것은?

① 도막이 부착력이 약화되어 벗겨지는 현상
② 광택이 없어지고 도막이 거칠어져 가루가 발생하는 현상
③ 도막의 일부분이 습기 또는 불순물의 영향으로 부풀어 오르는 현상
④ 장기간 옥외에 방치한 경우 발생하며 본래의 색상과 다르게 보이는 현상

02 주행거리 기록계 조작 식별법 중 점검 시 유의 사항으로 틀린 것은?

① 연식이 오래될수록 조작이 많이 이루어짐에 주의해야 한다.
② 특히 메이커의 A/S 기간 및 조건에 들어가면 안심해도 된다.
③ 표준 주행 거리 수의 1/2 이하일 때는 특히 주의할 필요성이 있다.
④ 주행거리가 연식 대비 평균 거리인 경우도 반드시 점검한다.

03 자동차관리사업자의 고지 및 관리의 의무로 틀린 것은?

① 해당 자동차의 성능·상태를 점검한 내용
② 압류 및 저당권의 등록 여부
③ 수수료 또는 요금
④ 해당 자동차의 사고 수리 비용

04 전체적인 차량의 자세를 확인할 때 로드 클리어런스(Road Clearance)에 대한 설명은?

① 차체 하부와 노면 사이의 거리
② 좌측 바퀴와 우측 바퀴 사이의 거리
③ 앞 범퍼와 뒤 범퍼 사이의 끝단 거리
④ 앞바퀴 중심에서 뒷바퀴 중심 사이의 거리

05 다음 Ⓐ와 Ⓑ에 들어갈 내용으로 맞는 것은?

> 주행거리 평가 가점은 보정가격의 (Ⓐ)%를 초과할 수 없고, 감점은 보정가격의 (Ⓑ)%를 초과할 수 없다.

	Ⓐ	Ⓑ
①	10	20
②	15	30
③	5	15
④	20	30

정답 01.③ 02.② 03.④ 04.① 05.②

06 **자동차가격 조사·산정 기준서의 역할 및 사용에 대한 설명으로 틀린 것은?**

① 보험개발원에서 발표하는 차량 기준가액을 기준가격으로 결정한다.
② 기준서는 국토교통부 또는 한국교통안전공단에서 발행한 것을 적용한다.
③ 기준가격이 결정되면 기준서를 토대로 자동차 종합 상태, 사고·교환·수리 등 이력, 세부 상태, 기타 정보에 따라 자동차 가격을 산정한다.
④ 자동차가격 조사·산정자가 임의로 산정할 경우 가격 편차가 클 소지가 있어 기준서가 필요하다.

07 **보디 실링 판별법 중 메이커에서 작업한 판별 사항으로 맞는 것은?**

① 실링의 작업 상태가 일정하지 않고 거칠다.
② 실링의 무늬가 세로로 되어 있고 20~30cm 간격으로 끊어져 있다.
③ 수리 공장의 경우는 무늬가 세로로 되어 있고 40~50cm 간격으로 끊어져 있다.
④ 실링 작업 된 실리콘 양을 비교하면 메이커는 두꺼우나 일반 공장의 경우는 대체적으로 얇다.

08 **차대번호에서 사용연료가 LNG(액화천연가스)인 경우 표기부호는?**

① A ② B
③ C ④ D

09 **브레이크 장치에서 부스터의 작동을 점검하는 방법으로 틀린 것은?**

① 브레이크 페달을 밟은 상태에서 엔진의 시동을 건다.
② 시동이 걸리면서 브레이크 페달이 올라가면 부스터는 정상이다.
③ 시동을 끄고 브레이크 페달을 수차례 밟아 라인 내의 진공을 제거한다.
④ 브레이크 페달이 내려가지 않으면 진공 시스템에 결함 가능성이 있으므로 반드시 점검해야 한다.

10 **자동차성능·상태점검자가 거짓으로 점검을 하거나 점검한 내용과 다르게 알린 경우 2차 행정처분은?**

① 사업정지 30일 ② 사업정지 60일
③ 사업정지 90일 ④ 사업정지 120일

11 **자동차 진단평가 시 주행거리 평가 방법으로 틀린 것은?**

① 주행거리는 주행거리 표시기에 표시된 수치를 실 주행거리로 한다.
② 주행거리 표시기가 고장인 경우, 조작 흔적이 있는 경우는 기준가격의 50%를 감점한다.
③ 주행거리 표시기를 교환하였을 경우 자동차등록증상의 검사 유효기간란의 마지막 검사일에 기록된 주행거리에 현재 주행거리 표시기의 수치를 합하여 평가한다.
④ 주행거리의 단위는 km를 사용하고, mile 단위의 경우는 km 단위로 환산하여 적용한다.

정답 06.② 07.④ 08.① 09.② 10.③ 11.②

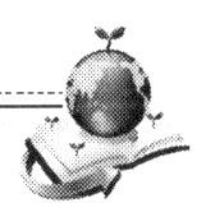

12 자동변속기의 성능 시험 중 클러치 및 브레이크의 미끄러짐을 점검하는 테스트는?

① 스톨 테스트
② 브레이크 테스트
③ 엔진 출력 테스트
④ 스피드미터 테스트

13 자동차성능·상태점검의 보증에서 자동차 인도일을 기준으로 보증기간은?

① 최소 20일 이상 또는 주행거리 2,000km 이상
② 최소 20일 이상 또는 주행거리 3,000km 이상
③ 최소 30일 이상 또는 주행거리 2,000km 이상
④ 최소 30일 이상 또는 주행거리 3,000km 이상

14 승용차용 타이어의 마모 한계는 몇 mm인가?

① 0.8　　② 1.6
③ 2.2　　④ 2.8

15 그림에서 Ⓐ부위의 명칭은?

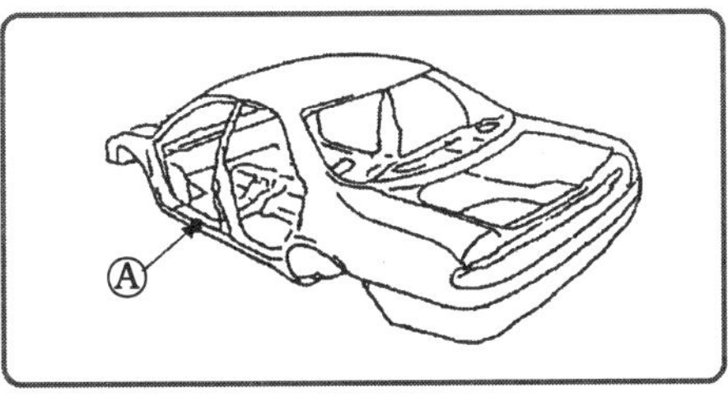

① 필러 패널　　② 리어 펜더
③ 휠 하우스　　④ 사이드실 패널

16 자동차 등급평가 기준에서 10등급 차량에 대한 설명으로 틀린 것은?

① 10,000Km 이내 주행 자동차
② 신차 등록 1년 이내의 자동차
③ 표준상태 이상의 자동차
④ 외부 긁힘 정도가 광택으로 수리 가능한 자동차

17 수리 자동차의 전면부 대시패널의 진단법을 설명한 것으로 틀린 것은?

① 외부 도장과의 차이가 없는지 검사한다.
② 필러 및 스텝 웨더 스트립의 부착상태가 청결한지 확인한다.
③ 대시 패널 및 카울 패널의 인슐레이터의 부착상태가 양호한지 확인한다.
④ 카울 탑 좌우 부분의 실링 작업이 청결하고 자연스럽게 되었는지 검사한다.

18 충돌 역학에 대한 설명으로 틀린 것은?

① 속도가 2배 증가하면 손상 에너지도 2배 증가한다.
② 운동에너지는 질량과 속도의 제곱에 비례한다.
③ 운동량은 질량과 속도의 곱이다.
④ 가속도는 단위 시간당 속도의 변화율을 말한다.

19 운전자를 포함하여 1.3톤인 승용차가 72 km/h로 콘크리트 교각을 충돌 후 0.4초 만에 멈췄을 때, 충격력(N)은?

① 520　　② 37440
③ 65000　　④ 234000

정답 12.① 13.③ 14.② 15.④ 16.② 17.② 18.① 19.③

20 콤비네이션 스위치에 장착되어 있는 스위치가 아닌 것은?

① 라디오 ② 와이퍼
③ 전조등 ④ 방향지시등

21 사이드 스웝(side swap) 손상으로 맞는 것은?

① 자동차의 앞부분에 나타나는 손상
② 자동차 측면에 정 직각으로 발생되는 손상
③ 자동차의 후미 끝부분에 나타나는 손상
④ 자동차 측면끼리 스치고 지나가는 손상

22 알루미늄 입자의 배열의 일부가 일정하지 않아 색상이 다르게 보이는 도장 결함 현상을 무엇이라 하는가?

① 색 분리(Color separation)
② 용제 파핑(Solvent poping)
③ 크레터링(Cratering)
④ 메탈릭 얼룩(Metallic mottles)

23 접합 자동차 식별법이 아닌 것은?

① 각 부분의 실리콘 작업 상태를 확인한다.
② 웨더 스트립 탈거 후 SPOT 용접부를 확인한다.
③ 실내의 매트를 걷어내고 얼룩의 흔적이 있는지를 확인한다.
④ 섀시 행거 및 휠 하우스 패널에 산소 용접의 흔적을 확인한다.

24 깨짐으로 인한 교환 수리가 필요할 때, 복합 기호 표기는?

① AX ② UX
③ CX ④ TX

25 산업재해 통계 및 분석에 대한 설명으로 틀린 것은?

① 산업재해 발생의 빈도를 나타내는 단위는 도수율이다.
② 도수율은 월 근로시간 수 합계 100만 시간당 재해 발생 건이다.
③ 산업재해 발생의 빈도를 나타내는 단위는 빈도율이다.
④ 산업재해로 인한 근로손실의 정도를 SR이라 한다.

26 냉각수 교환 시 냉각수 배출 플러그는?

① 드레인 플러그
② 코어 플러그
③ 그로우 플러그
④ 점화 플러그

27 자동변속기 오일 점검 시 엔진의 정상 작동 온도(℃)는?

① 0 ~ 20 ② 30 ~ 40
③ 80 ~ 90 ④ 120 ~ 140

28 프론트 보디, 리어 보디, 루프 패널, 언더 보디 등과 연결되어 차실 내의 측면을 형성하는 차체 명칭은?

① 크로스 보디 ② 사이드 보디
③ 플로어 보디 ④ 인사이드 보디

정답 20.① 21.④ 22.④ 23.③ 24.④ 25.② 26.① 27.③ 28.②

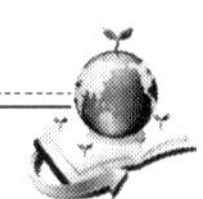

29 차대번호 표기 중에서 밑줄 친 부분이 의미하는 것으로 맞는 것은?

K̲ M H E F 1 1 N D 2 U 1 2 3 4 5 6

① 차종 구분
② 제작회사
③ 용도 구분
④ 제작 국가

30 자동차가격 조사·산정에 관한 설명으로 틀린 것은?

① 중고차 가격의 적절성 판단에 참고할 수 있다.
② 법적 구속력은 없고 소비자의 구매 여부 결정에 참고한다.
③ 전문 가격 조사·산정자가 객관적으로 제시한 가격이다.
④ 매매계약을 체결 후 매수인에게 서면으로 고지한다.

31 패널 교환 작업에서 패널을 떼어내는 방법으로 틀린 것은?

① 절단용 토치를 이용하는 방법
② 활톱이나 띠톱을 이용하는 방법
③ 이너와 아웃 양 패널을 이용하는 방법
④ 정(chisel)을 이용하는 방법

32 전류의 3대 작용이 아닌 것은?

① 자기작용　② 발열작용
③ 화학작용　④ 충전작용

33 다음 (　　)의 내용으로 맞는 것은?

견적의 종류에는 크게 나누어 (　　), 경쟁상대가 없는 견적, 경쟁상대가 있는 견적의 3종류가 있다.

① 의무적인 견적
② 의례적인 견적
③ 의견적인 견적
④ 자율적인 견적

34 수리 내용으로 기재되는 용어와 기호로 맞는 것은?

① 이동 (R : Remove)
② 수정 (A : Adjustment)
③ 탈착 (R/I : Remove and Install)
④ 조정 (C : Calibration)

35 자동차관리법제58조의4(자동차성능·상태점검자의 보증책임)의 내용으로 틀린 것은?

① 제2항에 따른 보험의 종류, 보장범위, 절차 등 필요한 사항은 대통령령으로 정한다.
② 자동차성능·상태점검자는 제1항에 따른 보증에 책임을 지는 보험에 가입하여야 한다.
③ 자동차성능·상태점검자는 매수 전 차량의 성능·상태점검에 전반적인 책임에 모두 보증하여야 한다.
④ 자동차성능·상태점검자는 국토교통부령으로 정하는 바에 따라 성능·상태점검 내용에 대하여 보증하여야 한다.

정답 29.④ 30.④ 31.③ 32.④ 33.② 34.③ 35.③

36 일체식 조향장치 어셈블리에 해당하지 않는 부품은?

① 스테빌라이저
② 타이로드
③ 피트먼암
④ 너클 암

37 언더 보디(Under Body) 측정 기기에서 트램 게이지의 사용 용도로 맞는 것은?

① 측정하려는 두 지점 사이에 장애물이 없을 때
② 측정자를 사용하여 측정할 때
③ 프레임의 대각을 측정할 때
④ 차량의 중심선을 측정할 때

38 열역학적 사이클에 의한 분류에서 일정 체적하에서 연료가 연소하는 사이클은?

① 디젤 사이클
② 오토 사이클
③ 사바테 사이클
④ 카르노 사이클

39 견적자가 프레임 손상 차량을 검사할 때 설명으로 맞는 것은?

① 프레임 손상 시 측정 기기의 사용이 불가하다.
② 비틀림의 개수와 수리 소요 시간은 관련이 없다.
③ 변형의 정도는 수리 단가에 거의 영향이 없다.
④ 인장 기구의 세팅은 비틀림이나 변형 대소에 따라 달라진다.

40 손상상태 파악을 위해 육하원칙을 따를 때 설명으로 틀린 것은?

① Where : 자동차 제작사, 차량 가격
② Who : 사고 발생 시 운전자, 동승자의 수
③ What : 충돌 물체의 종류(자동차, 고정물 등)
④ Why : 사고 발생원(자동차 기능, 구조상 문제)

41 국토교통부령으로 정하는 자동차의 이력 및 판매자 정보로 틀린 것은?

① 중고자동차 제시신고번호
② 자동차 압류 및 저당에 관한 정보
③ 자동차성능·상태점검기록부
④ 매매 종사자의 자격증 번호 및 성명에 관한 사항

42 견적서에 나타나는 작업 항목의 적정성에 관한 기술적인 점검으로 틀린 것은?

① 부대 작업의 별도 산정
② 안이한 일괄 견적
③ 불필요한 부수 작업의 산정
④ 도장작업 내용의 과대평가

43 공정은 전착 도장법을 주로 사용하며 화이트 보디(white body)인 경우 양이온형 전착도장을 사용하는 공정은?

① 전처리
② 하부도장
③ 중부도장
④ 상부도장

정답 36.① 37.③ 38.② 39.③ 40.① 41.④ 42.④ 43.②

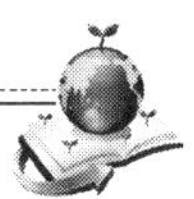

44 하대 내측 길이가 6m이고, 뒤 차축 중심에서 차체 최후단까지가 3m, 하대 내측의 뒤 끝에서 차체 최후단까지 0.7m인 덤프트럭의 하대 오프셋은 몇 m 인가?

① 0.3　　② 0.7
③ 1.4　　④ 6.0

45 자동차용 신소재 파인 세라믹스의 설명으로 틀린 것은?

① 경량으로 내열성 및 내마모성이 우수하다.
② 글로우플러그 등 일부 실용화되고 있다.
③ 전도성 소자로 고유저항이 아주 작다.
④ 센서류를 중심으로 히터 표시장치 등에 응용되고 있다.

46 자동차의 전면 또는 후면을 투영시켜 자동차의 중심선에 직각인 방향의 최대 거리로서 부속물을 포함한 거리를 나타내는 자동차의 용어는?

① 전장　　② 전폭
③ 전고　　④ 축거

47 승용차용 타이어 규격의 호칭 표기에서 최고 허용속도를 의미하는 것은?

225 / 40　R　19　89　V

① 40
② R
③ 89
④ V

48 가솔린 기관의 압축비는?

① 2~5 : 1　　② 7~11 : 1
③ 15~22 : 1　　④ 28~33 : 1

49 직류 직권식 기동전동기의 설명으로 틀린 것은?

① 전기자와 계자코일이 직렬로 결선
② 부하가 감소되면 회전수가 증가한다.
③ 회전력이 크다.
④ 플레밍의 오른손 법칙 응용

50 디젤기관의 연소과정은?

① 착화지연→화염전파→직접연소→후기연소
② 화염전파→착화지연→직접연소→후기연소
③ 착화지연→직접연소→화염전파→후기연소
④ 화염전파→직접연소→착화지연→후기연소

51 패널의 판금 수정에서 강판을 바른 위치와 치수로 맞추는 작업 공정은?

① 대충 맞춤　　② 평면내기
③ 마무리　　④ 부품 조립

52 피스톤의 왕복 운동 시 헤드부의 고열이 스커트부로 전달되는 것을 차단하는 역할을 하는 것은?

① 피스톤 링 홈
② 피스톤 보스
③ 피스톤 스커트
④ 피스톤 히트댐

정답 44.② 45.③ 46.② 47.④ 48.② 49.④ 50.① 51.① 52.④

53 축전지 전압이 12V인 승용차 기동전동기의 소모전류가 85A일 때 기동전동기의 마력(PS)은?

① 약 1.09　② 약 1.19
③ 약 1.39　④ 약 1.79

54 과도한 브레이크 사용으로 브레이크 오일이 비등하여 송유압력의 전달 작용이 불가능하게 되는 현상은?

① 페이드 현상
② 베이퍼록 현상
③ 사이클링 현상
④ 브레이크 록 현상

55 매매사업자가 중고차를 판매할 때 상품용 차량에 대해 성능점검을 실시하여 해당 점검기록부를 차를 구매하는 소비자에게 의무적으로 고지토록 하는 제도를 무엇이라 하는가?

① 자동차성능 · 점검제도
② 중고차성능 · 점검제도
③ 매도자성능 · 점검제도
④ 매수자성능 · 점검제도

56 성능·상태점검 기준 및 방법에서 주요장치 및 부품 점검 항목이 아닌 것은?

① 조향장치
② 제동장치
③ 전동기장치
④ 동력전달장치

57 사진의 성능·상태 점검 장비 명칭은?

① 리프트
② 자기 진단기
③ 도막측정기
④ 카레이지 작기

58 성능·상태점검 기준 및 방법에서 사고유무를 판단하는 주요 골격부위가 아닌 것은?

① 대쉬 패널
② 후드 패널
③ 크로스 멤버
④ 프론트 패널

59 자동차에 부착된 사일런스 패드의 효과로 틀린 것은?

① 방풍　② 단열
③ 방진　④ 방음

60 중고자동차성능 · 상태 점검 보증 범위 제외 부품은?

① 클러치판
② 스티어링 펌프
③ 연료호스 및 파이프
④ 자동변속기 토크컨버터

정답 53.③ 54.② 55.② 56.③ 57.④ 58.② 59.① 60.①

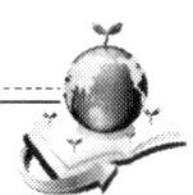

제2과목 성능공학

61 자동차의 등록 사항이 아닌 것은?

① 말소등록
② 예고등록
③ 계속등록
④ 이전등록

62 자동차 관리법 위반 시 3년 이하의 징역 또는 3천만원 이하의 벌금에 해당하는 자로 틀린 것은?

① 시장·군수·구청장에게 등록을 하지 아니하고 자동차관리사업을 한 자
② 등록원부상의 소유자가 아닌 자로부터 자동차의 매매 알선을 의뢰받아 매매 알선을 한 자
③ 자동차의 주행거리를 변경한 자
④ 자동차를 무단으로 해체한 자

63 전기자동차에서 일반 전장용 에너지를 공급하는 보조배터리의 충전을 위해 저압 DC로 전환하는 구성품은?

① 컨버터 ② BMS
③ DC발전기 ④ 인버터

64 공차 상태에 대한 설명으로 틀린 것은?

① 사람이 승차하지 않은 상태
② 예비 부분품 및 공구를 적재한 상태
③ 연료, 냉각수 및 윤활유를 만재한 상태
④ 예비 타이어를 설치한 상태

65 디젤엔진 차량의 매연 측정 시 광 투과식 분석방법은 몇 번 측정하여 산술평균하는가?

① 2회 ② 3회
③ 4회 ④ 5회

66 다음 설명하고 있는 제원 측정 항목은?

> 자동차의 전면, 후면 또는 측면을 투영시켜 차량 중심선에 수직인 방향의 최대거리를 측정한다.

① 길이 ② 너비
③ 높이 ④ 오버행

67 차량 중량과 관계없는 주행저항은?

① 구름저항 ② 등판저항
③ 가속저항 ④ 공기저항

68 자동차 타이어 마모량 측정 방법으로 타이어 접지부의 임의의 한 점에서 몇 도(°) 되는 지점마다 트레드 홈의 깊이를 측정하는가?

① 60 ② 90
③ 120 ④ 150

69 안전기준에서 자동차의 구동을 목적으로 하는 고전원 전기 장치의 작동 전압은?

① 직류 60볼트 초과 1,500볼트 이하
② 교류 30볼트 초과 1,500볼트 이하
③ 직류 30볼트 초과 1,500볼트 이하
④ 교류 60볼트 초과 1,500볼트 이하

정답 61.③ 62.④ 63.① 64.② 65.② 66.③ 67.④ 68.③ 69.①

70 **수소연료전지 자동차의 설명으로 틀린 것은?**

① 수소와 산소가 반응해 물(H_2O)을 생성하고, 생성하는 과정에서 발생되는 전기적인 에너지를 저장해 전원으로 사용하는 자동차이다.
② 수소를 직접 태우지 않고 수소와 공기 중 산소를 반응시켜 발생되는 전기로 모터를 돌려 구동력을 얻는 친환경 자동차이다.
③ 고압 탱크에 수소를 저장하는 방법 대신에 전기분해를 통하여 자동차에서 필요한 만큼 수소를 직접 생산할 수 있다.
④ 공기 공급장치에서 수소를 발생하여 시스템 내 수소 공급 시스템으로 분배한다.

71 **입석을 할 수 있는 자동차의 차실 내의 통로 유효너비는 몇 cm 이상인가?**

① 30 ② 45
③ 60 ④ 80

72 **운행 자동차의 안전기준에 대한 설명으로 틀린 것은?**

① 원동기 각부의 작동에 이상이 없어야 한다.
② 자동차(승용자동차 제외)의 바퀴 뒤쪽에는 흙받기를 부착하여야 한다.
③ 초소형자동차 최고속도는 60km/h를 초과하지 않도록 설계·제작하여야 한다.
④ 승용자동차는 휠의 탈거 없이 브레이크라이닝을 확인할 수 있는 구조이어야 한다.

73 **제동장치에 대한 설명으로 틀린 것은?**

① 제동 경고장치 경고음은 승용자동차의 경우 65데시벨 이하일 것
② 주제동장치 고장 발생을 확인할 수 있는 황색경고등을 설치할 것
③ 황색경고등은 고장 시 켜진 상태가 지속되는 구조일 것
④ 주제동장치는 견인자동차의 주제동장치와 연동하여 작동할 것

74 **코너링 조명등의 등광색은?**

① 백색 ② 황색
③ 적색 ④ 청색

75 **연료전지 자동차에서 셀(단전지) 여러 개를 직렬로 연결하여 일체로 만든 것을 무엇이라 하는가?**

① 배터리 팩
② 셀 밸런싱
③ 스택
④ 구동모터

76 **하이브리드 시스템의 정비 시 고전압 배터리 회로 연결을 기계적으로 차단하는 역할을 하는 구성품은?**

① 안전 플러그
② 고전압 메인 릴레이
③ 엔진 클러치
④ HPCU

정답 70.④ 71.① 72.③ 73.① 74.① 75.③ 76.①

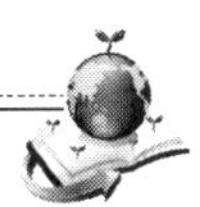

77 **전기자동차의 회생 제동에 대한 설명으로 맞는 것은?**

① 배터리에 저장된 전기에너지를 이용하여 브레이크를 작동시킨다.
② 회생 발전과 유압브레이크가 동시에 작동하여 제동 효과를 높여준다.
③ 감속 시에 구동 모터를 발전기로 사용하여 배터리를 재충전한다.
④ 급가속을 할 수 없도록 브레이크를 회생하여 속도를 줄여준다.

78 **하이브리드 자동차의 구성부품 중 배터리의 직류전원을 모터 구동용 교류로 변환하는 기능을 하는 것은?**

① 모터 ② 전동기
③ 발전기 ④ 인버터

79 **배출가스 검사 대상 자동차의 검사 조건이 아닌 것은?**

① 차량은 공차 상태일 것
② 변속기는 중립의 위치에 있을 것
③ 원동기가 충분히 예열되어 있을 것
④ 냉방장치 등 부속장치는 가동을 정지할 것

80 **자동차 연료장치는 배기관의 끝으로부터 몇 cm 이상 떨어져 있어야 하는가? (단, 연료탱크를 제외한다.)**

① 15 ② 20
③ 25 ④ 30

정답 **77.③ 78.④ 79.① 80.④**

자동차진단평가사 2급

2023년 34회

제1과목 자동차진단평가론

01 다음 ( )의 내용으로 맞는 것은?

> 매매계약 체결 전 매수인에게 서면 고지할 때 자동차성능·상태 점검한 내용은 점검 장면을 촬영한 사진을 포함하며 점검일로부터 ( )일 이내의 것으로 한다.

① 30 ② 60
③ 90 ④ 120

02 자동차 충돌 시 충격력에 영향을 미치는 사항이 아닌 것은?

① 속도 ② 충돌각도
③ 노면 상태 ④ 무게

03 추진축의 자재이음 기능으로 맞는 것은?

① 각도 변화
② 승차감 향상
③ 오일 누유 방지
④ 동력전달 효율 증대

04 타이어 요철형 무늬의 깊이를 확인할 수 있는 게이지는?

① 압력 게이지
② 딥 게이지
③ 공기압 게이지
④ 타이어 슬립 게이지

05 자동차가격 조사·산정에 대한 설명으로 틀린 것은?

① 소비자의 자율적 선택에 따른 서비스
② 중고자동차 가격의 적절성 판단의 참고 자료
③ 자동차가격 조사·산정자가 객관적으로 제시한 가액
④ 중고자동차가격 판단에 관하여 법적 구속력이 있는 가액

06 경쟁 상대가 없는 견적의 특징으로 틀린 것은?

① 견적자의 노하우가 필요 없다.
② 고객과 공장의 쌍방에게 공평하다.
③ 정밀한 형태의 견적이 필요 없다.
④ 가격을 낮추는 형태가 필요 없다.

정답 01.④ 02.③ 03.① 04.② 05.④ 06.①

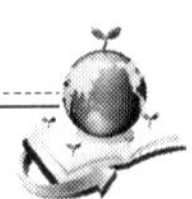

07 접합 자동차 식별법으로 맞는 것은?

① 정기점검기록부로부터 판단한다.
② 계기판에 손가락 지문, 다른 오염 등을 확인한다.
③ 실내의 매트를 걷어내고 산소용접의 흔적이 있는지 확인한다.
④ 트렁크 루프 패널이 오물로 인하여 녹이 발생했는지 확인한다.

08 현재 운행하는 자동차에 장착된 배터리로 맞는 것은?

① AF 배터리 ② LF 배터리
③ MF 배터리 ④ UF 배터리

09 사진의 성능·상태 점검 장비 명칭은?

① 도막 측정기
② 가스누출 감지기
③ 배기가스 측정기
④ 일산화탄소 측정기

10 자동차 불법구조 변경(튜닝)사항에서 구조 항목이 아닌 것은?

① 축중 ② 너비
③ 높이 ④ 길이

11 다음 설명의 강판 수리 순서로 맞는 것은?

- 강판은 픽 해머로 두드리고 줄질을 하여 매끈한 표면이 된다.
- 산소 토치나 전극을 이용한 열에 의한 패널 면의 수축도 한다.
- 디스크 샌더를 처음으로 사용한다.

① 마무리 ② 평면내기
③ 정밀 맞춤 ④ 대충 맞춤

12 자동차진단평가 기준서에서 차량 등급분류 적용대상으로 틀린 것은?

	구분	적용 대상
①	승용	6인승 이하 세단형, 해치백, 웨건 등
②	SUV	7인승 이하 다목적형
③	RV	15인승 이하 다목적형 (미니밴)
④	화물	5톤 이하 화물 운송형

13 수리필요 결과표시 부호로 맞는 것은?

① A ② R
③ U ④ C

14 자동차진단평가 기준서의 표준상태 자동차에 관한 설명으로 맞는 것은?

① 주행거리가 표준 주행거리(1년 기준, 2만 km)이상의 것으로 한다.
② 타이어 트레드 부 홈의 깊이가 50% 이하 남아 있어야 한다.
③ 각종 오일류가 정상이고 주행에 문제가 없는 것으로 한다.
④ 외관과 내부 상태는 손상이 없고 광택만 필요한 상태

정답 07.③ 08.③ 09.③ 10.① 11.① 12.② 13.② 14.③

15 **부식으로 인한 가치감가의 복합기호 표기 방법은?**

① CR ② UR
③ AR ④ TR

16 **일반공장에서 작업한 사일런스 패드의 상태에 대한 설명으로 틀린 것은?**

① 주름이 없다.
② 절단면이 직각이다.
③ 커브의 재단이 울퉁불퉁하다.
④ 표면 도장이 부자연스럽고 목장갑 자국이 있다.

17 **여름철 동안 사용하지 않았던 히터를 처음 틀 때는 도어를 활짝 열어둔 상태에서 최대 풍량으로 작동시킨 뒤 사용하는 이유는?**

① 냉각을 위해
② 연료 절감
③ 악취 방지
④ 실내 먼지 제거

18 **자동차 유리 교환 판별법에 대한 설명으로 맞는 것은?**

① 유리 제조사별로 표시 방법이 다르다.
② KS표시가 없다고 해서 무조건 불량품은 아니다.
③ 차량 보조 유리창도 무조건 메이커 로고가 있어야 한다.
④ 차량 한 대의 각각의 유리별 제조일이 1~6개월 정도 다를 수 있다.

19 **스톨 테스트(Stall test)에 대한 설명으로 틀린 것은?**

① 가속페달을 5초 이상 밟아 유지한다.
② 변속레버 “D”와 “R” 레인지에서 테스트한다.
③ 자동변속기의 경우 테스트를 실시할 수 있다.
④ 왼발로 브레이크 페달을 밟은 상태에서 실시한다.

20 **센터링 게이지의 구성부 명칭으로 틀린 것은?**

① 바 ② 조정 타게트
③ 위치 조절기 ④ 슬리브

21 **그림에서 Ⓐ의 명칭으로 맞는 것은?**

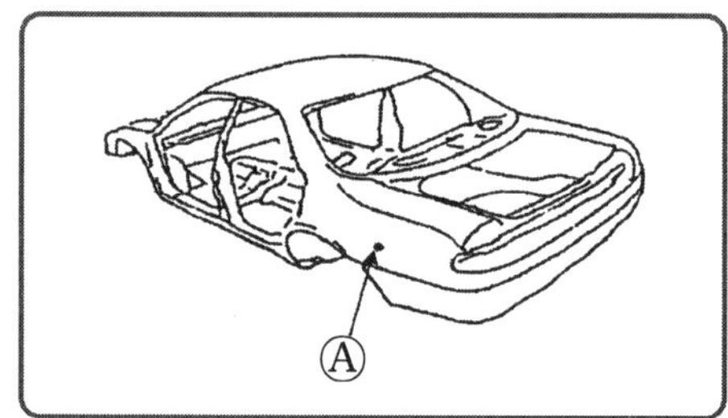

① 리어 펜더
② 휠 하우스
③ 필러 패널
④ 사이드실 패널

22 **자동차등록증에서 확인할 수 없는 것은?**

① 너비
② 저당권 채권액 및 이자
③ 계속 검사 유효기간의 유의사항
④ 등록 번호판 교부 및 봉인

정답 15.① 16.① 17.③ 18.① 19.① 20.④ 21.① 22.②

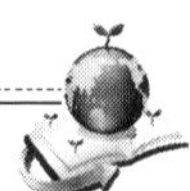

23 「작용 반작용의 법칙」에 대한 설명으로 틀린 것은?

① 충격력은 단위 면적당 충격력에 비례한다.
② 압력을 받는 면적이 넓은 고정벽은 깊은 손상을 발생치 않는다.
③ 고정물과의 충돌은 "에너지보존의 법칙"에 의해 힘이 소멸된다.
④ 단위 면적당 충격력은 면적에 반비례한다.

24 자동차성능·상태점검자의 시설·장비 기준이 아닌 것은?

① 도막 측정기
② 타이어 탈착기
③ 배기가스 측정기
④ 배터리전압 측정기

25 자동차관리법에 중고자동차성능점검제도의 목적으로 틀린 것은?

① 소비자의 알 권리를 충족시킨다.
② 중고자동차의 표준 매매가격을 제시한다.
③ 중고자동차의 가치판단에 중요한 자료로 쓰인다.
④ 소비자 보호는 물론 투명한 거래 문화를 유도한다.

26 자동차성능·상태점검기록부에서 구조변경(튜닝) 점검사항으로 맞는 것은?

① 전조등 ② 에어컨
③ 타이어 ④ 유리창

27 도장공정과 목적이 바르게 짝지어진 것은?

	공정	목적
①	전착 도장	방수
②	실링	내치핑성
③	상부 도장	밀착성 향상
④	언더코팅	방진

28 어셈블리를 완전히 분해하여 각 구성 부품의 점검, 수정, 교환, 조립, 조정 등을 포함하여 작업이 완료될 때까지의 모든 작업을 가리키는 수리 용어는?

① 오버 홀 ② 조정
③ 교환 ④ 수정

29 온도 변화에 따른 점도 변화를 나타낸 용어는?

① 비등점 ② 비중
③ 점도 ④ 점도지수

30 중고자동차 점검원의 자세에서 출품자가 개인일 경우 직접 확인하는 사항으로 아닌 것은?

① 고객의 업종 ② 고객의 취미
③ 고객의 사용지역 ④ 고객의 사용빈도

31 동력행정 시 밸브의 개폐 상태로 맞는 것은?

① 흡입 닫힘, 배기 닫힘
② 흡입 열림, 배기 열림
③ 흡입 닫힘, 배기 열림
④ 흡입 열림, 배기 닫힘

정답 23.③ 24.② 25.② 26.① 27.④ 28.① 29.④ 30.④ 31.①

32 다음 설명에서 (   )안에 들어갈 내용으로 맞는 것은?

> 자동차진단평가는 자격기본법에 따라 한국자동차진단보증협회가 Ⓐ 로부터 Ⓑ 을(를) 받은 자격으로서 그 증서에 의하면 중고차의 외관과 기능의 현 상태를 식별하여 진단평가 항목에 가 감점 점수를 부여하여 가격 및 등급을 산출하는 업무로 규정하고 있다.

① Ⓐ : 시 도지사 / Ⓑ : 허가
② Ⓐ : 국토교통부 / Ⓑ : 허가
③ Ⓐ : 시 도지사 / Ⓑ : 공인
④ Ⓐ : 국토교통부 / Ⓑ : 공인

33 손상된 도어를 수리하는 방법으로 틀린 것은?

① 도어 전체를 교환한다.
② 아웃 패널을 교환한다.
③ 이너와 아웃 패널을 판금한다.
④ 아웃 패널을 판금하고 이너 패널을 교환한다.

34 자동차에 사용되는 재료의 필요조건이 아닌 것은?

① 재료의 품질 다양성
② 대량공급과 안정적인 공급
③ 대량생산에 적합한 가공 생산성
④ 단가가 싸고 가격 안정성

35 작업의 구분에서 엔진 조정(B)에 해당되지 않는 것은?

① 연료의 누출
② 충전상태의 점검
③ 분사 펌프 각부의 점검
④ 로커 암 및 로커 암 축의 점검

36 자동차진단평가 기준서의 등급평가 기준에서 용접으로 조립된 외판이 교환된 경우에 해당되는 등급은?

① 2　　② 4
③ 6　　④ 8

37 브레이크 페달의 유격 점검 방법의 설명으로 틀린 것은?

① 브레이크 페달을 가볍게 밟아 유격을 점검한다.
② 브레이크 페달을 완전히 밟아 페달과 바닥까지 간격을 점검한다.
③ 브레이크 페달을 잠시 밟아서 페달이 동일 수준에서 유격이 있나 점검한다.
④ 페달을 완전히 밟은 상태에서 바닥과의 거리는 20mm이하 인지 점검한다.

38 화이트 보디(White body)에 도장 작업을 용이하게 하기 위하여 실시하는 도장은?

① 전처리
② 전착도장
③ 중부도장
④ 상부도장

정답 32.④ 33.④ 34.① 35.④ 36.② 37.④ 38.①

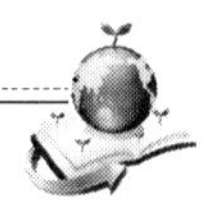

39 차령 4년인 자동차를 정비업자가 점검·정비의 잘못으로 발생한 고장 등에 대해 무상 점검·정비를 하는 기간은?

① 점검·정비일부터 30일 이내
② 점검·정비일부터 60일 이내
③ 점검·정비일부터 90일 이내
④ 점검·정비일부터 120일 이내

40 공임 원가 구성에서 일반 관리비로 맞는 것은?

① 수도 광열비
② 임원의 보수
③ 임차료
④ 제세 공과금

41 수리 견적 시 적정한 부품교환 요건으로 틀린 것은?

① 안전성 확보에 의심이 갈 때
② 탈거 시 복원이 불가능할 때
③ 복원이 가능하고 부품 값이 고액일 때
④ 복원작업이 부품교환보다 고액일 때

42 차량 점검순서에서 차량 우측 전방 점검 포인트로 맞는 것은?

① 차량 전체, 내장, 장비품 등
② 운전석 주변, 앞 범퍼, 전면유리, 램프류
③ 사이드 실 패널, 도어, 필러, 측면유리, 타이어 등
④ 트렁크 내·외부, 스페어타이어, 후면유리, 뒤 범퍼 등

43 자동차에 사용되는 부동액의 역할로 맞는 것은?

① 빙점을 높임
② 비등점을 저하
③ 금속 부식을 방지
④ 냉각수 동결을 방지

44 자동차진단평가일이 2023년 9월 16일, 최초등록일이 2017년 9월 30일 일 때 사용월수는?

① 70 ② 71
③ 72 ④ 73

45 2점 이음식 추진축 어셈블리 구성장치가 아닌 것은?

① 유니버셜 조인트
② 중간 베어링
③ 평형추
④ 슬리브 조인트

46 자동변속기 오일 점검 사항으로 맞는 것은?

① 시동 전에 점검한다.
② 시동 직후 바로 점검한다.
③ 시동을 걸어 워밍업 이후 공회전 상태에서 점검한다.
④ 시동을 걸어 워밍업 이후 기관 정지 상태에서 점검한다.

정답 39.① 40.② 41.③ 42.③ 43.④ 44.③ 45.② 46.③

47 다음 ( )의 내용으로 맞는 것은?

> 화성처리액은 인산 제1인산아연 산화 촉진제 금속염 불소화합물 등으로 구성되는 pH( )의 산성수용액이다.

① 1.0 ~ 2.0 ② 2.5 ~ 3.5
③ 3.0 ~ 4.0 ④ 4.5 ~ 5.5

48 다음 중 공차 상태에 포함되는 것으로 맞는 것은?

> a. 연료 b. 예비 부분품
> c. 윤활유 d. 공구
> e. 냉각수

① a, c, d ② a, c, e
③ b, d, e ④ b, c, d

49 자동차 차체별 조립 방법 중 볼트에 의한 조립 부위가 아닌 것은?

① 도어 ② 대시 패널
③ 프론트 펜더 ④ 트렁크 리드

50 자동차 내외장 재료 중 비금속 재료로 맞는 것은?

① 소결재료 ② 주철재료
③ 세라믹스 ④ 구조용강

51 자동차의 앞바퀴 정렬 요소가 아닌 것은?

① 캠버 ② 토인
③ 부스터 ④ 캐스터

52 사바테(합성) 사이클의 설명으로 맞는 것은?

① 일정한 압력하에서 연소
② 일정한 압력과 일정한 온도하에서 연소
③ 일정한 체적과 일정한 압력하에서 연소
④ 일정한 체적하에서 연소

53 표준 주행거리 평가방법에서 Ⓐ와 Ⓑ의 계수로 맞는 것은?

구분	산출식
승용, SUV형, RV형	사용경과월 수 × Ⓐ × 1,000
화물차, 승합차	사용경과월 수 × Ⓑ × 1,000

	Ⓐ	Ⓑ
①	1.66	2.5
②	16.6	25
③	166	250
④	0.166	0.25

54 전자제어 현가장치(ECS)의 특징이 아닌 것은?

① 차체의 기울기 방지
② 차량의 높이를 조절
③ 노면상태에 따라 승차감 조절
④ 노면으로부터 충격 극대화

정답 47.② 48.② 49.② 50.③ 51.③ 52.③ 53.① 54.④

55 최대 적재상태일 때 명시해야 하는 접지면에서 자동차의 중심까지의 높이는?

① 전고 ② 차고
③ 적재 높이 ④ 중심 높이

56 자동차성능·상태점검 보증범위의 자동변속기 보증범위가 아닌 것은?

① 유성기어 ② 유온센서
③ 엔드클러치 ④ 토크컨버터

57 다음 ( )안에 들어갈 내용으로 맞는 것은?

> 브레이크 페달의 적정 유격은 ( )mm 이다.

① 5 ~ 8 ② 10 ~ 15
③ 20 ~ 25 ④ 30 ~ 35

58 자동차 냉각수량 점검 방법으로 맞는 것은?

① 보조탱크 최대선 이상으로 있으면 정상이다.
② 보조탱크 최대선과 최소선 사이에 있으면 정상이다.
③ 보조탱크 최소선 이하로 있으면 정상이다.
④ 보조탱크는 항상 비워둔 상태로 유지되어야 정상이다.

59 자동차에 사용하는 방향지시등 릴레이의 종류가 아닌 것은?

① 전자 열선식
② 수은식
③ 축전기 전류형
④ 바이메탈식

60 자동차매매업자의 매매 또는 매매 알선으로 매매계약을 맺은 자동차 매수인은 해당 자동차의 주행거리, 사고 또는 침수 사실이 고지 내용과 다른 경우에는 자동차 인도일부터 며칠 이내에 해당 매매계약을 해제할 수 있는가?

① 15일 ② 30일
③ 60일 ④ 90일

정답 55.④ 56.③ 57.② 58.② 59.④ 60.②

자동차진단평가사 1급

2024년 35회

제1과목 자동차진단평가론

01 자동차매매업자가 자동차를 매도할 때 자동차성능 · 상태점검 내용은 점검일로부터 몇일 이내의 것을 매수인에게 서면으로 고지하여야 하는가?

① 30일
② 60일
③ 90일
④ 120일

02 사고 · 수리이력 평가에 대한 설명이 아닌 것은?

① 1랭크 부위 중 1곳만 교환수리(×)이고 다른 부위의 사고 수리 이력이 없는 경우는 사고수리이력 감가계수의 50%를 적용한다.
② 교환수리(X)는 부위별 사고수리 이력 감가계수를 그대로 적용한다.
③ 사고 수리 이력이 1개 이상인 경우는 사고수리이력감가계수를 합한다.
④ 판금 · 용접수리(W)는 부위별 사고수리이력 감가계수의 50%을 적용한다.

03 주행거리 평가에 대한 설명 중 틀린 것은?

① 주행거리 표시기가 고장인 경우, 조작 흔적이 있는 경우에는 보정가격의 30%를 감점한다.
② 주행거리 평가 가점은 보정가격의 15%(올림한 가격)를 초과할 수 없다.
③ 주행거리 평가 감점은 보정가격의 30%(올림한 가격)를 초과할 수 없다.
④ SUV형 표준 주행거리 산식은 사용경과월 수에 2.5와 1,000을 곱하여 구한다.

04 중고 자동차 성능 · 상태 점검기록부 주요장치 중 전기 주요부품 점검사항에 속하지 않는 것은?

① 와이퍼 모터 기능
② 오디오 작동상태
③ 라디에이터 팬 모터
④ 발전기 출력

05 차종별의 등급분류 결정 방식이 아닌 것은?

① 배기량
② 차량중량
③ 차량가격
④ 최대 적재량

정답 01.④ 02.③ 03.④ 04.② 05.②

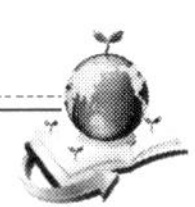

06 자동차 성능 · 상태 점검의 보증에 관한 설명으로 틀린 것은?

① 자동차 성능 · 상태점검자가 거짓으로 성능 · 상태 점검을 하였을 때 1차 사업정지 30일, 2차 사업장 폐쇄의 행정처분을 받는다.
② 중고자동차의 구조 · 장치 등의 성능 · 상태를 고지하지 아니한 자, 거짓으로 점검하거나 거짓 고지한 자는 2년 이하의 징역 또는 2천만원 이하의 벌금에 처한다.
③ 후드, 프론트펜더, 도어, 트렁크리드 등 외판 부위 및 범퍼에 대한 판금, 용접수리 및 교환은 단순 수리로서 사고에 포함하지 않는다.
④ 자동차 인도일부터 보증기간은 30일 이상, 보증 거리는 2천 킬로미터 이상이며, 그 중 먼저 도래한 것을 적용한다.

07 평가 차량의 용도변경 이력 중 감점 항목이 아닌 것은?

① 렌터카 이력
② 직수출 이력
③ 관용 이력
④ 영업용 이력

08 보유상태 평가에서 사용설명서, 공구(스패너), 잭 세트, 삼각대 등이 분실되었을 경우에는 (　　)적용한다.
(　　)안에 맞는 것은?

① 가점　　② 감점
③ 정비　　④ 보충

09 자동차 등급평가 기준에서 10등급 차량에 대한 설명으로 틀린 것은?

① 10,000km 이내 주행 자동차
② 신차 등록 1년 이내의 자동차
③ 표준상태 이상의 자동차
④ 외부 긁힘 정도가 광택으로 수리 가능한 자동차

10 중고자동차 점검원의 휴대품 중에서 이미지관리 및 안전사고를 미연에 방지하기 위해 착용하는 것은?

① 작업복　　② 안전화
③ 목장갑　　④ 보안경

11 평가차량의 운전석 실내 장비품 확인 사항으로 틀린 것은?

① 오디오 작동 여부 확인
② 통풍 장치 확인
③ 에어컨 장착 여부 확인
④ 기타 옵션 성능 확인

12 평가차량의 필수 점검 사항 중 운전석 실내에서 점검할 사항으로 맞는 것은?

[보기]
Ⓐ 엔진의 시동상태와 가속 페달의 작동상태를 확인하였다.
Ⓑ 에어컨의 작동상태 및 통풍장치를 확인하였다.
Ⓒ 에어컨 장착 여부를 확인하였다.
Ⓓ 경음기의 작동여부 및 소리의 적합성을 확인하였다.

① Ⓐ, Ⓑ, Ⓒ　　② Ⓑ, Ⓒ, Ⓓ
③ Ⓐ, Ⓒ, Ⓓ　　④ Ⓐ, Ⓑ, Ⓓ

정답 06.① 07.② 08.② 09.② 10.③ 11.③ 12.④

13 **자동차 매매 시 이전등록 내용으로 맞는 것은?**

① 매수한 날부터 20일 이내에 이전등록 신청을 해야 한다.
② 증여를 받은 날부터 15일 이내에 이전 등록 신청을 해야 한다.
③ 상속 시에는 개시일이 속하는 달의 말일부터 6개월 이내에 이전 등록 신청을 해야 한다.
④ 양수인이 이전등록 신청을 하지 않을 시 양도인도 이전등록을 신청할 수 있다.

14 **자동차에 사용되는 부스터 브레이크의 설명으로 맞는 것은?**

① 흡기다기관의 진공을 이용하여 제동을 돕는 장치이다.
② 진공을 제거하고 패달을 밟은 상태에서 시동이 되면 패달 높이가 높아진다.
③ 배기가스의 압력을 이용하여 브레이크 효율을 높이는 장치다.
④ 마스터 실린더의 제동 압력을 일시 저장하여 브레이크 시 제동효율을 높이는 장치이다.

15 **자동차 수리이력 판별법에서 [보기]의 공통점으로 맞는 것은?**

> [보기]
> 보닛, 프런트 펜더(좌,우), 도어(전,후), 트렁크 리드

① 용접에 의한 조립부위
② 볼트에 의한 조립 부위
③ 차체 전면부 사고유무 확인 부위
④ 차체 후면부 사고유무 확인 부위

16 **수리필요 상태를 부호를 사용하여 표시하였다. [보기]의 내용으로 맞는 것은?**

> [보기]
> 우측 전조등이 깨져서 수리견적이 필요하다

① AR ② TR
③ TX ④ T

17 **수입차 인증 통관 및 관세에서 이사물품 자동차에 대한 세금을 산출하였다. 맞는 것은? (단, 승용자동차, 신차가격 3,000만원, 사용기간 4년2개월 배기량1980cc, 사용기간 잔존율 52.9%, 운송료 및 운송보험료 100만원)**

① 521만원
② 447만원
③ 486만원
④ 580만원

18 **차량의 사방점검 방법 중에서 차량점검 방법으로 맞는 것은?**

① 차량의 좌측방으로부터 시계방향으로 전방, 우측방, 후방의 순서에 따른다.
② 차량의 정면으로부터 2~5m 정도 떨어져 사방으로 시행한다.
③ 외판상태의 점검은 차량을 최소한 2회전 하면서 점검하는 것을 원칙으로 한다.
④ 차량의 우측방으로부터 시계방향으로 후방, 우측방, 전방의 순서에 따른다.

정답 13.④ 14.① 15.② 16.③ 17.② 18.①

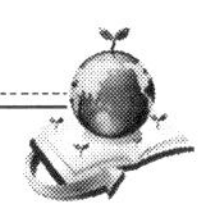

19 트렁크 리드 패널의 교환 및 수리여부 식별 방법 중 틀린 것은?

① 콤비네이션 램프와 패널 간에 틈새의 균일 여부를 확인한다.
② 안쪽 테두리 부분에 실링 작업의 주름진 상태 유무를 확인한다.
③ 실링이 없으면 원래의 상태가 유지된 것으로 판단한다.
④ 트렁크 리드 힌지 고정볼트 머리부분의 페인트 벗겨짐으로 교환 여부를 확인한다.

20 평가할 자동차와 자동차등록증의 동일성 확인으로 맞는 것은?

① 엔진번호, 형식승인번호, 연식 등 자동차등록증과의 일치 여부를 확인한다.
② 차대번호, 형식승인번호, 연식 등 자동차등록증과의 일치 여부를 확인한다.
③ 엔진번호, 차체승인번호, 배기량 등 자동차등록증과의 일치 여부를 확인한다.
④ 차대번호, 차체승인번호, 배기량 등 자동차등록증과의 일치 여부를 확인한다.

21 수리 과정에서 발생되는 잔존물은 부품 교환 시 발생되는 것으로 부품의 교환이 필요한 경우에 대한 판단 기준으로 틀린 것은?

① 기술성 ② 보안성
③ 경제성 ④ 환경성

22 자동차 점검 사항에서 자동차 유리 점검 내용으로 틀린 것은?

① 차량의 연식과 유리 제조일과의 기간 차이를 확인한다.
② 와이퍼에 의한 긁힘, 잔돌에 의한 찍힘, 충격에 의한 파손 등을 확인한다.
③ 전면 유리의 좌우 여러 각도를 바꾸어 가면서 유리면의 상태를 확인한다.
④ 빛이 반사로 외부에서 확인이 불가능하면 외부의 상하를 살펴본다.

23 시험주행 시 전기장치 점검 중 등화장치 종류로 틀린 것은?

① 전조등
② 후진등
③ 충전 경고등
④ 방향 지시등

24 자동차의 주행 안정성과 조종성을 최적의 상태로 유지하기 위한 장치의 명칭으로 맞는 것은?

① 조향장치
② 제동장치
③ 현가장치
④ 동력전달장치

25 자동차를 도장할 때 발생되는 결함으로 도막 내외부에서 서로 다른 형태와 크기로 된 도료 알갱이 및 덩어리가 묻어 생기는 현상으로 맞는 것은?

① 블러싱(blushing)
② 크레터링(cratering)
③ 새깅(sagging)
④ 시딩(seeding)

정답 19.③ 20.④ 21.④ 22.④ 23.③ 24.① 25.④

26 견적에 사용되는 작업의 구분에서 엔진 조정(A)에 포함되지 않는 것은?

① 배출 가스 측정
② 연료 압력 측정
③ 분사시기의 조정
④ 공전속도의 조정

27 손상상태의 분류에 관한 설명으로 틀린 것은?

① 역학적 성질 : 소성변형, 탄성변형
② 충격력의 작용 : 직접손상, 간접손상
③ 내부의 분류 : 찢어짐, 오염됨, 오작동, 미작동
④ 외관의 분류 : 늘어남, 오그라듦, 꺾임, 잘림, 구부러짐

28 자동차 섀시 추진축 종류에서 3점 이음식의 구성 부품이 아닌 것은?

① 십자축 ② 평형추
③ 중간베어링 ④ 슬리브 조인트

29 충돌 후 발생하는 운동 에너지의 분류가 아닌 것은?

① 빛 에너지 ② 소리 에너지
③ 위치 에너지 ④ 잔여 운동 에너지

30 손상 자동차를 고정하고 계측 작업과 인장 작업을 동시에 할 수 있는 장치로 맞는 것은?

① 센터링 게이지
② 지그 벤치 시스템
③ 트림 게이지 및 지그
④ 바닥 면 앵커 플레이트

31 옵셋 충돌의 정의로 맞는 것은?

① 정면 충돌에서 정면의 일부만 충격
② 후면 충돌에서 C필러 측면과 충견
③ 측면 충돌에서 상대 차량과 직각 방향으로 충격
④ 다중 충돌에서 자동차의 충격이 가장 크게 발생된 충격

32 패널 교환 공정으로 맞는 것은?

① 손상 패널 제거 – 신품 패널 위치 맞춤 – 패널 용접
② 신품 패널 위치 맞춤 – 손상 패널 제거 – 패널 용접
③ 패널 용접 – 신품 패널 위치 맞춤 – 손상 패널 제거
④ 손상 패널 제거 – 패널 용접 – 신품 패널 위치 맞춤

33 자동차 견적의 의의에 대한 설명으로 맞는 것은?

① 자동차 검사를 위한 작업 지시서이다.
② 자동차 수리를 위한 작업 지시서이다.
③ 고객과의 정비 비용에 대한 안내서이다.
④ 고객과의 구매 비용에 대한 안내서이다.

34 충돌한 자동차의 손상된 상태 및 부위를 비교 검토하여 추정할 수 있는 사항이 아닌 것은?

① 충돌 시 각도
② 충돌 시 전방 상태
③ 충돌 시 자동차 구조
④ 충돌 시 자동차 속도

정답 26.② 27.③ 28.④ 29.③ 30.② 31.① 32.① 33.② 34.②

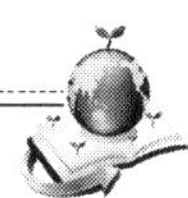

35 자동차 구조물 충돌에서 충격 단면적이 3m²이고, 충격력이 300N 일 경우 응력 집중 모멘트 (N/m²)로 맞는 것은?

① 10 ② 90
③ 100 ④ 900

36 강판의 수리 순서로 맞는 것은?

① 마무리-대충맞춤-평면내기
② 마무리-평면내기-대충맞춤
③ 평면내기-대충맞춤-마무리
④ 대충맞춤-평면내기-마무리

37 공임 원가 구성 항목이 아닌 것은?

① 총 매출
② 겸업 매출
③ 공장 관리비
④ 일반 관리비

38 2행정 기관의 특징에 대한 설명으로 틀린 것은?

① 밸브 장치가 간단하다.
② 실린더 수가 적어도 회전이 원활하다.
③ 유효행정이 짧아 흡·배기가 불완전하다.
④ 마력당 중량이 무겁다.

39 실린더 헤드의 구성부품이 아닌 것은?

① 연소실 ② 밸브 스프링
③ 실린더 ④ 흡입밸브

40 기관 과열 시 발생하는 현상이 아닌 것은?

① 유막의 파괴 ② 오일 소비량 증대
③ 출력의 향상 ④ 부품의 소결

41 폭발 행정에서 피스톤 헤드가 받은 압력을 크랭크축에 전달하는 것으로 맞는 것은?

① 커넥팅로드
② 마스터실린더
③ 플라이휠
④ 캠축

42 전자제어 연료 분사 장치의 특징으로 틀린 것은?

① 배기가스 감소
② 최대의 혼합기 공급
③ 가속시 응답성 양호
④ ECM제어로 실린더에 균일하게 연료 분배

43 공회전 속도 상승 조건이 아닌 것은?

① 에어컨 작동시
② 급가속시
③ 파워스티어링 작동시
④ 전기 부하시

44 정전류 충전방식에 대한 설명으로 축전지 용량의 ( )%전류로 일정하게 충전하는 것이다. 다음 ( )안에 들어갈 내용으로 맞는 것은?

① 10 ② 20
③ 30 ④ 50

45 전조등의 광도가 30,000 cd 의 밝기일 경우 광원에서 전방 100m떨어진 지점의 조도는 몇 Lux인가?

① 3 ② 5
③ 30 ④ 90

정답 35.③ 36.④ 37.① 38.④ 39.③ 40.③ 41.③ 42.② 43.② 44.① 45.①

46 클러치 판에 대한 설명으로 틀린 것은?

① 변속기 입력축에 설치된다.
② 라이닝 마찰계수는 약 0.3~0.5이다.
③ 비틀림 코일 스프링은 클러치 접속시 회전 충격을 흡수한다.
④ 릴리스 레버와 스프링의 역할을 동시에 한다.

47 섀시 스프링에 가해진 부분의 무게를 말하며 추진축, 현가장치, 제동장치, 조향장치와 같이 그 중량의 일부가 작용하는 것은 그 구조에 따라 중량으로 가산하는 것은?

① 배분 중량
② 섀시 중량
③ 스프링 위 중량
④ 스프링 아래 중량

48 열역학적 사이클에 의한 분류 중 일정 압력하에서 연료가 연소되는 사이클로 옳은 것은?

① 오토사이클 ② 정적사이클
③ 디젤사이클 ④ 사바테사이클

49 완전충전 상태인 90Ah 배터리를 30A의 전류로 사용을 할 경우 사용 할 수 있는 시간으로 옳은 것은?

① 180분 ② 200분
③ 220분 ④ 240분

50 제동장치에서 유압식 브레이크의 원리로 맞는 것은?

① 베르누이의 원리
② 아르키메데스의 원리
③ 피타고라스의 원리
④ 파스칼의 원리

51 자동차 고압선 점검방법 설명이 틀린 것은?

① 배터리 마이너스(-)케이블을 분리한 후 점검한다.
② 고압선 등을 깨끗이 헝겊으로 닦은 후 손상 여부를 확인한다.
③ 점화 플러그에서 고압선을 분리할 때는 배선을 당긴다.
④ 점화 플러그의 고압선은 각각 맞는 번호의 실린더에 연결한다.

52 자동차 압류 및 저당권의 등록 여부를 거짓으로 고지한 자에 대한 벌칙으로 맞는 것은?

① 1년 이하의 징역 또는 1천만원 이하의 벌금
② 2년 이하의 징역 또는 2천만원 이하의 벌금
③ 1년 이하의 징역 또는 1천만원 이상의 벌금
④ 2년 이하의 징역 또는 2천만원 이상의 벌금

53 자동차 매매업자가 받을 수 있는 수수료 및 관리 비용 항목에 해당하지 않는 것은?

① 매매알선수수료
② 등록신청 대행 수수료
③ 공영 주차장의 주차요금을 초과한 수수료
④ 자동차가격 조사·산정 수수료

정답 46.④ 47.③ 48.③ 49.① 50.④ 51.③ 52.② 53.③

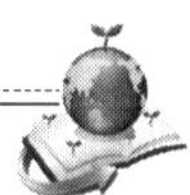

54 자동차 관리법 제71조 (부정사용 금지등) 중에서 자동차 주행거리 변경 승인과 관련하여 고장 및 파손에 등 불가피한 사항에 관한 법령으로 알맞은 것은?

① 대통령령
② 국무총리령
③ 산업통상자원부령
④ 국토교통부령

55 성능 · 상태점검의 내용을 제공하지 아니한 자에게 대한 과태료로 맞는 것은?

① 1백만원이하
② 5백만원이하
③ 1천만원이하
④ 2천만원이하

56 자동차의 침수 사실을 거짓으로 고지하거나 고지하지 아니한 경우에는 자동차 인도일로부터 며칠 이내 매매 계약을 해제할 수 있는가?

① 30일 ② 60일
③ 90일 ④ 120일

57 일반적인 자동차검사 방법으로 점검이 가능할 때 중고자동차 성능 · 상태점검 보증범위에 해당하는 것은?

① 휠스피드센서
② 서브프레임
③ 원동기 터보 인터쿨러
④ 토크컨버터

58 자동차매매업자가 자동차를 매도 또는 매매 알선을 하는 경우에 자동차 매수인에게 서면으로 고지해야 하는 것이 아닌 것은?

① 국토교통부령으로 정하는 자의 성능 상태 점검 내용
② 압류 및 저당권의 등록 여부
③ 자동차보험 가입, 과태료 체납 내용
④ 매수인이 원하는 경우 자동차 가격을 조사 산정한 내용

59 차량 총중량이 2500kgf인 차량이 80 km/h로 정속 주행할 때 구름저항(kgf)은? (단, 구름저항계수는 0.02 이다.)

① 30kgf ② 40kgf
③ 50kgf ④ 60kgf

제2과목 성능공학

60 자동차의 상태표시 부호의 설명으로 틀린 것은?

① 부품 교환 없이 판금 및 용접수리를 한 경우 'W' 로 표기한다.
② 상태표시기호는 규정서식 도면에 표기하고 해당 부위에 '√' 로 표기한다.
③ 볼트로 체결된 부품은 명확한 교환의 근거가 있는 경우에는 'A' 로 표기한다.
④ 스폿용접으로 체결된 부품은 제작시 용접흔적과 상이한 경우에는 'X' 로 표기한다.

정답 54.① 55.④ 56.③ 57.④ 58.③ 59.④ 60.③

61 자동차 관리법 위반 시 2년 이하의 징역 또는 2천만원 이하의 벌금에 해당하는 자는?

① 시장 · 군수 · 구청장에게 등록을 하지 아니하고 자동차관리사업을 한 자
② 자동차를 무단으로 해체 한 자
③ 자동차의 주행거리를 변경한 자
④ 등록원부상의 소유자가 아닌 자로부터 자동차의 매매 알선을 의뢰받아 매매 알선을 한 자

62 자동차 관리법상의 등록의 종류가 아닌 것은?

① 경정등록 ② 압류등록
③ 예고등록 ④ 폐차등록

63 자동차 소음과 암소음의 측정치 차이가 7dB일 때 보정치(DB)는 ?

① 1 ② 2
③ 3 ④ 4

64 자동차 종합검사 유효기간이 6개월인 자동차의 경우 배출가스 정밀 검사 분야의 검사는 얼마마다 받아야 하는가?

① 3개월 ② 6개월
③ 1년 ④ 2년

65 타이어 사이드 월에 표기하는 사항이 아닌 것은?

① 편평비
② 하중 지수
③ 속도 기호
④ 생산 공장 기호

66 다음 그림에서 연속좌석 ⓒ 의 승차 인원은? (단위: mm)

① 5인 ② 6인
③ 7인 ④ 8인

67 주행성능 곡선 중 여유구동 마력을 설명으로 옳은 것은?

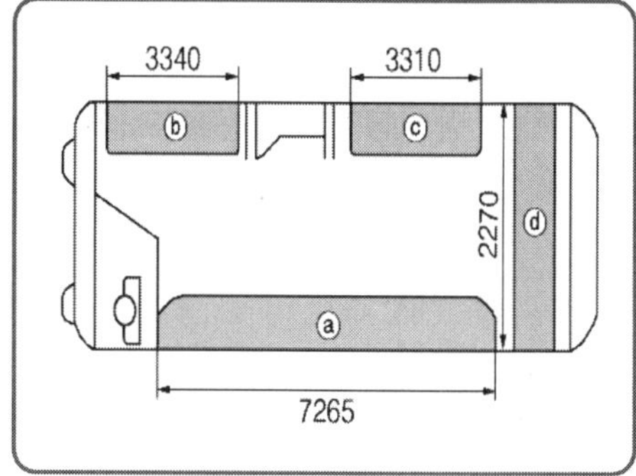

① 임의 주행 속도에서 주행 저항과 그 때의 최대 구동력과의 차이를 말한다.
② 엔진 스로틀 밸브가 완전히 열린 상태에서 주행할 때의 구동력이다.
③ 구름저항과 공기 저항을 더한 값이다.
④ 자동차가 R(kgf)의 전 주행을 받고, V(km/h)의 속도로 주행을 계속하는데 필요한 마력이다.

68 자동차 주행 중 횡력과 요잉 모멘트 감소 방지 방법으로 맞는 것은?

① 차체형상을 유선형화 하거나 필러 등을 둥글게 한다.
② 차량 전면에 에어댐 설치
③ 리어 스포일러 장착
④ 냉각 바람 도입

정답 61.② 62.④ 63.① 64.③ 65.④ 66.④ 67.① 68.①

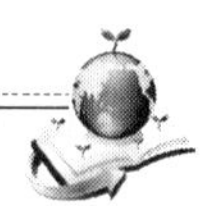

69 연료전지 자동차의 스택(Stack)에서 발생된 직류 전기를 모터에 필요한 3상 교류전기로 변환하는 부품으로 맞는 것은?

① 컨버터/인버터 (Converter/ Inverter)
② 파워릴레이 어셈블리(PRA)
③ 저전압 배터리(Low Voltage Battery)
④ 고전압 배터리 (High Voltage Battery)

70 자동차 안전기준에서 정의하는 용어의 설명으로 틀린 것은?

① 승차정원-자동차에 승차할 수 있도록 허용된 최대인원
② 조향비-조향핸들의 회전각도와 조향바퀴의 조향각도의 비율
③ 자동제어제동-전자제어 시스템에 의해 속도를 감소시키는 제동
④ 선택적 제동-전자제어 시스템에 의해 조향력을 해제시키는 제동

71 운행 자동차의 차체 밖에 부착하는 장치의 기준에 관한 설명으로 틀린 것은?

① 라디오 안테나는 장착한 상태
② 밖으로 열리는 창은 닫은 상태
③ 간접 시계 장치를 제거한 상태
④ 긴급자동차의 경광등을 제거한 상태

72 자동차 안전성 제어장치 설치가 제외되는 자동차로 틀린 것은?

① 초소형 자동차
② 피견인 자동차
③ 2축 이상 자동차
④ 구난형 특수자동차

73 하이브리드 자동차의 구성 부품 중 배터리의 직류전원을 모터 구동용 교류로 변환하는 장치로 맞는 것은?

① 모터 ② 컨버터
③ 발전기 ④ 인버터

74 전기자동차의 회생제동에 대해 설명으로 맞는 것은?

① 배터리에 저장된 전기에너지를 이용하여 브레이크를 작동시킨다.
② 감속 시에 구동모터를 발전기로 사용하여 배터리를 재충전한다.
③ 회생 발전과 유압브레이크가 동시에 작동하여 제동효과를 높여준다.
④ 급가속을 할 수 없도록 브레이크를 회생하여 속도를 줄여준다.

75 파워 릴레이 어셈블리(PRA)의 구성 부품이 아닌 것은?

① (+) 메인 릴레이
② 프리 차지 릴레이
③ 배터리 전류 센서
④ 고전압 메인 퓨즈

76 전기자동차 고전압 배터리의 고전압(DC 380V)을 12V 저전압으로 변환하는 장치로 맞는 것은?

① 인버터(inverter)
② 저전압 직류변환장치(LDC)
③ 완속 충전기(OBC)
④ 파워 드라이버(Power Driver)

정답 69.① 70.④ 71.① 72.③ 73.④ 74.② 75.④ 76.②

77 **그림의 하이브리드 시스템으로 맞는 것은?**

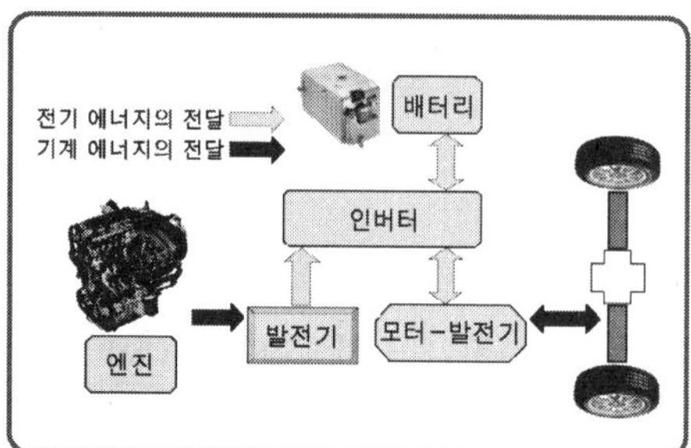

① 직렬형 ② 병렬형
③ 직·병렬형 ④ 능동형

78 **전기 자동차 제어 기구(VCU)의 주요기능 중 배터리 정보 및 차량 상태에 따른 LDC On/Off 및 동작 모드를 결정하는 것은?**

① 구동 모터 토크 제어
② 회생 제동 제어
③ 전장 부하 공급 전원 제어
④ 공조 부하 제어

79 **리튬이온 배터리에 대해 설명으로 틀린 것은?**

① 알루미늄 양극제에 리튬을 함유한 금속 화합물 사용
② 음극에는 구리소재의 탄소 재료를 사용
③ 성능이 우수하며, 배터리의 소형화 가능
④ 금속의 물성이 변화하므로 배터리의 열화가 큼

정답 77.① 78.③ 79.④

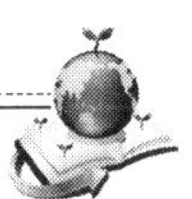

자동차진단평가사 2급

2024년 35회

제1과목 자동차진단평가론

01 자동차매매업자가 자동차를 매도하는 경우에 매수인에게 고지 및 관리의 의무를 설명한 것으로 틀린 것은?

① 자동차성능·점검 내용을 점검일로부터 90일 이내의 것을 고지해야 한다.
② 받는 수수료, 요금을 알려야 한다.
③ 매수인이 원하는 경우에 자동차 가격을 조사·산정한 내용을 알려야 한다.
④ 자동차 압류 및 저당권의 등록 여부를 고지하여야 한다.

02 제10조 기준가격에 대한 설명으로 틀린 것은?

① 기준가격 정보가 없는 차종의 기준가격은 자동차매매업자가 제시한 가격을 적용한다.
② 내용년수가 초과된 경우는 최초 기준가액과 감가율 계수의 감가율(%)를 곱하여 적용하여 산출한다.
③ 최초 기준가액은 신차 출고 시 신차가격(부가세 포함)을 말한다.
④ 기준가격은 보험개발원에서 매 분기 발표하는 기준가액을 적용한다.

03 특별이력 평가에 해당하지 않는 것은 ?

① 손상 이력 감점
② 특수사용 이력 감점
③ 수리 이력 감점
④ 영업 이력 감점

04 중고자동차 성능·상태 점검의 보증에서 자동차 인도일을 기준으로 보증기간이 맞는 것은?

① 최소 20일 이상 또는 주행거리 2,000Km 이상
② 최소 20일 이상 또는 주행거리 3,000Km 이상
③ 최소 30일 이상 또는 주행거리 2,000Km 이상
④ 최소 30일 이상 또는 주행거리 3,000Km 이상

05 전년도 보정가격 산출은 평가년도의 기준가격 또는 보정가격의 몇 %를 더한 가격인가?

① 3 ② 10
③ 15 ④ 20

정답 01.① 02.① 03.④ 04.③ 05.②

06 자동차가격 조사 · 산정 기준서의 역할 및 사용에 대한 설명으로 틀린 것은?

① 보험개발원에서 발표하는 차량 기준가액을 기준가격으로 결정한다.
② 기준서는 국토교통부 또는 한국교통안전공단에서 발행한 것을 적용한다.
③ 기준가격이 결정되면 기준서를 토대로 자동차 종합상태, 사고 · 교환 · 수리 등 이력, 세부상태, 기타정보에 따라 자동차 가격을 산정한다.
④ 자동차가격 조사 · 산정자가 임의로 산정할 경우 가격편차가 클 소지가 있어 기준서가 필요하다.

07 성능 · 상태 점검 내용에 대하여 보증 책임을 이행하지 아니하는 자동차 성능 · 상태 점검자에 대한 벌칙은?

① 1년 이하의 징역 또는 1천만원 이하의 벌금
② 1년 이하의 징역 또는 1천만원 이상의 벌금
③ 2년 이하의 징역 또는 1천만원 이하의 벌금
④ 2년 이하의 징역 또는 1천만원 이상의 벌금

08 일반적인 자동차검사 방법으로 점검이 가능할 때 중고자동차 성능 · 상태점검 보증 범위에 해당하는 것은?

① ABS모듈
② 스티어링조인트
③ PVC밸브
④ 원동기 터보 인터쿨러

09 중고자동차 성능·상태점검자의 시설, 장비 기준에 포함되지 않는 것은?

① 핏트
② 소음측정기
③ 비중계
④ 청진기

10 점검원의 휴대 물품 중 청결한 이미지관리 및 안전사고를 미연에 방지하기 위해 점검원이 휴대하고 있어야 할 것은?

① 펜전등 ② 반사경
③ 목장갑 ④ 드라이버

11 평가차량의 장비품을 확인할 수 있는 위치는?

① 차체하부
② 실내
③ 트렁크
④ 자동차 후방

12 중고자동차 필수 점검 사항 중 운전석·실내에서 점검할 사항은?

> [보기]
> Ⓐ 엔진의 시동상태와 가속 페달의 작동상태를 확인하였다.
> Ⓑ 계기판의 게이지 작동 상태등을 확인하였다.
> Ⓒ 에어컨 장착 여부를 확인하였다.
> Ⓓ 배터리의 충전상태를 확인하였다.

① Ⓐ, Ⓑ ② Ⓑ, Ⓒ
③ Ⓒ, Ⓓ ④ Ⓐ, Ⓓ

정답 06.② 07.① 08.② 09.② 10.③ 11.② 12.①

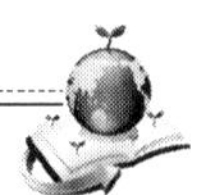

13 자동차 매매 시 이전등록 내용으로 맞는 것은?

① 매수한 날부터 15일 이내에 이전등록 신청을 해야 한다.
② 증여를 받은 날부터 20일 이내에 이전등록 신청을 해야 한다.
③ 상속개시일이 속하는 달의 말일부터 6개월 이내에 이전등록 신청을 해야 한다.
④ 반드시 양수인만 이전등록을 신청 할 수 있다.

14 차량을 시험주행 점검 중 전기장치 점검으로 틀린 것은?

① 점화장치
② 기동장치
③ 충전장치
④ 현가장치

15 흡기관의 부압을 이용하여 브레이크 시 제동효율을 높이는 배력장치는?

① 로터
② 마스터
③ 부스터
④ 터보차져

16 차체에서 볼트에 의한 조립부위는?

① 플로어 패널
② 대시 패널
③ 프런트 펜더
④ 루프패널

17 【보기】의 화살표 "A"가 가리키는 부위의 명칭은?

[보기]

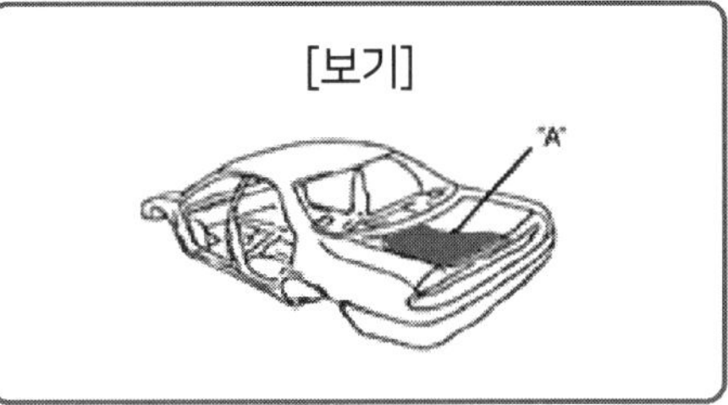

① 트렁크 플로어 패널
② 리어사이드패널
③ 인사이드 패널
④ 리어사이드 멤버

18 사고수리 자동차 판별시 주안점으로 틀린 것은?

① 비가 샌 흔적
② 도장 면의 탈색 흔적
③ 패널의 접합 흔적
④ 부자연스러운 도장

19 점검원의 자세에서 출품자가 개인일 경우, 차량의 운행이나 관리상태에 대해서 물어보면서 점검·확인할 때 중요한 평가포인트가 아닌 것은?

① 사용용도
② 사용지역
③ 자동차사고로 인한 수리 유무
④ 고객의 취미, 업종

정답 13.① 14.④ 15.③ 16.③ 17.① 18.② 19.③

20 **전체적인 차량의 자세를 확인하는 항목 중 로드 클리어런스(Road Clearance)에 대해서 올바르게 설명한 것은?**

① 차체 상부와 노면 사이의 거리
② 차체 하부와 노면 사이의 거리
③ 차체 상부와 중심부 사이의 거리
④ 차체 상부와 하부 사이의 거리

21 **엔진을 비롯한 프런트 서스펜션, 스티어링 장치 등을 지지하는 곳은 어느 부위인가?**

① 프런트 보디(Front Body)
② 언더 보디(Under Body)
③ 사이드 보디(Side Body)
④ 리어 보디(Rear Body)

22 **보디 실링, SPOT용접, 사일런스 패드의 판별법 중 메이커 작업에 대한 설명으로 맞는 것은?**

① 실링 작업 상태가 일정하고 무늬 방향이 가로로 되어있다.
② SPOT용접 시 접착 강도를 높이기 위해 한곳에 2번 용접하기도 한다.
③ 사일런스 패드 절단면이 직각이다.
④ 사일런스 패드 작업상태에 틈이 없다.

23 **수동변속기 장착 자동차 점검 중에서 클러치를 연결하였을 때 어떤 부품이 마모되면 슬립 현상이 발생되는가?**

① 클러치 댐퍼 스프링
② 클러치 디스크
③ 플라이 휠
④ 릴리스 베어링

24 **보닛 패널(Bonnet Panel)의 교환 및 수리 여부 확인 방법으로 틀린 것은?**

① 사이드 부분에 실링 작업의 주름진 상태 및 실링 작업의 유무로 판단한다.
② 보닛의 힌지 고정 볼트 머리 부분의 마모나 페인트 벗겨짐을 보고 판단한다.
③ 전조등과 방향지시등의 패널간의 조립된 상태를 보아 틈새가 균일한가로 판단한다.
④ 보닛 패널을 손으로 들어 올렸을 때 유연성을 보고 판단한다.

25 **엔진룸 주변 패널의 교환 및 수리 여부 확인 방법 중 틀린 것은?**

① 제작사의 패널간에 접합은 스폿(SPOT) 용접을 하므로 용접방법을 확인한다.
② 라디에이터 서포트 패널, 인사이드 패널은 메이커 제작 시 가스용접으로 제작되므로 위에 녹이 발생하는 현상으로 확인한다.
③ 대시패널 부분은 인사이드 패널과의 접합부분, 차대번호 글자의 재타각 유무로 점검한다.
④ 휠 하우스 부분은 인사이드 패널의 굴곡이나 수리흔적, 스폿(SPOT)용접상태 등으로 확인한다.

26 **타이어 점검 시 트레드의 홈 깊이 기준은?**

① 1.0mm 이상
② 1.6mm 이상
③ 2.6mm 이상
④ 3.6mm 이상

정답 20.② 21.① 22.① 23.② 24.④ 25.② 26.②

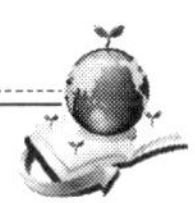

27 자동차 유리 교환 판별법에 대한 사항으로 맞는 것은?

① KS 표시가 없다고 해서 불량품은 아니다.
② 차량 한 대의 각각의 유리별 제조일이 1~6개월 정도 다를 수 있다.
③ 차량 보조 유리창도 무조건 메이커 로고가 있어야 한다.
④ 유리 제조사별로 표시 방법이 다르다.

28 침수차 식별 시 엔진 및 섀시에서 식별 방법은?

① 실내 및 히터 작동 시 곰팡이 냄새가 난다.
② 시트에 오물이 남아 있다.
③ 라디에이터 코어에 이물질이 끼어 있다.
④ 안전벨트를 끝까지 당겨보면 끝부분에 오물이 있다

29 복합기호의 표기 방법 중 부식으로 인한 교환의 표기 방법으로 맞는 것은?

① CX ② HX
③ FX ④ TX

30 자동차를 이사물품(준이사물품)으로 인정받기 위한 요건으로 이사자(준이사자)의 입국일 기준은?

① 외국국적 취득일
② 영주권 취득일
③ 선적일
④ 외국국적 상실일

31 가솔린 엔진 어셈블리의 구성품으로 틀린 것은?

① 점화플러그
② 알터네이터
③ 예열플러그
④ 기동전동기

32 오버 홀(O/H : Over Haul) 정의에서 어셈블리를 완전히 분해 후 구성 부품에 대한 작업 중 그 범위가 아닌 것은?

① 점검 ② 교환
③ 조정 ④ 탈착

33 앞차축 현가장치의 종류로 틀린 것은?

① 위시본 형식
② 애커먼 형식
③ 맥퍼슨 형식
④ 스트럿 형식

34 교통사고의 물리적 특성에서 완전 비탄성 충돌의 손상 방식으로 맞는 것은?

① 인성 충돌
② 전성 충돌
③ 소성 충돌
④ 연성 충돌

35 충돌 각도에 대한 설명으로 틀린 것은?

① 충격력과 함께 영향을 미친다.
② 충돌 속도와 무게에 의해 결정된다.
③ 자동차의 손상 범위와 손상 방향, 정도가 결정된다.
④ 충돌 대상 차량이나 대상물은 각도 결정에 크게 영향이 없다.

정답 27.④ 28.③ 29.① 30.④ 31.③ 32.④ 33.② 34.③ 35.④

36 2차 충돌 이후 내부의 2차적인 손상 발생 부분이 아닌 것은?

① 의자 ② 핸들
③ 뒷유리 ④ 대시보드

37 자동차 충돌 사고 시 표면 손상의 영역으로 틀린 것은?

① 썬팅의 변색
② 도막의 박리
③ 이물질의 부착
④ 화재에 의한 소실

38 견적에 대한 설명으로 틀린 것은?

① 자동차의 수리를 위한 작업 지시서이다.
② 공장의 매입 매출을 알려주는 경영자료이다.
③ 견적서만 보아서는 자동차의 손상이 어느 정도인지 알 수 없다.
④ 수리 견적 내용은 고객과 자동차 수리에 대한 합의서 역할을 한다.

39 보디 강도 재료 멤버, 필러의 손상이 아닌 것은?

① 휨 ② 비틀림
③ 끊어짐 ④ 구부러짐

40 자동차의 손상에 영향을 미치는 조건으로 틀린 것은?

① 자동차의 속도
② 충돌 자동차의 구조
③ 충돌 자동차의 무게
④ 충돌 시 노면의 상태

41 자동차의 충돌과정의 3단계의 연결이 맞는 것은?

① 초기 접촉 자세–최대 맞물림 상태–분리 이탈
② 초기 접촉 자세–분리 이탈–최대 맞물림 상태
③ 초기 접촉 자세–최대 맞물림 상태–충격력 흡수 단계
④ 초기 접촉 자세–충격력 흡수 단계–최대 맞물림 상태

42 패널 변형의 종류가 아닌 것은?

① 단순한 꺾임
② 단순한 요철
③ 단순한 파단
④ 찌그러짐

43 충돌 역학에서 속도가 2배 증가하면 손상에너지의 증가 비례 배수로 맞는 것은?

① 2 ② 4
③ 6 ④ 8

44 센터링 게이지의 구성부의 명칭으로 틀린 것은?

① 바 ② 슬리브
③ 조정 타게트 ④ 위치 조절기

45 견적서 작성 시 사고 발생 장소, 도로 상황, 기후 등의 상황을 파악하기 위한 육하원칙으로 맞는 것은?

① When ② Who
③ Where ④ How

정답 36.③ 37.① 38.③ 39.③ 40.④ 41.① 42.③ 43.② 44.② 45.③

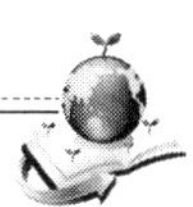

46 도장 층의 구성에서 평활성을 목적으로 시행하는 도장으로 맞는 것은?

① 하부 도장 ② 전착 도장
③ 중부 도장 ④ 상부 도장

47 자동차가 방향을 바꿀 때 조향 바퀴의 스핀들이 선회하는 각은?

① 앞 오버행 각
② 뒤 오버행 각
③ 조향각
④ 하대 오프셋

48 자동차 부품 중 스티어링 너클 및 커넥팅 로드 제작에 사용되는 철강재료는?

① 강관 ② 구조용강
③ 주철재료 ④ 소결재료

49 조향 핸들의 유격 점검에 대한 설명으로 괄호 안에 알맞은 내용은?

> 조향 핸들을 가볍게 움직여 핸들이 바깥 원주에서 (　　)mm 이상 초과하면 조향장치를 점검받아야 한다.

① 5 ② 10
③ 30 ④ 60

50 4행정 사이클 기관에서 피스톤이 상승하고, 흡배기 밸브가 모두 닫힌 상태는?

① 압축행정
② 흡입행정
③ 동력행정
④ 배기행정

51 연소실에 대한 설명 중 틀린 것은?

① 혼합기를 연소하여 동력 발생 되는 곳
② 흡기 및 배기 밸브가 조립되어 있음
③ 점화플러그가 조립되어 있음
④ 실린더가 설치되어 있음

52 크랭크축의 점화순서에 대한 설명으로 틀린 것은?

① 연소가 균일한 간격으로 일어나야 함.
② 크랭크축에 비틀림 진동이 일어나지 않아야 함.
③ 혼합기가 각 실린더에 균일하게 분배되야 함.
④ 인접한 실린더에 연이어 점화되어야 함.

53 디젤기관에서 기관 정지 시 연료 공급 및 공기빼기 작업에 사용하는 장치로 맞는 것은?

① 분사펌프
② 과급기
③ 플라이밍 펌프
④ 예열플러그

54 냉방장치의 구성요소 중 응축기에서 액화된 냉매 저장 및 수분 제거의 역할을 하는 장치는?

① 리시버 드라이어
② 압축기
③ 팽창밸브
④ 증발기

정답 46.③ 47.③ 48.② 49.③ 50.① 51.④ 52.④ 53.③ 54.①

55 자동차의 신소재로 알루미늄 재료가 쓰이는 가장 큰 이유는?

① 철재보다 내구성이 좋다.
② 철재보다 도색이 쉽다.
③ 철재보다 경량이다.
④ 철재보다 가격이 낮다.

56 다음 ( )안에 들어갈 내용으로 맞는 것은?

브레이크 페달의 적정 유격은 ( )mm 이다.

① 5~8 ② 10~15
③ 20~25 ④ 30~35

57 내연기관을 열역학적으로 분류할 때 일정한 체적 하에서 연소가 일어나는 사이클 기관은?

① 사바테 사이클기관
② 디젤 사이클기관
③ 카르노 사이클기관
④ 오토 사이클기관

58 피스톤링의 기능이 아닌 것은?

① 기밀작용
② 오일제어 작용
③ 열전도작용
④ 흡입증대

59 윤활유 구비 조건으로 맞는 것은?

① 점도가 커야 한다.
② 응고점 높아야 한다.
③ 비중이 작아야 한다.
④ 인화점, 발화점이 높아야 한다.

60 가솔린 엔진 노킹 방지책으로 틀린 것은?

① 점화시기를 빠르게 한다.
② 고옥탄가 연료를 사용한다.
③ 혼합기를 농후하게 제어한다.
④ 엔진 온도 낮춘다.

정답 55.③ 55.② 57.④ 58.④ 59.④ 60.①

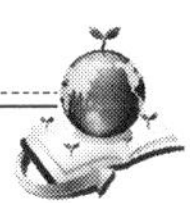

자동차진단평가사 2급

2024년 36회

제1과목 자동차진단평가론

01 자동차가격의 조사 · 산정을 할 수 있는 자로 틀린 것은?

① 가격조사산정 교육이수한 차량기술사

② 자동차 정비 기능장

③ 자동차정비기능사 자격 취득 후 자동차 진단평가사 자격 취득자

④ 자동차정비산업기사 자격 취득 후 자동차 진단평가사 자격 취득자

02 자동차매매업자가 받을 수 있는 수수료 및 관리 비용으로 틀린 것은?

① 매매 알선 수수료

② 등록 신청 대행 수수료

③ 자동차가격 조사·산정 수수료

④ 장기 유지보수 수수료

03 중고자동차성능 상태점검기록부의 1랭크 부위가 아닌 것은?

① 도어

② 라디에이터서포트(볼트체결 부품)

③ 쿼터패널(리어펜더)

④ 프론트 펜더

04 자동차진단평가에 사용되는 용어 중 다음 설명의 내용으로 맞는 것은?

<설명>

기능에 영향이 없고 통상 수리가 필요하지 않는 경미한 긁힘 또는 손상에 대하여 적용하는 감가를 말한다.

① 가치감가 ② 수리감가

③ 표준감가 ④ 기준감가

05 수리가 필요한 견적 금액의 경우에는 견적 금액의 몇 % 적용이 옳은가?

① 100 ② 90

③ 85 ④ 80

06 주행거리 평가 방법에서 주행거리 표시기가 고장인 경우의 감점 기준으로 옳은 것은?

① 보정가격의 20%

② 기준가액의 20%

③ 보정가격의 30%

④ 기준가액의 30%

07 표준상태의 자동차 기준가액을 보험개발원에서 발표하는 시기로 옳은 것은?

① 매월 ② 분기별

③ 6개월 ④ 매년

정답 01.② 02.④ 03.③ 04.① 05.② 06.③ 07.②

08 자동차 세부 상태별 평가 점수를 등급별로 차등 적용하기 위해 승차정원(인원)을 고려한 자동차 등급 분류 유형으로 맞는 것은?

① 승용 ② SUV
③ 승합 ④ 전기차

09 중고자동차 성능·상태 점검의 보증기간으로 맞는 것은?

① 인도일 기준 최소 20일 이상 또는 주행거리 2,000Km이상
② 점검일 기준 최소 20일 이상 또는 주행거리 3,000Km이상
③ 인도일 기준 최소 30일 이상 또는 주행거리 2,000Km이상
④ 점검일 기준 최소 30일 이상 또는 주행거리 3,000Km이상

10 중고자동차 진단평가 검정기준서에서 「표준상태」 정의로 틀린 것은?

① 외관과 내부는 손상이 없는 상태
② 외판과 주요 골격은 사고수리 이력 및 개조 등이 없는 상태
③ 주행거리가 표준 주행거리 이내의 상태
④ 타이어 트레드 부 홈의 깊이가 3 mm (30%)이상 남아있는 상태

11 용도변경 평가 감점률 표의 변경이력 항목에 해당하지 않는 것은 ?

① 렌터카 이력
② 승용차 이력
③ 영업용 이력
④ 직수입 이력

12 수리 필요 판단기준의 평가 기호 적용기준으로 틀린 것은?

① A : 스크래치, 흠집, 변색, 마모상태 등
② U : 찌그러진 상태 등
③ T : 깨짐, 찢어짐, 균열, 변형 등
④ R : 부식, 수분, 금속 변형상태 등

13 자동차 주요장치 상태별 구분표시 "양호, 보통, 불량" 중에서, 다음 설명의 내용으로 맞는 것은?

> 보통: 차량상태 점검결과 부품 노후로 인한 현상은 가치감가를 적용한다.

① 미세누수(유)
② 부족
③ 정비요
④ 과다

14 자동차 등급평가 기준에서 용접으로 조립된 외판이 교환된 경우의 등급으로 맞는 것은 ?

① 2 ② 4
③ 6 ④ 8

15 침수 자동차의 식별 시 주안점으로 틀린 것은?

① 히터 작동 시 냄새로 확인
② 실내 보관 중인 문서에 오물 확인
③ 전조등 내부 오물 확인
④ 와이퍼 블레이드 오물 확인

정답 08.③ 09.③ 10.④ 11.② 12.④ 13.① 14.② 15.④

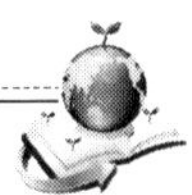

16 차량 사방 점검에서 자동차 점검 방법으로 틀린 것은?

① 외판의 상태 점검은 차량을 1회전하여 점검하는 것을 원칙으로 한다.
② 차량의 각 면으로부터 1~2m 정도 떨어져 좌우 및 상·하로 움직이며 상태를 확인한다.
③ 패널 위에 비치는 주위 지형지물의 그림자를 이용하여 물결침 및 굴곡, 찍힘 등을 확인한다.
④ 발견된 부분은 점검 기록부(sheet)상에 기호로 기록하고, 부위별 세부 점검 시 반드시 재점검한다.

17 유압식 조향장치의 구성 부품으로 틀린 것은?

① 타이로드
② 동력 실린더
③ 스태빌라이저
④ 오일 펌프

18 중고자동차 필수 점검 사항 중 엔진룸 점검 방법으로 틀린 것은?

① 에어컨, 파워스티어링, ABS 등의 장착여부를 확인한다.
② 엔진 오일, 디퍼렌셜 오일양, 브레이크 오일의 양 등을 확인한다.
③ 자동변속기 오일의 양이 규정치에 맞는지 확인한다.
④ 헤드 가스켓 부근의 오일 누유 및 냉각계통의 냉각수 유무를 확인한다.

19 중고자동차 필수 점검 사항 중 시험 주행에서 전기 장치 점검항목으로 틀린 것은?

① 동력장치 ② 등화장치
③ 계기장치 ④ 기동장치

20 수동변속기 클러치 장치의 구성 부품으로 틀린 것은?

① 클러치 마스터 실린더
② 릴리스 실린더
③ 클러치 디스크
④ 클러치 기어

21 ISO 승용차 타이어 규격의 호칭법에서 다음 숫자와 알파벳의 설명이 틀린 것은?

165/80 R 15 76 U

① 165: 타이어 폭(mm)
② 80: 타이어 편평비(mm)
③ R: 속도기호
④ 15: 림 직경(Inch)

22 접합 자동차 식별법으로 틀린 것은?

① 실내의 매트를 걷어내고 산소용접의 흔적이 있는지 확인한다.
② 각 부분의 실리콘 작업 상태를 확인한다.
③ 웨더 스트립 탈거 후 SPOT 용접부를 확인한다.
④ 프런트 크로스 멤버의 볼트온 상태를 확인한다.

정답 16.② 17.③ 18.② 19.① 20.④ 21.③ 22.④

23 **리어 보디가 프런트 보디에 비해 강성이 낮은 이유로 옳은 것은?**

① 리어 보디는 골격 부분이 없는 한 장의 표피 구조로 되어 있다.
② 리어 보디는 골격 부분이 있는 두 장의 표피 구조로 되어 있다.
③ 리어 보디는 골격 부분이 없는 두 장의 표피 구조로 되어 있다.
④ 리어 보디는 골격 부분이 있는 한 장의 표피 구조로 되어 있다.

24 **자동차 차대번호 표기 부호에 사용이 제외되는 알파벳으로 틀린 것은?**

① I(아이) ② O(오)
③ Q(큐) ④ K(케이)

25 **자동차 차대번호 17자리(1~17) 중 자동차 모델연도를 표기하는 자리는 몇 번째인가?**

① 4 ② 6
③ 8 ④ 10

26 **점검원의 자세에서 출품자가 개인일 경우, 차량 운행 및 관리상태 등을 고객에게 직접 확인할 때 중요한 평가 포인트가 아닌 것은?**

① 사용 용도
② 사용지역
③ 자동차 사고로 인한 수리 유·무
④ 고객의 취미, 업종

27 **보닛 패널(Bonnet Panel)의 교환 및 수리 여부 확인 방법으로 틀린 것은?**

① 사이드(Side) 부분에 실링(Sealing) 작업의 주름진 상태 및 실링 작업의 유무로 판단한다.
② 보닛(Bonnet)의 힌지(Hinge) 고정 볼트 머리 부분의 마모나 페인트 벗겨짐을 보고 판단한다.
③ 전조등과 방향지시등의 패널(Panel) 간의 조립된 상태를 보아 틈새가 균일한가로 판단한다.
④ 보닛 패널(Bonnet Panel)을 손으로 들어 올렸을 때 유연성을 보고 판단한다.

28 **차체에서 볼트에 의한 조립 부품으로 옳은 것은?**

① 플로어 패널
② 대시 패널
③ 프런트 펜더
④ 사이드실 패널

29 **시험 주행 엔진 점검 사항이 아닌 것은?**

① 엔진오일의 수준 및 점도는 적당한지 확인한다.
② 변속기 주변의 오일 누유를 확인한다.
③ 엔진 시동 후 엔진 노크나 밸브 등의 이음 여부를 확인한다.
④ 냉각수 탱크에서 냉각수의 수준 및 냉각수 오염 등을 확인한다.

정답 23.① 24.④ 25.④ 26.③ 27.④ 28.③ 29.②

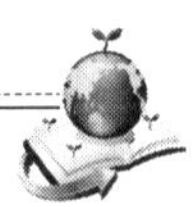

30 **자동차 제동장치에서 진공 부스터의 점검 방법으로 틀린 것은?**

① 시동을 끄고 브레이크 페달을 수차례 밟아 라인내의 진공을 제거한다.
② 브레이크 페달을 밟은 상태에서 엔진의 시동을 건다.
③ 시동이 걸리면서 브레이크 페달이 내려가면 부스터는 불량이다.
④ 시동을 걸기 전에 브레이크 페달을 밟고 있어야 한다.

31 **중고자동차 평가 차량에서 장비품을 확인할 수 있는 위치는?**

① 동반석
② 실내
③ 트렁크
④ 자동차 후방

32 **냉·난방장치의 구성품 중 응축기에서 액화된 냉매 저장 및 수분 제거의 장치로 맞는 것은?**

① 압축기
② 응축기
③ 리시버 드라이어
④ 증발기

33 **엔진룸 차대번호의 이상 유무를 확인하는 방법으로 맞는 것은?**

① 글자의 크기
② 글자의 폰트
③ 글자의 굵기
④ 글자의 굴곡

34 **자동차 유리 교환 판별법에 대한 설명으로 틀린 것은?**

① 유리 제조사별로 표시 방법이 다르다.
② KS 표시가 없으면 불량품으로 간주해야 한다.
③ 보조 유리창의 경우 메이커의 로고가 없는 경우도 있다.
④ 차량 한 대의 각각의 유리별 제조일이 4~5개월 정도 다를 수 있다.

35 **자동차 견적의 종류로 틀린 것은?**

① 의례적인 견적
② 경쟁 상대가 없는 견적
③ 경쟁 상대가 있는 견적
④ 조건에 따른 견적

36 **편심 충돌 시 발생하는 회전량 모멘트 M을 구하는 방법으로 옳은 것은?**

> M : 모멘트,　　F : 충격력,
> L : 충격력의 작용선과 무게중심과의 거리

① M=FL　　② M=F/L
③ M=L/F　　④ M=2FL

37 **충돌 형태의 구성 요소 즉, 충돌 요소와 손상 진단시 필요한 내용으로 틀린 것은?**

① 충돌 상대물
② 충돌 가속도
③ 충돌 위치
④ 충돌시의 관성

정답 30.③ 31.② 32.③ 33.④ 34.④ 35.④ 36.① 37.②

38 자동차 손상 호칭의 종류로 틀린 것은?

① 사이드 스웝
② 리어 엔드 손상
③ 헤드 온 손상
④ 크러시 오버 손상

39 견적에 사용되는 수리 용어에 대한 설명으로 틀린 것은?

① A : 작동 상의 기능에 대하여 조정하는 작업
② X : 부품을 단순하게 떼어내고 부착하는 작업
③ I : 부품의 불량, 파손된 곳을 외부에서 점검하는 작업
④ R : 부품의 구부러짐 등에 대한 수정, 절단, 연마 등의 작업

40 견적에 사용되는 용어에서 「엔진 조정(A)」가 아닌 것은?

① 점화시기 조정
② 점화 플러그의 점검
③ 발전기 충전 상태의 점검
④ 탄화수소(HC) 및 매연의 측정

41 상태의 분류에서 직접 손상, 간접 손상 내용이 포함된 손상상태로 맞는 것은 ?

① 역학적 성질에 의한 분류
② 외관에 의한 분류
③ 충격력의 작용에 의한 분류
④ 내장에 의한 분류

42 사고 자동차의 수리 이력 부위 그림에서 Ⓐ의 명칭으로 맞는 것은?

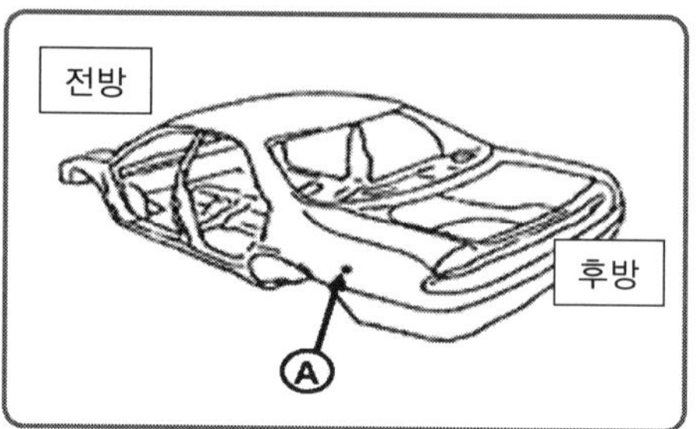

① 리어 펜더
② 휠 하우스
③ 필러 패널
④ 사이드실 패널

43 도장 층의 구성에서 평활성을 목적으로 시행하는 도장으로 맞는 것은?

① 하부 도장 ② 전착 도장
③ 중부 도장 ④ 상부 도장

44 개발 당초부터 모노코크 보디의 다점 다방향의 인장을 특징으로 수정하는 시스템으로 맞는 것은 ?

① 오토폴 시스템
② 코렉
③ 스플릿 오토 패널 시스템
④ 도저 타입 수정기

45 LPG기관 구성에서 기체, 액체 연료차단 및 송출을 운전석에서 조작하는 전자식 밸브로 맞는 것은?

① 충전 밸브
② 액체 배출밸브
③ 기체 배출밸브
④ 솔레노이드 밸브

정답 38.④ 39.② 40.③ 41.③ 42.① 43.③ 44.③ 45.④

46 자동차 외관도장 도장층 구성에 대한 설명으로 맞는 것은?

① 전착도장 : 방청성을 목적으로 하는 도장, 차량을 담구어 전착도막을 결정화 시키는 도장 방법
② 중부 도장 : 외관을 미려하게 하기 위한 도장
③ 상부 도장 : 평활성을 목적으로 하는 도장
④ 전처리 : 블랙 보디에 붓으로 페인팅하여 도장하는 방법

47 자동차관리법 시행규칙에 따라 차령이 4년 또는 주행거리가 75,000km 인 차량이 정비업자의 정비 잘못으로 고장 등이 발생된 경우 무상점검 및 정비를 받을 수 있는 기간으로 맞는 것은?

① 점검·정비일부터 15일 이내
② 점검·정비일부터 30일 이내
③ 점검·정비일부터 60일 이내
④ 점검·정비일부터 90일 이내

48 자동차성능 · 상태점검자의 시설 · 장비 기준으로 틀린 것은?

① 도막측정기
② 타이어탈착기
③ 배기가스측정기
④ 배터리전압측정기

49 제동장치의 구성품으로 틀린 것은?

① 센터링크, 제어밸브
② 캘리퍼, 휠 실린더
③ 드럼, 디스크
④ 진공부스터, 마스터 실린더

50 수리 견적 점검은 부품교환 여부 판단에 대한 적정성을 점검하여야 한다. 적정한 부품교환의 요건으로 틀린 것은?

① 안전성 확보에 의심이 갈 때
② 탈거 시 복원이 불가능할 때
③ 복원이 가능하고 부품 값이 고액일 때
④ 복원작업이 부품교환보다 고액일 때

51 자동차 제원으로 무게의 정의 중 『공차상태의 자동차 무게』 에 해당하는 용어로 맞는 것은?

① 자동차 총중량
② 자동차 중량
③ 배분 중량
④ 섀시 중량

52 공기저항계수의 설명으로 맞는 것은 ?

① 공기저항계수는 100Km/h에서만 측정한다.
② 일반적으로 DC로 표시된다.
③ 승용차의 공기저항계수는 0.3정도이다.
④ 공기저항 계수는 보디의 스타일과 바닥의 공기흐름 등에도 영향을 받는다.

53 전자제어 현가장치에서 특징으로 틀린 것은?

① 노스다운·노스업 방지
② 노면으로부터 충격 최소화
③ 차체 기울기 방지
④ 차량의 속도 보정

정답 46.① 47.② 48.② 49.① 50.③ 51.② 52.④ 53.④

54 **가솔린 기관의 장점으로 틀린 것은?**

① 연료소비율이 높아 연료비가 많다.
② 배기량 당 출력의 차이가 없고, 제작이 용이하다.
③ 가속성이 좋고 운전이 정숙하다.
④ 제작비가 적게 든다.

55 **배기가스 재순환 장치의 특징으로 틀린 것은?**

① 배기가스 일부를 흡기다기관으로 보내 재연소
② 공전 및 워밍업 시는 작동하지 않음
③ 질소산화물을 주로 저감 시킴
④ 경부하 및 중부하 시는 PCV밸브를 통해서 흡기관으로 가스 유입

56 **자동차 재료로서 필요조건에 대한 설명으로 틀린 것은 ?**

① 대량 공급과 안정적인 공급 가능
② 재료의 품질 다양성
③ 대량 생산에 적합한 가공 생산성
④ 단가가 싸고 가격이 안정적

57 **전자제어 연료분사 장치의 특징으로 틀린 것은?**

① 배기가스의 유해 성분이 감소
② 연료 소비량 증대
③ 최적의 혼합기 공급
④ 냉각 시 시동성 좋음

58 **자동차관리법 제58조 제2항을 위반하여 시장·군수·구청장에게 신고하지 아니하고 자동차 성능·상태 점검을 한 자에 벌칙으로 맞는 것은?**

① 3년 이하의 징역 또는 3백만원 이하의 벌금
② 3개월 이하의 징역 또는 3천만원 이하의 벌금
③ 3년 이하의 징역 또는 3천만원 이하의 벌금
④ 2년 이하의 징역 또는 2천만원 이하의 벌금

59 **기관에서 크랭크축 뒤에 설치되어 폭발행정에서 발생하는 관성 에너지를 저장하고 실린더 수에 따라 무게가 달라지며 링기어가 설치된 구성품으로 맞는 것은?**

① 크랭크 축
② 커넥팅 로드
③ 피스톤
④ 플라이 휠

60 **자동차 프레임의 변형을 알아보기 위한 센터라인의 설명으로 맞는 것은?**

① 플로어와 평행한가를 알아볼 때 센터라인을 이용한다.
② 언더보디의 치수는 센터라인에서 측정된다.
③ 센터라인의 세계 공통기호는 C로 표기한다.
④ 차의 앞뒤방향으로 한가운데를 둘로 나누는 수직선을 말한다.

정답 54.① 55.④ 56.② 57.② 58.③ 59.④ 60.④

▌편성위원

(사)한국자동차진단보증협회 **박 기 우** 검정집행위원장
김 길 겸 가격산정위원장

자동차진단평가사
문제편 [자동차진단평가론 · 자동차성능공학]

초판 발행 ▌ 2025년 1월 13일
제1판2쇄발행 ▌ 2025년 3월 10일

감　　수 ▌ 김 필 수
編　　著 ▌ (사)한국자동차진단보증협회 편성위원
발 행 인 ▌ 김 길 현
발 행 처 ▌ (주)골든벨
등　　록 ▌ 제1987–000018호
I S B N ▌ 979-11-5806-753-3
가　　격 ▌ **22,000원**

이 책을 만든 사람들

편　　　　집 | 이상호
제 작 진 행 | 최병석
오 프 마 케 팅 | 우병춘, 오민석, 이강연
회 계 관 리 | 김경아
편 집 · 디 자 인 | 조경미, 박은경, 권정숙
웹 매 니 지 먼 트 | 안재명, 양대모, 김경희
공 급 관 리 | 정복순, 김봉식

㊞ 04316 서울특별시 용산구 원효로 245(원효로1가 53-1) 골든벨빌딩 6F
• TEL : 도서 주문 및 발송 02-713-4135 / 회계 경리 02-713-4137
내용 관련 문의 02-579-8500(한국자동차진단보증협회) / 해외 오퍼 및 광고 02-713-7453
• FAX : 02-718-5510 • http : // www.gbbook.co.kr • E-mail : 7134135@ naver.com